安徽省高校省级质量工程一流教材建设项目

安徽省"十四五"高等职业教育规划教材

C 语言程序设计

（第 3 版）

主　编◎方少卿

副主编◎查　艳　黄玉春　尹向兵

中国铁道出版社有限公司
CHINA RAILWAY PUBLISHING HOUSE CO., LTD.

内 容 简 介

本书是安徽省高校省级质量工程一流教材建设项目。全书分基础篇和提高篇。基础篇包含 5 个模块，介绍了 C 语言的常用基础知识和基本数据类型；提高篇包含 6 个模块，在基础篇的基础上介绍了 C 语言的高阶知识和各种构造类型（结构体、共用体和枚举）知识以及文件操作，最后以一个应用系统——学生资助信息管理系统设计开发作为综合实训。本书每个任务实施和小结配有视频进行讲解，以便于读者学习。

本书注重应用性和实践性，通过一些典型例题的解题分析及 C 语言程序帮助读者加强对 C 语言的理解。为了提高操作技能，每章后配有实训。

本书适合作为高职高专院校各专业"C 语言程序设计"课程或"信息技术——程序设计"课程的教材，也可供准备参加计算机等级考试和自学 C 语言的读者阅读。

图书在版编目（CIP）数据

C 语言程序设计/方少卿主编.—3 版.—北京：中国铁道出版社有限公司，2023.7（2024.8 重印）

安徽省高校省级质量工程一流教材建设项目

ISBN 978-7-113-30223-8

I.①C… II.①方… III.①C 语言-程序设计-高等学校-教材 IV.①TP312.8

中国国家版本馆 CIP 数据核字（2023）第 076607 号

书　　名：C 语言程序设计
作　　者：方少卿

策　　划：翟玉峰　　　　　　　　　　　　　　编辑部电话：（010）51873135
责任编辑：翟玉峰　王占清
封面设计：尚明龙
责任校对：安海燕
责任印制：樊启鹏

出版发行：中国铁道出版社有限公司（100054，北京市西城区右安门西街 8 号）
网　　址：https://www.tdpress.com/51eds/
印　　刷：河北宝昌佳彩印刷有限公司
版　　次：2009 年 5 月第 1 版　2023 年 7 月第 3 版　2024 年 8 月第 2 次印刷
开　　本：850 mm×1 168 mm 1/16　印张：18.25　字数：480 千
书　　号：ISBN 978-7-113-30223-8
定　　价：52.00 元

前　言

我国已进入一个全新的新时代，大数据、人工智能、云计算、区块链等信息技术的广泛应用已成为经济社会转型发展的主要驱动力。党的二十大报告指出，到2035年我国要"建成现代化经济体系，形成新发展格局，基本实现新型工业化、信息化、城镇化、农业现代化"。为适应新时代发展需求，需要各级各类人员具备良好的信息技术素质，他们必须能够熟练地操作计算机，会使用一门或几门计算机语言进行编程。C语言作为一门典型的计算机编程语言，长期占据编程语言排行榜前三名，全球知名TIOBE编程语言社区发布的2022年7月编程语言排行榜中，C语言就排在第二位。C语言具备一切高级语言的特征和优势，清晰地体现了结构化、模块化程序设计的思想，并且在很多方面有扩充、提高和加强。此外，它具有低级语言的许多特点和精华，可直接访问内存地址，对字节的位进行多种运算，调用系统功能，这样大大提高了程序的运行效率。C语言功能丰富、表达能力强、使用灵活方便、应用面广、可移植性好，特别适合于编写系统软件和应用软件。作为在校大学生，学习一些计算机知识更是必须的，尤其要学习一些计算机程序设计知识，掌握一门计算机程序开发语言。

一、本书修订情况

《C语言程序设计》（方少卿主编，中国铁道出版社出版）自2009年5月出版发行以来，前两版分别被评为安徽省"十一五"和"十二五"省级规划教材，先后被全国很多所高职院校程序设计课程选用，是学习C语言程序设计的优秀教材。为了适应新时代计算机科学技术的发展，更好地满足人工智能、"互联网+"形势下高校计算机教学需求，本书在安徽省"十二五"省级规划教材第2版基础上作为安徽省高校2020年省级质量工程一流教材建设项目（2020YLJC128）进行修订，具体修订内容如下：

（1）程序设计语言平台由Visual C++ 6.0平台升级为Visual C++ 2010，书中实例均在Visual C++ 2010环境下调试通过，并给出了程序运行结果，方便学生自主学习。

（2）C语言内容分为两篇，将C语言基本知识安排在基础篇讲解，使学生首先构建起C语言学习的基本框架，然后在提高篇深入学习后续内容。

（3）每个模块中的习题和实训任务给出参考解答，以方便学习者自学时参考，具体内容见线上课程网站。

（4）提供了立体化的教学资源和网上学习资源，包括项目源代码、教学微视频、教学课件、教学素材、实训参考答案、习题参考答案、测试试卷等资源和线上课程网站。

二、本书内容

第3版秉承原来版本的设计原则，保持内容全面、循序渐进、简明易懂、习题丰富以及实践性强的特点，符合新时代职业教育发展需要，力求构建立体化新形态教材，以便于程序设计课程的教学；配套有丰富的立体课程资源与习题、实训参考答案，以便于使用者自我学习与提高。

全书共分基础篇和提高篇两部分，基础篇包含5个模块，介绍了C语言的常用基础知识，包括C语言程序基本概念、基本数据类型、变量、基本运算（包括位运算）、各种表达式、三种基本程序结构和一维数组、函数基本知识等；提高篇包含6个模块，以基础篇为基础，进一步介绍了C语言的高阶知识，包括二维数组、函数复杂调用、各种构造类型（结构体、共用体和枚举）以及文件操作，最后以一个应用系统——学生资助信息管理系统设计开发作为综合实训。

三、教学建议

课时分配建议：

序号	教学内容	建议课时	
		理论	实训
	基础篇	16	10
1	模块 1　初识 C 语言	2	0
2	模块 2　数据准备——数据类型与表达式	4	2
3	模块 3　数据处理——程序基本结构	4	4
4	模块 4　同类型批数据处理——一维数组	2	2
5	模块 5　功能模块子程序——函数基础	4	2
	提高篇	18	12
6	模块 6　同类型批数据高级处理——二维数组	2	2
7	模块 7　功能子模块高级调用——函数与预处理命令	4	2
8	模块 8　按地址访问——指针	4	2
9	模块 9　构造数据类型——结构体、共用体与枚举	4	2
10	模块 10　数据输出保存——文件	2	2
11	模块 11　综合实训——学生资助信息管理系统	2	2
	总　计	34	22

注意：教材中目录加*号内容为选学内容，程序运行时输入内容以下划线标注。

四、配套教学资源

全书的实训和习题配套有相应参考答案（可以通过出版社网站来获取），任务实施和小结配套有相应微视频。为方便学习者学习和教师教学，提供了本课程的课件以及全书的例题和项目源代码。

序号	课程资源	资源提供方式	序号	课程资源	资源提供方式
1	课件	网站下载	6	习题参考答案	网站下载
2	例题源代码	网站下载	7	教学项目源代码	网站下载
3	任务实施微视频	二维码	8	教案	网站下载
4	章节小结微视频	二维码	9	教学设计	网站下载
5	实训参考答案	网站下载	—	—	—

需要本教材相关资源可以联系教材主编或出版社，主编联系邮箱为tlfsq@126.com，出版社的课程资源网站为https://www.tdpress.com/51eds。教材配套课程资源也可以在学堂在线中搜索"铜陵职业技术学院"，点击进入本课程查询。

五、编者分工

本书是安徽省高校2020年省级质量工程一流教材建设项目，全书由铜陵职业技术学院方少卿教授担任主编并负责教材规划和统稿，铜陵职业技术学院查艳、安徽工业职业技术学院黄玉春和安徽警官职业学院尹向兵任副主编，铜陵职业技术学院张志、伍丽惠和安徽警官职业学院杨洋参与编写。其中，查艳编写模块10、模块11；伍丽惠编写模块2部分内容；张志编写模块1、模块3、模块4、模块5部分内容，尹向兵和杨洋编写模块8；黄玉春编写模块9部分内容；方少卿编写模块6、模块7以及模块1、3、4、5、9中部分内容和附录A~附录C。

六、致谢

在教材建设过程中得到铜陵职业技术学院、安徽工业职业技术学院、安徽警官职业学院领导和同仁的大力支持，中国铁道出版有限公司编辑在本书的出版过程中倾注了大量心血和支持，教材编写过程中还参考了本领域的相关教材和著作，在此一并深表谢意。

由于编者水平有限，兼顾教与学需要探索的问题还很多，书中难免存在处理不当和疏漏之处，恳请广大读者和职教界各位同仁提出宝贵意见和建议，以便修订时加以完善和改进。

编　者

2023年2月

目　录

基　础　篇

提　高　篇

基 础 篇

模块① 初识 C 语言

C 语言是国际上广泛使用的计算机编程语言之一，它既可用来编写系统软件，又可用来编写应用软件。通过本模块先了解 C 语言程序的基本结构、特点及 Visual C++ 2010 集成开发环境的一些基本知识。

学习要求：

- 了解 C 语言的发展历程及结构特点；
- 了解 C 语言程序的基本结构；
- 掌握 C 语言常用输入/输出函数 scanf()/printf()；
- 熟悉 Visual C++ 2010 集成开发环境；
- 掌握基本的 C 程序文件的创建和运行。

人类在进行交流过程中，常需要借助于文字等来表达个人的意愿，如"我热爱我们伟大的祖国"，其中由主、谓、宾语组成完整句子，由字、词、句构成，并有相应的语法规则，从而构成了一个完整的语言文字系统。计算机处理的很多事务和任务是与人类日常工作、生活相关的，而计算机是以程序形式来完成不同任务，同样也需要通过一定的"语言系统"来完成。一套完整的计算机"语言系统"也需要有词汇、语句和语法规则，其中 C 语言就是其中一种广泛使用的计算机编程语言。它是一种结构化的计算机高级语言，是最合适的计算机编程入门语言。

1.1 任 务 导 入

使用 C 语言程序编写程序，制作一个带有自己姓名、年龄及爱好并将其放在由"*"组成的名片框内。例如，"张三"同学的输出如下：

```
**************
*  姓名 张三  *
*  年龄 23   *
*  爱好 运动  *
**************
```

1.2　知　识　准　备

1.2.1　C 语言简介

为了能让读者对 C 语言程序有初步的认知，下面通过一个引例来简单了解 C 语言程序的大致构成。

1.简单的 C 程序

首先通过一个简单的 C 语言程序初步认识一下 C 语言程序的构成。

```
/*简单的 C 语言程序*/
void main()
{
}
```

这个最简单的 C 语言程序仅由一个函数体（上面程序中一对大括号包含的部分）为空的主函数构成，运行时无任何动作。

程序的第一行是注释内容，并非程序有效的执行代码，C 语言中的注释内容用一对"/*"和"*/"括起来（还可用双斜线"//"进行程序注释）。注释信息可以帮助程序员进行程序的调试。

第二行是 C 语言主函数的函数头（包括 void——函数返回值和 main——函数名）。

main()函数是个特殊的函数，每个 C 语言程序都必须有且只有一个主函数，它是 C 程序运行的起点。main 后面的"()"是函数的参数部分，可以为空，但括号不能省略。

第三、四行是对应的一对花括号"{ }"，表示函数体的开始和结束，当然函数体也允许为空。

2.C 程序的结构特点

1）C 程序的结构

C 语言的程序代码都是在函数中存放的，故 C 语言又称为"函数式语言"，设计 C 语言程序主要是编写函数来实现各种功能，每一个 C 语言程序必须有一个且只能有一个主函数 main()，该函数是 C 程序执行的入口（起点）和出口（终点）。

C 语言中函数分为两类：一类是标准函数，另一类是自定义函数。标准函数是系统本身提供的库函数，库函数是系统已经准备好的具有某种功能的程序，使用库函数不需要编写代码，拿来就用，但要提前将相应头文件包含进来，如使用输入或输出功能的函数，就将标准输入/输出头文件 stdio.h 包含进来；自定义函数是用户根据需要完成的特定功能，自行设计的一段程序，这使得模块程序设计思想在 C 语言中得到充分体现。

一个 C 语言程序可包含若干个源程序，每个源程序可以包含若干个函数，C 语言函数有函数头和函数体两部分，函数体由花括号括起来的若干语句组成，实现一个函数的具体功能，每个函数体包含说明部分和执行部分。C 语言程序的结构形式如图 1–1 所示。

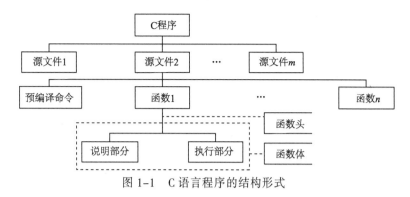

图 1-1 C 语言程序的结构形式

C 源程序的结构特点总结如下：

（1）一个 C 语言程序可以由一个或多个源文件组成，每个源文件可由一个或多个函数组成。

（2）每个函数包含有函数头和函数体，函数体由说明部分和执行部分组成。

（3）C 程序不论由几个文件组成，有且仅有一个 main() 函数，即主函数，它是程序执行的入口。

（4）源程序可以有预处理命令（如#include），该命令通常应放在源文件或源程序的最前面。

【例 1-1】编写程序，终端输出"北京欢迎您!"欢迎信息。

```
#include <stdio.h>
#include <stdlib.h>
void main()
{ printf("北京欢迎您! \n");    /*在屏幕上输出"北京欢迎您! "*/
  system("pause");           //暂停，使得输出结果"北京欢迎您! "能让用户看到
}
```

运行结果：

```
北京欢迎你!
请按任意键继续. . .
```

程序的第一、二行是函数库包含，也称头文件包含，用来指出 C 程序中使用的标准函数的来源，由于程序目的是输出"北京欢迎您!"，要用到输出函数 printf()，而 printf() 函数在 stdio.h 头文件当中，因此要导入 stdio.h 这个头文件，实现输出功能。

头文件包含格式为：#include <头文件名>

第三行为主函数名，后面包含在一对大括号中的是函数中的命令组合（称为函数体）；第四行调用了标准输出函数 printf() 输出字符串"北京欢迎您!"；第五行则是将输出语句的窗口停留在桌面上，如果没有这行代码，运行结果窗口会一闪而过（此命令要包含头文件 stdlib.h）。

2）书写程序时应遵循的规则

编写程序时，只有按一定的规则书写，才能使程序结构清晰，便于阅读、理解和维护。现将 C 语言中程序书写规则归纳如下：

（1）一条语句或一个说明占一行，且要以分号结尾，但预处理命令、函数头和花括号"}"等之后不能加分号。

（2）用{}括起来的部分，通常表示程序的某一层次结构。{}一般与该结构语句的第一个字母对齐，并单独占一行。

（3）低一层次的语句或说明可比高一层次的语句或说明缩进若干格后书写。以便看起来更加清晰，增加程序的可读性。

（4）尽可能在定义变量的同时初始化该变量，即遵循就近原则。如果变量的引用和定义相隔比较远，那么变量的初始化就很容易被忘记。若引用了未被初始化的变量，就会导致程序出错。

（5）if、else、for、while、do 等语句自占一行，执行语句最好不要紧跟其后。此外，非常重要的一点是：不论执行语句有多少行，就算只有一行也尽可能加{}，并且遵循对齐的原则，这样可以防止书写错误。

读者在编程时应遵循这些规则，以养成良好的编程习惯。

3. C 语言的字符集与 C 语言词汇

日常口头交流时所使用的语言，如英语，是由英文字符和基本词汇构成的语言体系，作为与计算机进行交流的语言，C 语言也有着类似的语法结构，下面将介绍 C 语言的字符集与 C 语言词汇。

1）C 语言的字符集

C 语言字符集由字母、数字、空格、标点和特殊字符组成。在字符常量、字符串常量和注释中还可以使用中文或其他可表示的图形符号。

（1）字母：小写字母 a～z 共 26 个，大写字母 A～Z 共 26 个。

（2）数字：0～9 共 10 个。

（3）空白符：空格符、制表符、换行符等统称为空白符。空白符只在字符常量和字符串常量中有意义。在其他地方出现时，只起到间隔作用，编译程序会对它们忽略不计。因此在程序中使用空白符与否，对程序的编译不发生影响，但在程序中适当的地方使用空白符进行间隔将增加程序的清晰度和可读性。

（4）标点和特殊字符：主要是由英文标点和一些有特殊意义的控制符和图形符号组成。

2）C 语言词汇

在 C 语言中使用的词汇可以分成六种类型：标识符、关键字、运算符、分隔符、常量、注释符。

（1）标识符。

在程序中使用到的变量名、函数名、语句标号等统称为标识符。其中，函数名部分除库函数的函数名由系统定义外，其余都由用户自定义。

C 语言规定，标识符只能是字母（A～Z，a～z）、数字（0～9）、下划线（_）组成的字符串，并且其第一个字符必须是字母或下划线。以下标识符是合法的：

name，a，number1，Day_1，a123b

以下标识符是非法的：

3a	以数字开头
A!C	出现非法字符"!"
–6b	以减号开头
X+y	出现非法字符"+"

【说明】

①标准 C 不限制标识符的长度，但它受各种版本的 C 语言编译系统限制，同时也受到具体机器的限制。例如在某版本 C 中规定标识符前 8 位有效，当两个标识符前 8 位相同时，则被认为是同一个标识符。

②在标识符中，大小写是有区别的。例如，NAME 和 name 被认为是两个不同的标识符。

③标识符虽然可由用户编程时随意定义，但标识符是用于标识某个量的符号，因此，命名应尽量有相应的含义，以方便阅读理解，做到"见名知义"。

例如在定义年龄变量时，可以将变量名命名为 age，这样可以快速理解该变量所代表的含义，如果将变量名命名为 a，那么别人很难理解这个变量代表的是年龄，并且自己也容易忘记。

④下划线和大小写通常用来增强可读性，例如，当想命名一个变量代表总价，标准的见名知义写法可以有以下几种：

totalprice 不推荐，可读性差；推荐写法为：total_price 或 totalPrice。

（2）关键字。

关键字是由 C 语言规定的具有特定意义的字符串，通常也称为保留字。用户定义的标识符不能与关键字相同。C 语言的关键字分为以下几类：

①类型说明符：用于定义、说明变量、函数或其他数据结构的类型，如前面例题用到的 int 等。

②语句定义符：用于表示一条语句的功能，如 while 就是循环语句的语句定义符。

③预处理命令字：用于表示一个预处理命令，如前面各例中用到的 include。C 语言中的所有关键字见附录 B。

（3）运算符。

C 语言中含有相当丰富的运算符。运算符与变量、函数一起组成表达式，表示各种运算功能。C 语言中的运算符可由一个或多个字符组成。例如，算术运算符+、−、*、/、%等，比较运算符>、<、>=、<=、==、!=等。

（4）分隔符。

在 C 语言中采用的分隔符有逗号和空格两种。逗号主要用在类型说明和函数参数表中，分隔各个变量。空格多用于语句的各单词之间作为间隔符。在关键字与标识符之间必须要用一个以上的空格符分开，否则将会出现语法错误，例如把 int a;写成 inta;，C 编译器会把 inta 当成一个标识符处理，其结果必然会出错。

（5）常量。

C 语言中使用的常量可分为数字常量、字符常量、字符串常量、符号常量、转义字符等多种。

（6）注释符。

C 语言注释分为单行注释和多行注释。单行注释是以"//"开始，以换行符结束。多行注释符是以"/*"开头并以"*/"结尾的串。注释是对程序的某个功能或者某行代码的解释说明，它只在 C 语言源文件中有效，在编译时会被编译器忽略。

1.2.2　数据输入/输出的常用方法

程序一般都与外部有数据交换，这就涉及在程序中数据的输入和输出问题。在 C 语言中输入/输出是以标准函数形式提供的，通常源程序在开头部分要有#include <stdio.h>这一行。本节先简单介绍 C 语言中的两个常用的格式化输入/输出函数，即 scanf()函数和 printf()函数，其余的输入/输出函数将在后面的模块详细介绍。

1. 常用输出函数 printf()

格式：`printf(控制字符串,参数1,参数2,…,参数n);`

功能：按照控制字符串格式；将参数进行转换，然后在标准输出设备上输出。

控制字符串中有两种字符，一种是普通字符，将按原样输出；另一种是格式符，C 语言中规定以 "%" 开头紧跟格式字符，最常用的格式字符如下。

读一读

%d——将参数按十进制形式输出；

%c——将参数看作单个字符输出；

%f——将参数按浮点数形式输出；

%s——将参数以字符串输出（空格为终止符）。

【例 1-2】用%d 格式符进行整型十进制数形式的输出。

```
#include <stdio.h>
#include <stdlib.h>
void main()
{ int a,b;
  a=12;
  b=21;
  printf("a=%d b=%d \n",a,b);  /*将 a、b 按十进制整数形式输出*/
  system("pause");
}
```

在 printf 语句中 "a=" 及 "b=" 和回车换行 "\n" 都是普通字符，应按原样输出；两个格式符%d 依次说明 a、b 应按十进制整数形式输出；因此该程序最终的输出结果为：

```
a=12 b=21
```

2. 常用输入函数 scanf()

格式：`scanf(控制字符串,参数1地址,参数2地址,…,参数n地址);`

功能：实现从标准输入设备（通常指键盘）上按规定格式输入数值或字符，并将输入内容存放在参数所指定的存储单元中。

【例 1-3】从键盘输入一个字符，再在屏幕上输出该字符及对应的 ASCII 码（如输入字符 A，则输出 A 及对应的 ASCII 码 65——字符的 ASCII 码见附录 A）。

```
#include <stdio.h>
#include <stdlib.h>
void main()
{ char ch;
  scanf("%c",&ch);
  printf("你输入的字符是%c,其 ASCII 码为%d\n",ch,ch);
  system("pause");
}
```

运行结果：<u>A <回车></u>　　　　　　//本教材中运行时输入数都加下划线表示

```
A
你输入的字符是A,其ASCII码为65
请按任意键继续. . .
```

语句 scanf("%c",&ch)表示从键盘输入一个字符，赋给变量 ch，&ch 表示变量 ch 的地址，再用 printf()函数用%c 输出该字符，用%d 输出该字符的 ASCII 码。

> **注意**
>
> 　　在 printf 中参数是指要输出值的变量名，而 scanf 中参数是指要接收数据的变量存储单元地址，所以变量名前要加上地址运算符 "&"。

1.2.3　C 语言的发展历程及特点

初步了解 C 语言程序的基本组成与结构后，现在介绍一下 C 语言的发展过程及其特点。

1. C 语言的发展历程

1972 年，Dennis Ritchie 以 B 语言为基础，经改进设计出了具有丰富的数据类型，并支持大量运算符的编程语言，即 C 语言，并使用 C 语言成功重新编写了 UNIX 内核。1978 年，Brian W.Kernighan 和 Dennis M.Ritchie（合称 K&R）合著了 *The C Programming Language* 一书，称为标准 C，成为后来广泛使用的 C 语言版本的基础，对 C 语言的发展产生了深远的影响。

C 语言的第一个标准是由 ANSI（美国国家标准学会）发布的，这份文档后来被 ISO（国际标准化组织）采纳并且 ISO 发布的修订版也被 ANSI 采纳。1983 年，美国国家标准协会组成了一个委员会于 1989 年创立一套 C 标准，该版本称作 ANSI C 或 C89。1990 年，经一些小改动的 ANSI C 标准被称为 ISO/IEC 9899:1990，又称为 C90，因此 C89 和 C90 通常指同一种语言。2000 年 3 月，ANSI 采纳 ISO/IEC 9899:1999 标准形成 C99 标准。

2011 年 12 月，ANSI 采纳 ISO/IEC 9899:2011 标准，即 C11，它是 C 程序语言现行标准。

2. C 语言的特点

C 语言是一种通用的程序设计语言，是处于汇编语言和高级语言之间的一种中间型程序设计语言，常称为"中级语言"。它既具有高级语言面向用户、可读性强、容易编程和维护等特点，又具有汇编语言面向硬件和系统，可以直接访问硬件的功能，在程序运行效率方面可以与汇编语言媲美。C 语言具有以下特点：

1）C 语言吸取了汇编语言的精华

（1）C 语言提供了对位、字节及地址的操作，使程序可以直接访问硬件；

（2）C 语言吸取了宏汇编技术中的一些灵活处理方式，提供了宏替换命令#define 和文件包含的预处理命令#include；

（3）C 语言程序能与汇编语言程序实现无缝连接；

（4）C 语言编译生成的目标程序代码质量高，执行效率高，运行速度快。

2）C 语言继承和发扬了高级语言的优势

（1）继承了 Pascal 语言具有丰富数据类型的特点，并具有完备的数据结构；

（2）吸取了模块结构的思想，C 语言中每个函数都是独立的，允许单独进行编译。这有利于大程序的分工协作和调试；

（3）允许递归调用，算法实现简明、清晰；

（4）面向用户、可读性强、容易编程和维护等特点，易学、易读、易懂、易编程、易维护；只有 32 个保留字，使变量、函数命名有更多弹性；

（5）具有良好的可移植性，它没有依赖于硬件的输入/输出语句，便于在不同硬件结构的计算机之间移植。

1.2.4　C 程序的调试与运行

已经了解了如何用 C 语言编写出简单程序，想要检验自己编写的程序是否能够运行、结果是否符合预期，就必须要将程序在开发环境中运行来验证。

本书使用的开发环境是 VC++ 2010 学习版（即 Microsoft Visual C++ 2010 Express）。下面将介绍 VC++ 2010 Express 开发环境以及如何创建项目、编辑代码、编译、运行，得到结果。

1. Visual Studio 2010 学习版介绍

VC++ 2010 是 Microsoft Visual Studio 2010（简称 VS 2010）的一个组成部分，其众多版本中的学习版（Express）是一款可以单独安装、独立使用的软件。

安装 Visual C++ 2010 后，单击"开始"菜单，选择"程序 | "Microsoft Visual C++ 2010 Express" | "Microsoft Visual C++ 2010"命令，启动 Visual C++ 2010，启动界面如图 1-2 所示。

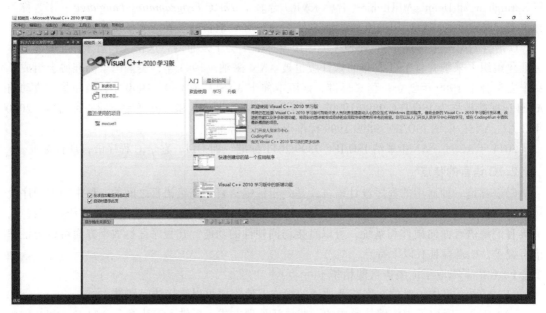

图 1-2　VC++ 2010 Express 启动界面

VC++ 2010 Express 开发环境界面由标题栏、菜单栏、工具栏、起始页、解决方案资源管理器、输出窗口以及状态栏等组成。在此开发环境界面中，有一系列菜单，如图 1-3 所示，而每一个菜单下都有各自的菜单命令。由于 VC++ 2010 开发平台并不只支持 C 语言的程序开发，因此下面对在 C 语言程序开发中使用较常用的菜单进行介绍。

文件(F)　编辑(E)　视图(V)　调试(D)　工具(T)　窗口(W)　帮助(H)

图 1-3　VC++ 2010 Express 菜单

1）"文件"菜单

"文件"菜单中的命令主要用来对文件和项目进行操作，如图 1-4 所示，各项命令的快捷键及功能描述如表 1-1 所示。

图 1-4　"文件"菜单

表 1-1　"文件"菜单命令的快捷键及功能描述

菜 单 命 令	快 捷 键	功 能 描 述
新建	Ctrl+N	创建一个新项目或文件
打开	Ctrl+O	打开已有文件
关闭	—	关闭当前文件
关闭解决方案	—	关闭当前项目
保存选定项	Ctrl+S	保存当前文件
将选定项另存为…	—	将当前文件用新文件名保存
全部保存	Ctrl+Shift+N	保存所有打开的文件
页面设置…	—	文件打印的页面设置
打印…	Ctrl+P	打印当前文件内容或选定内容
最近的文件	—	选择打开最近的文件
最近使用的项目和解决方案	—	选择打开最近的项目
退出	Alt+F4	退出 VC++ 2010 开发环境

2）"调试"菜单

"调式"菜单中的命令主要用来编译、连接、调试和运行应用程序，如图 1-5 所示。表 1-2 列出了"调试"菜单中各项命令的快捷键及它们的功能。

图 1-5　"调试"菜单

表 1-2 "调试"菜单命令的快捷键及功能描述

菜 单 命 令	快捷键	功 能 描 述
启动调试	F5	调试状态下运行程序
生成解决方案	F7	生成应用程序的 .exe 文件
逐语句	F11	按语句为单位对程序进行单步调试
逐过程	F10	按函数为单位对程序进行调试
切换断点	F9	在程序中增添或撤销断点
窗口	—	用于调出"断点""输出""即时"选项卡并在界面下显示
清除所有数据提示	—	清除代码旁显示的数据提示
导出数据提示...	—	将程序中的数据提示导出成 xml 文件
导入数据提示...	—	通过外部文件导入数据提示
选项和设置...	—	设置、修改项目的配置

工具栏是一种图形化的操作界面，具有直观和快捷的特点，熟练掌握工具栏的使用对提高编程效率非常有帮助。工具栏由某些操作按钮组成，分别对应着某些菜单选项或命令的功能。用户可以直接单击这些按钮来完成指定的功能。

如图 1-6 所示，工具栏位于菜单栏的下方，工具栏中的操作按钮和菜单是相对应的。VC++ 2010 Express 中包含有几十种工具栏。默认时，屏幕工具栏区域显示两个工具栏，即"标准"工具栏和"生成"工具栏。后期使用过程中，用户也可以根据操作的需要选择"视图"|"工具栏"展开的子菜单自行添加其他的工具栏。

图 1-6 VC++ 2010 Express 常用工具栏

2．创建应用程序

VC++ 2010 Express 不能单独编译一个 .cpp 或者一个 .c 文件，这些文件必须依赖于某一个项目，因此必须首先创建一个项目。下面用一个实例了解如何在 VC++ 2010 中创建应用程序。

【例 1-4】编写程序，终端输出"你好!"欢迎信息。

1）启动 VC++ 2010 Express

单击 Windows"开始"菜单，选择"程序" | "Microsoft Visual C++ 2010 Express" | "Microsoft Visual C++ 2010"，启动 VC++ 2010 Express。

2）创建项目

从 VC++ 2010Express 菜单栏中选择"文件" | "新建" | "项目..."命令，打开"新建项目"对话框，如图 1-7 所示。

在图 1-7 中间的项目模板列表中选择"Win32 控制台应用程序"选项，然后在下方的"名称"文本框中输入 Hello，在"位置"文本框中可以选择建立工程保存的目录，用户也可以根据需要修改要保存项目的位置，也可不修改选择默认的保存位置。为了便于后期项目文件的查找及管理，建议大家进行修改，选择专门的位置进行项目保存。之后单击"确定"按钮，继续下一步设置，应用程序类型选择"控制台应用程序"单选按钮，附加选项选择"空项目"复选框，最后单击"完成"按钮即可创建，具体设置如图 1-8、图 1-9 所示。

图 1-7 "新建项目"对话框

图 1-8 "欢迎使用 Win32 应用程序向导"对话框

图 1-9 "应用程序设置"对话框

3）创建程序源文件

在项目窗口左侧的解决方案资源管理器中选择"源文件"右击，在打开的快捷菜单中选择"添加|新建项..."命令，打开"添加新项–Hello"对话框，在中间的文件模板列表中选择"C++文件"选项，然后在下方的"名称"文本框中输入 sf.c（注意扩展名为.c）创建 C 语言程序源文件，然后单击"添加"按钮，打开源代码编辑窗口，如图 1-10 所示。

图 1-10 "添加新项–Hello"对话框

4）编写 C 源程序

【例 1-5】在代码编辑窗口输入如下源程序。

```
#include <stdio.h>
#include <stdlib.h>
void main()
```

```
{ printf("你好!\n");
  system("pause");
}
```

在菜单栏中，选择"文件"｜"保存 sf.c"命令，保存该文件。

5）程序的编译、连接和运行

选择菜单栏中"调试"｜"生成解决方案"命令（或按【F7】快捷键），VC++ 2010 将编译并连接程序，以创建一个可执行文件，界面下方的输出窗口可显示编译是否成功。成功编译结果如图 1-11 所示。

```
═══════ 生成：成功 0 个，失败 0 个，最新 1 个，跳过 0 个 ═══════
```

图 1-11 编译成功后输出窗口显示内容

执行 Hello 程序，选择"调试"｜"启动调试"命令（或快捷键【F5】）即可。

运行结果：

```
你好!
请按任意键继续. . .
```

在该软件对程序的编译运行中，还可以采取另外一种方法得到同样的运行结果，步骤为：选择菜单栏中"项目（project）"｜"属性（property）"命令，在打开的窗口中左边一栏里依次找到"属性配置"｜"链接器"｜"系统"，单击"系统"项后，找到右边的子系统（subSystem），将该项的值配置为"控制台（Console）(/SUBSYSTEM:CONSOLE)"。经过此配置以后，运行代码时只需按【Ctrl+F5】组合键就可以得到运行结果并暂停窗口。

1.3　任 务 实 施

●┈┈┈ 视　频

模块 1 任务
实施

使用 C 语言编写程序，制作一个带有自己姓名、年龄及爱好并将其放在由"*"组成的名片框内。

分析：要完成上面的引例要求，需要完成以下几个主要步骤：

（1）输出框顶部的"*"。

（2）输出名片信息及左右的"*"。

（3）输出框底部的"*"。

具体程序：

```
#include <stdio.h>        //导入 standard input & output 标准库函数头文件
void main()               //C 程序中必须有且只有一个主函数 main()
{
    printf("******************\n");   //输出框顶部的"*"
    printf("*   姓名 张三       *\n");   //输出姓名
    printf("*   年龄 23         *\n");   //输出年龄
    printf("*   爱好 运动       *\n");   //输出爱好
    printf("******************\n");   //输出框底部的"*"
}
```

运行结果：

小　结

本模块主要介绍了 C 语言程序的基础知识，具体要求掌握的内容如下：

视　频

模块 1 小结

1．C 程序的基本结构

C 程序是由一个（且仅有一个）主函数及若干个（可以为 0 个）其他函数（或可称为自定义函数）组成。每个函数由函数头和函数体组成；函数体用一对{}包含，其中是实现函数具体功能的代码，包含有说明部分和执行部分。

2．基本输入/输出函数

初步介绍了两个基本输入/输出函数 scanf()和 printf()。

printf()格式：

```
printf(控制字符串,参数1,参数2,…,参数n);
```

功能：按格式符的规定格式输出参数列表中的参数的值。

scanf 格式：

```
scanf(控制字符串,参数1地址,参数2地址,…,参数n地址);
```

功能：按格式符的规定格式接收输入的数据并保存到参数地址列表的地址。

需要特别注意的是，scanf()函数中，变量一定要用地址的形式（例如&x、&y）来表示。

如果在一个函数中要调用 scanf()和 printf()，应该在该函数的前面加上包含命令#include <stdio.h>。

3．Visual C++ 2010 集成开发环境

本模块介绍了 Visual C++ 2010 集成开发环境，包括 Visual C++ 2010 菜单栏、工具栏、工作区和资源编辑器。让读者初步了解利用 Visual C++ 2010 集成开发环境完成创建、编译 C 语言源程序的过程。

实　训

实训要求

1．对照教材中的例题，模仿编程完成实训任务，并完成调试，记录下实训源程序和运行结果。

2．对照实训时完成情况，将调试完成的源代码与运行结果填入实训报告中。

实训任务

实训 1 向控制台输出带有自己姓名的名片。（源程序参考本模块【任务实施】）

实训 2 从键盘输入某人的年龄，在控制台输出你的年龄。（源程序参考【例 1-3】）

习　　题

一、选择题

1. 一个 C 语言程序是由（　　）组成。

    A. 主程序　　　　　　B. 子程序　　　　　　C. 函数　　　　　　D. 过程

2. 一个 C 语言程序总是从（　　）开始。

    A. 主过程　　　　　　B. 主函数　　　　　　C. 子程序　　　　　　D. 主程序

二、填空题

1. 一个 C 程序是由若干个函数构成的，其中必须有一个_____函数。

2. 在 C 语言中，注释部分以_____开始，以_____结束。

3. 在 C 语言中，一个函数一般有两部分组成，它们是_____和_____。

4. C 语言源程序的扩展名是_____。

三、简答题

1. 启动 Visual C++ 2010 的方法有哪些？

2. 如何新建一个 C 语言源程序？

模块 ② 数据准备——数据类型与表达式

在现实生活中，我们遇到的数据各不相同，如在学生资助信息管理系统中就涉及学生年龄、姓名等各种类型的数据，常需要对其进行各种运算处理等。在本模块中，将学习 C 语言的数据类型、运算符与表达式的有关知识。

学习要求：

- 掌握 C 语言中的数据类型分类；
- 熟悉各种运算符的运算规则；
- 会应用数据类型和运算符及表达式在实际问题中求解。

2.1 任 务 导 入

要求从键盘输入的一个字符进行加密，输出该字母顺序后延第三个字符，然后解密后再输出。

想要使用 C 语言编写程序，必须先了解 C 语言数据类型，不同的数据类型有不同的特点，可执行的运算也不完全相同，应用的场合也不同。需要熟练掌握下面的内容。

2.2 知 识 准 备

2.2.1 C 语言数据类型简介

计算机程序的作用就是对数据进行存储并进行运算处理。为了更好地利用计算机的存储空间，更有效地表示和存储数据，C 语言中的数据类型如图 2-1 所示。

所谓数据类型是按被定义变量的性质、表示形式、占据存储空间的多少、构造特点来划分的。在 C 语言中，数据类型可分为基本数据类型、构造数据类型、指针类型、空类型四大类。

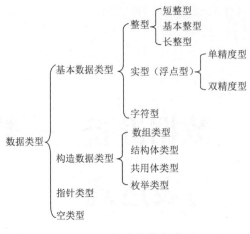

图 2-1   C 语言的数据类型

1．基本数据类型

基本数据类型包含整型、实型、字符型。

1）整型

整型数据指的就是数据的值是整数，如 12、–5、172 等。

2）实型（浮点型）

实型数据简单理解就可以认为数据的值是带小数点的数，如 1.5、–7.2、3.14 等。

3）字符型

与前两个数值类型不同，字符型数据的值非数值，而是单个字符或字符串，如'a'、"apple"等，其中'a'是单个字符，字符两边用一对单引号括起来，"apple"是字符串，字符两端用一对双引号括起来。

2．构造数据类型

构造数据类型是根据 C 语言中已有的一个或多个数据类型用构造的方法来组成的一种复合类型。也就是说，一个构造类型的值可以分解成若干个"成员"或"元素"。每个"成员"都是一个基本数据类型或又是一个构造类型。

在 C 语言中，构造类型有以下几种：数组类型、结构体类型、共用体类型以及枚举类型。

在本模块中，主要介绍常用的基本数据类型，数组类型将在模块 4 和模块 6 介绍，其余的构造类型将在模块 9 中详细介绍。

2.2.2   数据存储——常量与变量

按照数据在程序运行中其值是否可变分为常量和变量。把它们与数据类型结合起来分类，基本数据类型的数据也可分为整型常量、整型变量、浮点常量、浮点变量、字符常量、字符变量、字符串常量（C 语言中无字符串变量）。在 C 程序中，常量可以不经声明而直接引用，而变量则必须先定义后使用。

1．常量

在程序执行过程中，其值不发生改变的量称为常量。按照在程序中表示的形式，将其分为直接常量和符号常量。

1）直接常量

直接常量就是直接用数据值来表示的常量。按类型可以分为以下几种：

（1）整型常量：5、–8、22。

（2）实型常量：3.8、–1.28、22.8。

（3）字符常量：'a'、'b'、'5'。

（4）字符串常量："C Language"。

2）符号常量

C 语言中，也允许用一个标识符来表示一个常量，这样表示的常量称为符号常量。符号常量可以用标识符来定义。标识符由字母、数字和下划线构成，且首字符不能为数字。

符号常量在使用之前必须先定义，其一般形式为：

```
#define 标识符 常量
```

其中，#define 也是一条预处理命令（预处理命令都以"#"开头），称为宏定义命令，其功能是把该标识符定义为其后的常量值。一经定义，在程序中出现该标识符的所有地方皆代表该常量值。

【例 2-1】符号常量的使用。

```
#include<stdio.h>
#define PRICE 30      //符号常量定义,将 30 用标识符 PRICE 来代替
void main()
{
    int num,total;
    num=10;
    total=num*PRICE; //相当于 total=num*30;
    printf("total=%d\n",total);
}
```

运算结果：

```
total=300
Press any key to continue
```

【说明】

① 为了和变量在表示形式上有所区分，习惯上符号常量的标识符常用大写字母，而变量的标识符(即变量名)用小写字母。

② 符号常量与变量不同，它的值在程序运行过程中不能改变，也不能再被赋值。如果先做了定义：#define PRICE 30，则 PRICE=40 这条语句对符号常量 PRICE 的值做修改是不允许的。

③ 使用符号常量的好处：

● 含义清楚；

● 能做到"一改皆改"，从而减少程序修改时的工作量。

2. 变量

在程序执行过程中，其值可以改变的量称为变量。一个变量应该有一个名字，在内存中占据一定的存储单元。变量名就是这个量的代号，而变量值是这个量的取值。变量存储结构如图 2-2 所示。

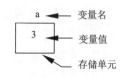

图 2-2　变量存储结构

C 语言中，变量必须先定义后使用。其定义一般放在函数体的开头部分。变量定义的一般形式为：

类型说明符　　　变量名标识符 1,变量名标识符 2,…;

例如：

```
int a,b,c;          //a,b,c 为整型变量
long x,y;           //x,y 为长整型变量
unsigned p,q;       //p,q 为无符号整型变量
```

注意

在书写变量定义时，应注意以下几点：

● 允许在一个类型说明符后，定义多个相同类型的变量，各变量名之间需用逗号间隔。类型说明符与变量名之间至少用一个空格间隔。

● 最后一个变量名之后必须以 ";" 号结尾。

2.2.3　整型数据

本小节将介绍 C 语言中的三种基本类型（整型、实型、字符型）数据在程序中的表示。注意，不同类型的数据在不同字长的系统中的存储表示及数值范围是不一样的。在下面的讲解中主要以 32 位计算机中数据的表示为例（16 位系统中的差异见表 2-3）。

1. 整型常量

整型常量就是数学中提到的整数。在 C 语言中，整数有八进制、十六进制和十进制三种表示方式，在程序中是根据前缀来区分各种进制数的，因此在书写常数时不要把前缀弄错造成结果不正确，如表 2-1 所示。

表 2-1　C 语言中整数的表示形式

进　制	数　码	前　缀	示　例
十进制	0～9	无	256、687、1111、–188
八进制	0～7	0	0400（十进制为 256）、01257（十进制为 687）
十六进制	0～9，A～F（a～f）	0X 或 0x	0X100（十进制为 256）、0X2AF（十进制为 687）

注意

八进制前缀 "0" 是零而非字母 "o"，十六进制前缀是字母 "0X" 中 "0" 也是零。

【例 2-2】加前缀表示的八、十六、十进制数示例。

```
#include <stdio.h>
void main()
{
    int  s,a,b;
    a=0110;          //以数字 0 开头的八进制数赋给变量 a，相当于十进制数 72
```

```
b=0x110;        //以数字 0x 开头的十六进制数赋给变量 b，相当于十进制数 272
s=125;          //十进制数赋给变量 s
printf("a=%d,b=%d,c=%d\n",a,b,s);  //以十进制数分别输出变量 a、b、s
}
```

运行结果：

```
a=72,b=272,c=125
请按任意键继续. . .
```

2．整型变量

用来存储整型常量值（变量值是整型常量）的变量称为整型变量，整型变量也是要先定义后使用。

1）整型变量的定义

整型变量定义的一般形式为：

整型变量类型符 变量名标识符 1，变量名标识符 2，…；

其中，整型变量类型符有 int、long int（简写为 long）、short int（简写为 short）。

例如：

```
short int  num;
int  person;
long int num=0;
```

2）整型变量的分类

整型变量分为：基本型、短整型、长整型，每一类中又分为有符号型和无符号型。整型类型符未加其他特别说明则表示是有符号整型；无符号型则在整型类型符前加上"unsigned"，如 unsigned int（简写为 unsigned——无符号基本型）、unsigned short int（简写为 unsigned short——无符号短整型）、unsigned long int（简写为 unsigned long——无符号长整型）。各种无符号类型量所占的内存空间字节数与相应的有符号类型量相同。但由于省去了符号位，故能表示的数的范围不同。

在 32 位计算机系统中，C 语言各类整型量所分配的内存字节数及数的表示范围，如表 2-2 所示。

表 2-2　32 位计算机系统中 C 语言各类整型量所分配的内存字节数及数的表示范围

分　类	类型说明符	数　的　范　围		字 节 数
基本整型	int	−2 147 483 648 ~ 2 147 483 647	即 -2^{31} ~（$2^{31}-1$）	4
无符号整型	unsigned int/unsigned	0 ~ 4 294 967 295	即 0 ~（$2^{32}-1$）	4
短整型	short int/short	−32 768 ~ 32 767	即 -2^{15} ~（$2^{15}-1$）	2
无符号短整型	unsigned short int	0 ~ 65 535	即 0 ~（$2^{16}-1$）	2
长整型	long int/long	−2 147 483 648 ~ 2 147 483 647	即 -2^{31} ~（$2^{31}-1$）	4
无符号长整型	unsigned long int	0 ~ 4 294 967 295	即 0 ~（$2^{32}-1$）	4

【例 2-3】"学生信息资助管理"系统中，管理员总人数用整型变量来表示,新增人数用短整型来表示。

```
#include <stdio.h>
void main()
{
```

```
    int  num=2;
    short  add=5;
    num=num+add;
    printf("管理员总人数为: %d\n", num);
}
```

运行结果：

```
管理员总人数为: 7
请按任意键继续. . .
```

从程序中可以看到：num 是整型变量，add 是短整型变量。它们之间允许进行运算，运算结果为整型。本例说明，不同类型的整型量可以参与运算，其中的类型转换是由编译系统自动完成的。有关类型转换的规则将在以后介绍。

3）整型数据定义失误造成溢出情况

【例 2-4】整型数据的溢出。

```
#include <stdio.h>
void main()
{
    short add,num=32767;   //定义短整型变量 add,num
    add=num+1;
    printf("num 和 add 为: num=%d,add=%d\n",num,add);
}
```

运行结果：

```
num 和 add 为: num=32767,add=-32768
请按任意键继续. . .
```

32767 的补码：

0	1	1	1	1	1	1	1	1	1	1	1	1	1	1	1

−32768 的补码：

1	0	0	0	0	0	0	0	0	0	0	0	0	0	0	0

【说明】

32767 的补码（0111,1111,1111,1111）加 1 后，按位进位最终最高位进为 1，后续位全为 0；在计算机中最高位作为符号位来处理（0 代表正数，1 代表负数），所以结果恢复成原码后就变成了−32768。

读一读

C 标准没有规定各类数据所占内存字节数，编译器可以根据硬件选择适合的长度。16 位计算机与 32 位计算机数据类型的差异主要体现在整型数据上，表 2-3 给出两者的比较差异。

表 2-3　16 位计算机与 32 位计算机数据类型的差异

数据类型	16 位计算机		32 位计算机	
	所占字节数	取值范围	所占字节数	取值范围
short int	2	−32 768 ~ 32 767	2	−32 768 ~ 32 767
int	2	−32 768 ~ 32 767	4	−2 147 483 648 ~ 2 147 483 647

数据类型	16 位计算机		32 位计算机	
	所占字节数	取值范围	所占字节数	取值范围
long	4	−2 147 483 648 ~ 2 147 483 647	4	−2 147 483 648 ~ 2 147 483 647
unsigned int	2	0 ~ 65 535	4	0 ~ 4 294 967 295
unsigned short	2	0 ~ 65 535	2	0 ~ 65 535
unsigned long	4	0 ~ 4 294 967 295	4	0 ~ 4 294 967 295

2.2.4　实型数据

1．实型常量

实型也称为浮点型。实型常量也称实数或浮点数。在 C 语言中，实数只采用十进制。它有两种表示形式：十进制小数形式和指数形式。

1）十进制小数形式

该形式由数码 0 ~ 9 和小数点组成，也就是数学中的小数。例如，0.0、3.41、9.8、500.、−244.3 等均为合法的实数。

注意:采用十进制小数形式表示实数必须有小数点。

2）指数形式

该形式由十进制数加阶码标志 e 或 E 及阶码（阶码只能为整数，可以带符号）组成。

其一般形式为：aEn

其中：a 是十进制数，n 是十进制整数，其值是 $a \times 10^n$。

例如：

$3.14E5 = 3.14 \times 10^5$

$−3.8E−3 = −3.8 \times 10^{-3}$

以下不是合法的实数：

314 (无小数点)

E8 (阶码标志 E 之前无数字)

−7 (无阶码标志)

23.−E7 (负号位置不对)

29.6E　(无阶码)

标准 C 语言允许浮点数使用后缀。后缀为 f 或 F 表示该数为浮点数，如 425f 和 425.是等价的。

2．实型变量

用来存储实数的变量，即值为实数的变量称为实型变量。

1）实型数据在内存中的存储形式

实型数据一般占 4 个字节（32 位）内存空间，按指数形式存储。实数 3.14159 在内存中的存储形式如下：

+	.314159	1
数符	小数部分	指数

读一读
（1）小数部分占的位（bit）数越多，数的有效数字越多，精度越高。
（2）指数部分占的位数越多，则能表示的数值范围越大。

2）实型变量的分类

实型变量分为单精度（float）型、双精度（double）型两类。

存储方面，单精度型和双精度型所分配的内存字节数及数的表示范围，如表 2-4 所示。

表 2-4　实型数据所占内存数及表示数的范围

类型说明符	字　节　数	有　效　数　字	数　的　范　围
float	4	6 ~ 7	$-3.4 \times 10^{-38} \sim 3.4 \times 10^{38}$
double	8	15 ~ 16	$-1.7 \times 10^{-308} \sim 1.7 \times 10^{308}$

3）实型变量定义的格式

实型变量定义的一般形式为：

实型变量类型符 变量名标识符 1,变量名标识符 2,…;

其中，实型变量说明符有：float、double。

例如：

```
float x,y;        //x,y为单精度实型量
double a,b,c;      //a,b,c为双精度实型量
```

4）实型数据的舍入误差

由于实型变量是由有限的存储单元组成的，因此能提供的有效数字总是有限的，如例 2-5 所示。

【例 2-5】实型数据的舍入误差。

```
#include <stdio.h>
void main()
{
    float a;
    double b;
    a=55555.55555;//a 是单精度浮点型,有效位7位,而整数占5位,故小数两位后均为无效数字
    b=88888.88888888;//b 是双精度型,有效位16位,但C规定小数后最多保留6位,其余四舍五入
    printf("\n%f\n\n%f\n\n",a,b);
}
```

运行结果：

```
55555.554688
88888.888889
请按任意键继续. . .
```

2.2.5　字符型数据

1. 字符常量

字符常量是用单引号括起来的一个字符。例如，'+'、'4'、'c'、'd'、'?'都是合法字符常量。

记一记

在 C 语言中，字符常量有以下特点：

（1）字符常量只能用单引号括起来，不能用双引号或其他符号。

（2）字符常量只能是单个字符，不能是字符串。

（3）字符可以是字符集中的任意字符。

2．转义字符

转义字符是一种特殊的字符常量。转义字符以反斜线"\"开头，后跟一个或几个字符。转义字符具有特定的含义，不同于字符原有的意义，故称"转义"字符。转义字符主要用来表示那些用一般字符不便于表示的控制代码。C 语言中常用的转义字符及其含义如表 2-5 所示。

表 2-5　常用的转义字符及其含义

转　义　字　符	含　　义	ASCII 码值
\n	回车换行	10
\t	横向跳到下一制表位置	9
\b	退格	8
\r	回车	13
\f	走纸换页	12
\\	反斜线符"\"	92
\'	单引号符	39
\"	双引号符	34
\a	鸣铃	7
\ddd	1~3 位八进制数所代表的字符	—
\xhh	1~2 位十六进制数所代表的字符	—

广义地讲，C 语言字符集中的任何一个字符均可用转义字符来表示。表中的\ddd 和\xhh 正是为此而提出的。ddd 和 xhh 分别为八进制和十六进制的 ASCII 码。如\101 表示字母 A，\102 表示字母 B，\134 表示反斜线，\X0A 表示换行等。

【例 2-6】转义字符的使用。

```c
#include <stdio.h>
void main()
{
    int a=5,b=6,c=7;
    printf(" ab c\tde\rf\n"); //转义字符代表特定字符，在分析时要注意按其含义转化
    printf("\nhijk\tL\bM\n\n");
}
```

运行结果：

3．字符变量

用来存储字符常量的变量，即数据值为单个字符的变量称为字符变量。

字符变量的类型说明符是 char。字符变量类型定义的格式和书写规则都与整型变量相同。例如，char var1,var2;。

4．字符数据在内存中的存储形式及使用方法

每个字符变量被分配一个字节的内存空间，故每个字符变量只能存放一个字符。字符值是以所存储字符的 ASCII 码形式存放在该变量的内存单元中。

例如，var1='A';　　Var2='B';

实际上是在 var1、var2 两个单元内存放 65 和 66 的二进制代码，所以也可以把它们看成是整型量。C 语言允许对整型变量赋予字符值，也允许对字符变量赋予整型值。在输出时，允许把字符变量按整型量输出，也允许把整型量按字符量输出。

> **注意**
>
> 整型量为 2 或 4 字节量，字符型量为单字节量，因此当整型量按字符型量处理时，只有低 8 位字节参与处理。

【例 2-7】为字符变量赋以整数值。

```c
#include <stdio.h>
void main()
{
    char a,b;
    a=65;      //整型值与字符型值通过 ASCII 码进行相互转化
    b=2113;
    printf("%c,%c\n",a,b);
    printf("%d,%d\n",a,b);
}
```

运行结果：

本程序中定义 a、b 为字符型，但在赋值语句中赋以整型值。从结果看，a、b 值的输出形式取决于 printf() 函数中的格式符，当格式符为 c 时，对应输出的变量值为字符，当格式符为 d 时，对应输出的变量值为整数。对于程序中字符型变量 b 的整型值不是 2113 而是 65 的原因可以用图 2-3 来解释说明（具体计算时可用 2113%256 得到 65）。

图 2-3　变量赋值说明

【例 2-8】字符变量参与数值运算。

```c
#include <stdio.h>"
void main()
{
```

```
    char var1,var2;
    var1='A';
    var2='B';
    var1=var1+32;        //将字符 A 的 ASCII 码值代入运算
    var2=var2+32;
    printf("%c,%c\n\n%d,%d\n\n",var1,var2,var1,var2);
}
```

运行结果：

本例中 var1、var2 被说明为字符变量并赋予字符值，C 语言允许字符变量参与数值运算，即用字符的 ASCII 码参与运算。由于大小写字母的 ASCII 码值相差 32，因此运算后把大写字母换成小写字母，然后分别以整型和字符型输出。

5. 字符串常量

字符串常量是由一对双引号括起的字符序列。例如，"TongLing"、"China"、"￥88.8"等都是合法的字符串常量。

字符串常量和字符常量是不同的量。

读一读

字符串常量和字符常量主要有以下区别：

（1）字符常量由单引号括起来，字符串常量由双引号括起来。

（2）字符常量只能是单个字符，字符串常量则可以含一个或多个字符。

（3）字符常量占一个字节的内存空间；字符串常量占用的内存字节数等于字符串中字符数加 1，增加的一个字节中存放字符'\0'（ASCII 码为 0），作为字符串结束的标志。

（4）可以把一个字符常量赋予一个字符变量，但不能把一个字符串常量赋予一个字符变量。在 C 语言中没有字符串变量，这与其他高级语言不同；但是可以用一个字符型的数组来存放一个字符串常量，此部分内容在后续的模块中详细介绍。

例如，字符串"China"在内存中所占的字节为：

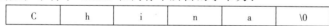

字符常量'a'和字符串常量"a"虽然都只有一个字符，但占用内存的情况是不同的。

'd'在内存中占 1 个字节，可表示为：

d

"d"在内存中占 2 个字节，可表示为：

d	\0

2.2.6　C 语言运算符及表达式

1. 运算符与表达式

C 语言中有丰富的运算符和表达式，其中表达式是由常量、变量、函数和运算符组合起来的式子。表达式值的类型由表达式计算所得结果值的类型来决定。单个的常量、变量、函数可以看作是表达式的特例。表达式求值按运算符的优先级和结合性规定的顺序进行。

C 语言的运算符可分为以下几类：

（1）算术运算符：用于各类数值运算。包括加（+）、减（−）、乘（*）、除（/）、求余（或称模运算，%）、自增（++）、自减（−−）共七种。

（2）关系运算符：用于比较运算。包括大于（>）、小于（<）、大于等于（>=）、小于等于（<=）、等于（==）和不等于（!=）六种。

（3）逻辑运算符：用于逻辑运算。包括非（!）、与（&&）、或（||）三种。

（4）位操作运算符：参与运算的量，按二进制位进行运算。包括位非（~）、位与（&）、位或（|）、位异或（^）、左移（<<）、右移（>>）六种。

（5）赋值运算符：用于赋值运算，分为简单赋值（=）、复合算术赋值（+=、−=、*=、/=、%=）和复合位运算赋值（&=、|=、^=、>>=、<<=）三类共十一种。

（6）条件运算符：这是一个三目运算符，用于条件求值（?:）。

（7）逗号运算符：用于把若干表达式组合成一个表达式（,）。

（8）指针运算符：用于取内容（*）和取地址（&）两种运算。

（9）求字节数运算符：用于计算数据类型所占的字节数（sizeof）。

（10）特殊运算符：有括号（）、下标[]、成员（→，.）等几种。

2．算术运算

1）基本的算术运算符

（1）加法运算符“+”：加法运算符为双目运算符，即应有两个量参与加法运算。如 a+b、4+8 等，具有左结合性。

（2）减法运算符“−”：减法运算符为双目运算符，具有左结合性。但“−”也可作负值运算符，此时为单目运算，具有右结合性，如-x、−5 等。

（3）乘法运算符“*”：双目运算符，具有左结合性。

（4）除法运算符“/”：双目运算符，具有左结合性。参与运算量均为整型时，结果也为整型，舍去小数部分。如果运算量中有一个是实型，则结果为双精度实型。

（5）求余运算符（模运算符）“%”：双目运算符，具有左结合性，要求参与运算的量均为整型。求余运算的结果等于两数相除后的余数。

【例 2-9】除法运算。

```
#include <stdio.h>
void main()
{
    printf("%d,%d\n",20/7,-20/7);        // "/" 两边均为整型,结果也为整型
    printf("%f,%f\n",20.0/7,-20.0/7);    // "/" 两边有实数参加运算,结果则为实型
    printf("%d\n",100%3);
}
```

运行结果：

```
2,-2
2.857143,-2.857143
1
请按任意键继续. . .
```

2）自增与自减运算符

自增、自减运算符：自增运算符记为"++"，其功能是使变量的值自动加 1。自减运算符记为"--"，其功能是使变量值自动减 1。

自增、自减运算符均为单目运算符，都具有右结合性。可有以下几种形式：

++i　　　//i 自增 1 后再参与其他运算，即先增值再运算

--i　　　//i 自减 1 后再参与其他运算，即先减值再运算

i++　　　//i 参与运算后,再将 i 的值自增 1，即先取值运算再增值

i--　　　//i 参与运算后,再将 i 的值自减 1，即先取值运算再减值

在理解和使用上容易出错的是 i++ 和 i--。特别是当它们出在较复杂的表达式或语句中时，常难于弄清，因此应仔细分析。

【例 2-10】自增自减运算。

```c
#include <stdio.h>
void main()
{
    int i=5,j=5,a,b;
    printf("%d\n",++i);
    printf("%d\n",++i);
    a=(i++)+(i++);              //在复杂的自增自减运算中要注意运算次序
    b=(++j)+(++j);
    printf("%d,%d,%d,%d\n",a,b,i,j);
}
```

运行结果：

```
6
7
14,14,9,7
请按任意键继续...
```

3）算术表达式

算术表达式：用算术运算符和括号将运算对象（也称操作数）连接起来的，并且符合 C 语法规则的式子。以下是算术表达式的例子：

```
a+b
(a*2)/b
(x++)*2-(a+b)/4
sin(x)+sin(y)
```

3．赋值运算

1）赋值运算符和简单赋值表达式

赋值运算符记为"="，由"="连接的式子称为赋值表达式。

其一般形式为：变量=表达式

例如：x=a+b

　　　w=sin(x)+sin(y)

赋值表达式的功能：是把计算表达式的值赋予左边的变量。赋值运算符具有右结合性。因此 a=b=c=5 可理解为 a=(b=(c=5))。在其他高级语言中，赋值构成一条语句，称为赋值语句。而在 C 语

言中，"="为运算符，组成赋值表达式。凡是表达式可出现的地方均可出现赋值表达式。如式子：x=(a=5)+(b=8)是合法的，它的意义是把 5 赋予 a，把 8 赋予 b，再把 a、b 相加的和赋予 x。

C 语言中赋值表达式也可构成赋值语句，按照 C 语言规定，任何表达式在其末尾加上分号就构成语句。因此，如 x=8;a=b=c=5;都是赋值语句，在前面各例中已大量使用过。

2）赋值运算中的类型转换

前面介绍了赋值运算符"="和简单赋值表达式，下面将介绍赋值运算中的类型转换。

如果赋值运算符两边的数据类型不相同，系统将自动进行类型转换，即把赋值号右边的类型换成左边的类型。具体规定如下：

（1）实型赋予整型，舍去小数部分。前面的例子已经说明了这种情况。

（2）整型赋予实型，数值不变，但以浮点形式存放，即增加小数部分（小数部分值为 0）。

（3）字符型赋予整型，由于字符型为 1 个字节，而整型为 4 个字节，故将字符的 ASCII 码值放到整型量的低 8 位中，高 24 位为 0。整型赋予字符型，只把低 8 位赋予字符量。

【例 2-11】赋值运算中类型转换的规则。

```c
#include <stdio.h>
void main()
{ int a, b=65;
  float x, y=5.5;
  char ch1='a',ch2;
  a=y;        //整型←实型
  x=b;        //实型←整型
  b=ch1;      //整型←字符型
  ch2=b;      //字符型←整型
  printf("%d,%f,%d,%c\n\n",a,x,b,ch2);
}
```

运行结果：

```
5,65.000000,97,a
请按任意键继续. . .
```

本例表明赋值运算中类型转换的规则：a 为整型，把实型量 y 值 5.5 赋予后只取整数 5。x 为实型，赋予整型量 b 值 65 后增加了小数部分，所以是 65.000000。字符型量 ch1 赋予 b 后变为整型，所以是 97，整型量 b 赋予 ch2 后变为字符型，所以是'a'。

3）复合赋值运算符

在赋值符"="之前加上其他双目运算符可构成复合赋值运算符。如+=、-=、*=、/=、%=、<<=、>>=、&=、^=、|=。

构成复合赋值表达式的一般形式为：

变量　双目运算符=表达式

它等效于：

变量=变量 双目运算符 表达式

例如：

```
var1+=5         //等价于 var1=var1+5
var2*=var3+7    //等价于 var2=var2*(var3+7)
var4%=var5      //等价于 var4=var4%var5
```

复合赋值运算符这种写法，对初学者来说可能不太习惯，但十分有利于编译处理，能提高程序的编译效率并产生质量较高的目标代码。

4．关系运算

关系运算的结果是一个逻辑值，C 语言中没有逻辑类型，因此用整数 0 代表逻辑"假"，整数 1 代表逻辑"真"。

1）关系运算符及其优先次序

C 语言中规定的关系运算符有以下六种：

>（大于）、<（小于）、>=（大于等于）、<=（小于等于）、!=（不等于）及 ==（等于）。其中<、<=、>、>=的优先级相同，==和!=的优先级相同，前面一组的运算优先级高于后面一组；所有关系运算符的优先级均低于算术运算符。

2）关系表达式

由关系运算符连接两个操作数的表达式称为关系表达式。关系运算符的两边必须是同一类型的量，两个操作数的值可以是数值、字符或逻辑值。关系表达式的值为逻辑值，关系成立时值为 1，否则值为 0。

例如，若 a=4，b=7，则：

a>b　　　　　值为假

'a'<'b'　　　　值为真（字符大小比较是以字符在 ASCII 码值进行比较的）

'a'=='a'　　　值为真

(e=a)!=(f=b)　值为真

a>3==b>5　　值为真（因为 a>3 值为 1，b>5 值为 1）

5．逻辑运算

1）逻辑运算符及其优先次序

C 语言中规定了 3 个逻辑运算符，分别是逻辑非（!）、逻辑与（&&）和逻辑或（||），其中前一个是单目运算符，后两个是双目运算符，三者中"!"优先级最高，"&&"优先级次之，"||"优先级最低，尤其要注意，"!"优先级比任何算术运算符都高，而"&&"及"||"的优先级均低于所有关系运算符。

2）逻辑运算的值

前面曾经提过，C 语言中没有逻辑值 TRUE 和 FALSE，所以 C 语言用 0 表示逻辑假，所有非 0 数都表示真。表 2-6 列出了逻辑运算真值表。

表 2-6　逻辑运算真值表

a	b	!a	!b	a && b	a || b
0	0	1	1	0	0
0	非 0	1	0	0	1
非 0	0	0	1	0	1
非 0	非 0	0	0	1	1

3）逻辑表达式

由逻辑运算符连接操作数构成的表达式称为逻辑表达式。操作数可以是关系表达式、算术表达式和逻辑表达式等。逻辑表达式的值仍为逻辑值。

例如，var1=3，var2=0，则：

!var1   值为0

var1 && var2   值为0

var1 || var2   值为1

6. 逗号运算

在C语言中逗号"，"也是一种运算符，称为逗号运算符。其功能是把两个表达式连接起来组成一个表达式，称为逗号表达式。

其一般形式为：

表达式1,表达式2

功能：其求值过程是分别求两个表达式的值，并以表达式2的值作为整个逗号表达式的值。

【例2-12】逗号表达式示例。

```
#include <stdio.h>
void main()
{
    int var1=1,var2=2,var3=3,x,y;
    y=(x=var1+var2, var1+var3); //var1+var3的值作为逗号表达式的值赋予y
    printf("y=%d,x=%d\n\n",y,x);
}
```

运行结果：

```
y=4, x=3
请按任意键继续. . .
```

【说明】

（1）逗号表达式一般形式中的表达式1和表达式2也可以又是逗号表达式。

例如：

表达式1, (表达式2,表达式3)

形成了嵌套情形。因此可以把逗号表达式扩展为以下形式：

表达式1,表达式2,…,表达式n

整个逗号表达式的值等于表达式n的值。

（2）程序中使用逗号表达式，通常是要分别求逗号表达式内各表达式的值，并不一定要求整个逗号表达式的值。

> **注意**
>
> 并不是在所有出现逗号的地方都组成逗号表达式，例如，在变量说明中、在函数参数表中，逗号只是用作各变量之间的间隔符。

7. 条件运算

条件运算符是C语言中唯一的三目运算符。条件运算表达式的一般形式为：

表达式1?表达式2:表达式3

其中，表达式1为条件表达式。如果表达式1为真，取表达式2的值；如果表达式1的值为假，取表达式3的值。

例如：max=var1>var2?var1:var2;

如果var1大于var2，则max= var1；如果var1不大于var2，则max=var2;所以max可以得到

var1 和 var2 中的值较大的变量值。

8．位运算

位运算是指对一个数据的某些二进制位进行的运算。每个二进制位只能存放 1 位二进制数"0"或者"1"。通常把组成一个数据的最右边的二进制位称为第 0 位，自右向左依次称为第 1 位，第 2 位，…，最左边一位称为最高位，如图 2-4 所示。

15	14	13	12	11	10	9	8	7	6	5	4	3	2	1	0

图 2-4　位(bit)的排列顺序示意图

C 语言中的位运算符如表 2-7 所示。

表 2-7　位运算符

位运算符号	含　义	位运算符号	含　义
&	按位与	~	取反
|	按位或	<<	左移
^	按位异或	>>	右移

想一想

（1）位运算的运算对象只能是整型或字符型数据，不可以是其他类型的数据。

（2）关系运算和逻辑运算表达式的结果只能是 1 或 0，而按位运算的结果不一定是 0 或 1，还可以是其他数。

（3）位运算符和逻辑运算符很相似，要注意区分它们的不同。

例如，若 x=5，则 x&&8 的值为真（两个非零值相与值为 1），而 x&8 的值为 0。

（4）移位运算符">>"和"<<"是指将变量中的每一位向右或向左移动，其通常形式如下。

右移：变量名>>移位的位数。

左移：变量名<<移位的位数。

C 语言中的移位通常不是循环移动的，经过移位后，一端的位被"挤掉"，而另一端空出的位填补 0。

（5）取反运算符"~"是单目运算符，其余是双目运算符，即要求两侧各有一个运算量。

（6）位运算符的优先级别请参考附录 C。

1）基本位运算

（1）按位与运算。按位与运算是指参与运算的两个数对应二进制位进行逻辑与操作。

运算规则：0&0=0，0&1=0，1&0=0，1&1=1，即当两个数的对应位全为 1 时，得到的该位就为 1，只要对应位有一个 0 时，得到的该位就为 0。

【例 2-13】10&6 可写算式如下：

```
      00001010
&     00000110
      _____
      00000010
```

所以 10&6=2。

（2）按位或运算。按位或运算是指参与运算的两个数对应二进制位进行逻辑或操作。

运算规则：0|0=0，0|1=1，1|0=1，1|1=1，即当两个数的对应位全为 0 时，得到的这位才为 0，只要对应位有一个 1 时，得到的这位就为 1。

【例 2-14】假设 var1 是一个字符型变量，现在想将它低 8 位置 1，高 8 位不变。

```
var1=  ****************        （*表示任意数据）
|      0000000011111111
       ********11111111
```

（3）求反运算。求反运算是单目运算，用来对二进制数按位进行取反运算。

运算规则：~ 0=1，~ 1=0，即 1 取反后为 0，0 取反后为 1。例如：

~00110010=11001101

求反运算可以用来适应不同字长型号的机型，使原数最低位为 0。

想使 a 中最低位为 0，可让 a=a&~1。如果 a 是 16 位，其中~1 等于 0177776，与 a 相与后，使最低位为 0。如果 a 是 32 位，其中~1 等于 0377776，与 a 相与后，使最低位为 0。

这样不管什么样机型，只要用 a=a&~1，就可以使原数的最低位为 0，其余位不变。

（4）按位异或运算。按位异或运算是指参与运算的两个数对应二进制位进行异或操作。

运算规则：0^0=0，0^1=1，1^0=1，1^1=0，即当两个数的对应位相同时，得到的该位为 0，否则，得到的该位就为 1。

【例 2-15】假设 var1 是一个字符型变量，现在想将它的低 4 位进行翻转。(假设 var1 中的值为 01100110)

```
var1=  01100110
^      00001111
       01101001
```

2）移位运算（左移、右移运算）

（1）左移运算。左移运算的运算符 "<<" 是双目运算符，其功能是把 "<<" 符号左边的运算数的各二进位全部左移若干位，移动的若干位由 "<<" 符号右边的数指定，高位丢弃，低位补 0。每左移 1 位，相当于乘 2，左移 n 位相当于乘 2 的 n 次方。

格式如下：

`变量名<<移位的位数`

【例 2-16】左移运算举例。

```
unsigned char a=30;     //(30)_{10}=(0001,1110)_2=(1E)_{16}
a=a<<2;                 //(0111,1000)_2=(78)_{16}=(120)_{10}
```

（2）右移运算。右移运算的运算符 ">>" 是双目运算符。其功能是把 ">>" 符号左边运算数的各二进位全部右移若干位，移动的若干位由 ">>" 符号右边的数指定，低位丢弃，高位对无符号数补 0，有符号数补符号位。若符号位为 0，则左边也是移入 0，如果符号位为 1，则左边移入 0 还是 1，取决于编译系统的规定。移入 0，则称为 "逻辑右移"，移入 1，则称为 "算术右移"。每右移 1 位，相当于除以 2，右移 n 位相当于除以 2 的 n 次方。

格式如下：

`变量名>>移位的位数`

【例 2-17】右移运算举例。

```
unsigned char a=0x78;   //(78)_{16}=(120)_{10}=(0111,1000)_2
a=a>>2;                 //(0001,1110)_2=(1E)_{16}=(30)_{10}
```

2.2.7　C 语言中数据运算的相关问题

1．运算符优先级和结合性

1）运算符的优先级

C 语言中，运算符的运算优先级共分为 15 级。1 级最高，15 级最低。在表达式中，优先级较高的先于优先级较低的进行运算；在一个运算量两侧的运算符优先级相同时，则按运算符的结合性所规定的结合方向处理。

2）运算符的结合性

C 语言中各运算符的结合性分为两种，即左结合性（自左至右）和右结合性（自右至左）。

例如，算术运算符(负号运算符除外)的结合性是自左至右，即运算时先左后右。例如有表达式 var1−var2+var3 则 var1 应先与 "−" 号结合，执行 var1−var2 运算，然后再执行+var3 的运算。这种自左至右的结合方向就称为 "左结合性"，而自右至左的结合方向称为 "右结合性"。最典型的右结合性运算符是赋值运算符。如 var4=var5=var6，由于 "=" 的右结合性，应先执行 var5=var6 再执行 var4=(var5=var6)运算。C 语言运算符中有不少是右结合性，应注意区别。

所有运算符的优先级和结合性列于附录 C 中。

2．数据类型转换

变量数据类型是可以转换的。转换方法有两种：一是自动类型转换；二是强制类型转换。

1）自动类型转换

自动类型转换发生在不同数据类型的量混合运算时，由编译系统自动完成。自动类型转换遵循以下规则：

（1）若参与运算量的类型不同，则先转换成同一类型，然后进行运算。

（2）转换按数据长度增加的方向进行，以保证精度不降低。如 int 型和 long 型运算时，先把 int 量转成 long 型后再进行运算。

（3）所有的浮点运算都是以双精度进行的，即使仅含 float 单精度量运算的表达式，也要先转换成 double 型，再进行运算。

（4）char 型和 short 型参与运算时，必须先转换成 int 型。

在赋值运算中，赋值号两边量的数据类型不同时，赋值号右边量的类型将转换为左边量的类型。如果右边量的数据类型长度比左边长时，将丢失一部分数据，这样会降低精度，丢失的部分按四舍五入向前舍入。图 2-5 所示为自动类型转换的规则。

$$double \leftarrow long \leftarrow unsigned \leftarrow int \leftarrow char, short$$

图 2-5　自动类型转换的转换规则

【例 2-18】数据的自动类型转换。

```
#include <stdio.h>
void main()
{
    float pi=3.1415926;  //pi 为实型
    int s,r=10;          //s、r 为整型
    s=r*r*pi;            //r 和 pi 都转换成 double 型计算,结果也为 double 型,
                         //但由于 s 为整型,故赋值结果仍为整型,舍去了小数部分
```

```
    printf("s=%d\n\n",s);
}
```

运行结果：

```
s=314

请按任意键继续. . .
```

2）强制类型转换

强制类型转换是通过类型转换运算来实现的。

强制类型转换一般形式：

(类型说明符) (表达式)

其功能是把表达式的运算结果强制转换成类型说明符所表示的类型。

例如：

```
(float) var1          //把 var1 数据转换为实型
(int)(var1+var2)      //把 var1+var2 的结果转换为整型
```

> **注意**
>
> 在使用强制转换时应注意以下问题：
>
> （1）类型说明符和表达式都必须加括号（单个变量可以不加括号），如把(int)(var1+var2)
> 写成(int)var1+var2，则是把 var1 转换成 int 型之后再与 var2 相加。
>
> （2）无论是强制类型转换还是自动类型转换，都只是为了本次运算的需要而对变量的数
> 据长度进行的临时性转换，而不改变数据说明时对该变量定义的类型。

【例 2-19】强制类型转换。

```
#include <stdio.h>
void main()
{
    float pi=3.141592;
    printf("(int)PI=%d,PI=%f\n\n",(int)pi,pi);
}
```

运行结果：

```
(int)PI=3,PI=3.141592

请按任意键继续. . .
```

本例表明，pi 虽强制转换为 int 型，但只在运算时起作用，是临时的，而 pi 本身的类型并
不改变。因此，(int)pi 的值为 3（删去了小数部分），而 pi 的值仍为 3.141 59。

•视频•

模块 2 任务
实施

2.3 任务实施

要求从键盘输入的一个字符进行加密，输出该字母顺序后延第 3 个字符，然后解密后再
输出。

分析：从模块 1 可知，从键盘输入一个字符，可以使用 scanf()函数。要得到该字母
顺序后延的第 3 个字符，可以将该字母的 ASCII 码加上 3 得到，从而加密了输入的字母；
然后，再将这个 ASCII 码值减去 3，即可还原得到原来输入的字母。此参考程序如下：

```
#include <stdio.h>
void main()
```

```
{
    char  char1,char2,char3;
    printf("请输入需加密的字符: ");
    scanf("%c",&char1); //从键盘输入一字符并赋给变量char1
    char2=char1+3;   //将char1的ASCII码加上3后,可得到其后延的第3个字符
    char3=char2-3;   //将char2的ASCII码减去3后,可得到输入字符的ASCII码
    printf("%c加密后为:%c\n",char1,char2);
    printf("%c解密后为:%c\n",char2,char3);
}
```

运行结果:请输入需加密的字符:k <回车>

小　　结

本模块主要介绍了 C 语言的数据类型、运算符和表达式,学习完本模块,了解了如何正确地定义变量,利用运算表达式对数据进行运算处理,这些都将在后续模块中得到应用。因此本模块内容是非常重要的基础内容,只有打好基础,才能稳健地走好之后的每一步。

注意:

(1)对于 C 语言中的变量,读者要熟知变量一定要先定义再使用,也要注意变量与符号常量的区别,虽然都用标识符来表示,但一个是常量一个是变量,习惯上用大写字母来标识符号常量,用小写字母来标识变量,以示区分。

(2)本模块的重点在于 C 语言中的表达式及赋值语句。

(3)在 C 程序中,语句格式中的分隔符、引号等全都应该是英文标点。

(4)在介绍赋值语句时,可以允许多个变量赋相同值,即 a=b=c=5;但在初始化时不允许连续赋值,如 int a=b=c=5;是不合法的。

(5)对于表达式分析,则按运算符优先级由高到低进行运算,相同优先级的运算则按运算符的结合性进行分析。

实　　训

 实训要求

1. 了解数据类型在 C 语言中的意义,熟悉并掌握 C 语言基本数据类型。

2. 了解常量和变量的使用方法。

3. 熟悉并掌握基本运算符的功能及其在程序中的运用。

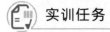 **实训任务**

●验证性实训

实训 1 编写程序，已知两个数 a=5，b=4。计算 a++和++b 的值并在屏幕上输出。（源程序参考【例 2-10】）

提示：此题要求定义好恰当的变量及数据类型，并在表达式中进行计算，最后输出结果。要注意 a++是先输出再计算，++b 是先计算再输出。

参考实验程序：

```
#include  <stdio.h>
void main()
{
    int a,b,c;
    a=6;
    b=4;
    c=a++;
    printf("%d\n" ,c);
    c=++b;
    printf("%d\n" ,c);
}
```

调试运行结果_____。

实训 2 将短整型变量 a 的低 8 位清 0，保留高 8 位。(源程序参考【例 2-13】)

参考实验程序：

```
#include <stdio.h>
void main()
{
    short int a=0x130C;
    int b=0xff00,c;  //b 高八位为 1，低八位为 0;(1111111100000000)₂=(ff00)₁₆
    c=a&b;
    printf("\n a=%x,b=%x,c=%x\n\n",a,b,c);
}
```

调试运行结果_____。

●设计性实训

实训 1 编写程序，输入一个整数，输出此整数为 ASCII 码的对应字符型数据。

实训 2 编写程序测试下列表达式，其中 a、b、c、d 皆为 int 型且初值分别为 24、39、0、–5。

（1）a*=b+3

（2）a>b||c>d

（3）a*=(b+3)/8+3

习　题

一、选择题

1. 若 x、i、j、k 都是 int 型变量，则计算下面表达式后，x 的值为（　　　）。

x=(i=4,j=16,k=32)

　　A. 4　　　　　　B. 16　　　　　　C. 32　　　　　　D. 52

2. 下面标识符中，不合法的用户标识符为（　　　）。

　　A. Pad　　　　　B. a_10　　　　　C. CHAR　　　　　D. a#b

3. 以下运算符中优先级最低的是（　　　），优先级最高的是（　　　）。

　　A. &&　　　　　B. &　　　　　　C. ||　　　　　　D. |

4. 以下叙述正确的是（　　　）。

　　A. 在 C 程序中，每行只能写一条语句

　　B. 若 a 是实型变量，C 程序中允许赋值 a=10，因此实型变量中允许存放整型数

　　C. 在 C 程序中，%是只能用于整数运算的运算符

　　D. 在 C 程序中，无论是整数还是实数，都能被准确无误地表示

5. 设以下变量均为 int 类型，则值不等于 7 的表达式是（　　　）。

　　A. (x=y=6,x+y,x+1)　　　　　　B. (x=y=6,x+y,y+1)

　　C. (x=6,x+1,y=6,x+y)　　　　　　D. (y=6,y+1,x=y,x+1)

6. 设 int a=4，b；则执行 b=a<<3; 后，b 的结果是（　　　）。

　　A. 4　　　　　　B. 8　　　　　　C. 16　　　　　　D. 32

二、填空题

1. 若 s 是 int 型变量，且 s = 6，则表达式 s%2+(s+1)%2 的值为_____。

2. 若 a 是 int 型变量，则计算表达式 a=25/3%3 后，a 的值为_____。

3. 若 a、b、c 皆是 int 型变量，a、b、c 初值分别为 77、46、53，则计算下面两表达式的值分别为_____和_____。

（a>b）&&(b>c); （a>b）||(b>c)

4. 已知字母 a 的 ASCII 码为十进制数 97，且设 ch 为字符型变量，则表达式 ch='a'+'8'-'3' 的值为_____。

5. 若 s,t 都是 int 型变量，且 s = 8，t=5，则表达式 s+=++t 值为_____。

6. 现有字符型变量 x、y、ch，已知 x、y 中分别存有字母'a'和'T'，'a'的 ASCII 码为十进制数 97，则表达式 ch=(x>y)?x+3: 'b'+2 的值为_____。

7. 位运算符只对_____和_____数据类型有效。

8. 位运算符连线：

　　~　　　按位异或

　　<<　　　按位与

　　&　　　按位取反

　　^　　　左移位

模块 ③ 数据处理——程序基本结构

在前面的学习中，已经了解了有关 C 语言的一些基本知识和基本要素（如常量、变量、运算符和表达式等），它们是 C 程序的基本组成部分。本模块将学习结构化程序设计的 3 种基本结构组成，即顺序结构、选择结构和循环结构。

学习要求：

- 掌握数据的输入与输出函数；
- 理解并掌握顺序结构程序设计；
- 理解并掌握分支结构程序设计；
- 理解并掌握循环结构程序设计；
- 利用结构化程序设计思想解决本专业领域中问题的能力。

3.1 任 务 导 入

使用 C 语言编写一个四则运算器，实现简单的加、减、乘、除的计算功能。具体功能为：接收用户输入的两个数以及一个运算符，然后进行相应运算，如输入运算符为"+"，则进行加法运算，将输入的第一个数加上第二个数，并将结果进行输出。运算完成以后询问用户是否继续，如果继续，则重复上述步骤，若不继续，则结束该程序。

3.2 知 识 准 备

3.2.1 C 语句概述

程序应该包括数据描述（由声明部分来实现）和数据操作（由执行部分的语句来实现）。数据描述主要定义数据结构（用数据类型表示）和数据初值。数据操作的任务是对已提供的数据进行加工。一个 C 程序包含若干语句，C 语句都是用来完成一个具体操作的。C 程序是由一个或多个函数组成，一个函数包含函数头和函数体，函数体包含声明部分和执行部分，执行部分是由语句组成，而声明部分的内容不能称为语句。例如，int x;不是一个 C 语句，它不产生计算机操作，而只是变量的定义。

　　C 程序结构在前面已作了简单介绍，即一个 C 程序可以由若干个源程序文件组成，一个源文件可以由若干个函数和预处理命令以及全局变量声明部分组成，一个函数由数据定义部分（局部变量声明部分）和执行语句组成。

　　C 语句可以分为以下 5 类。

　　（1）控制语句：完成一定的控制功能的语句。C 语言有 9 种控制语句，它们是：

- if( ) ~ else ~　　　　　　（选择结构控制语句）
- switch( )　　　　　　　　（多分支选择结构控制语句）
- for( ) ~　　　　　　　　（循环结构控制语句）
- while( ) ~　　　　　　　（循环结构控制语句）
- do ~ while( )　　　　　　（循环结构控制语句）
- break　　　　　　　（switch 选择结构或循环结构语句终止执行语句）
- continue　　　　　　（结束本次循环语句）
- goto　　　　　　　（转向语句）
- return　　　　　　　（函数返回语句）

　　（2）函数调用语句：由一次函数调用加一个分号构成一条语句，例如，printf("Hello!");。该语句是由函数名 printf 及函数实参"Hello!"再加上分号组成。

　　（3）表达式语句：由一个表达式后加上分号构成一条语句。

　　一条语句最后必须是分号，分号是语句中不可缺少的一部分，任何表达式都可以加上分号而成为语句。如"x=8;"就是一个由赋值表达式 x=8 加分号所构成的赋值语句。

　　由于 C 程序中大多数语句是表达式语句（包括函数调用语句，函数调用语句其实也是表达式语句），所以有人把 C 语言称为"表达式语言"。

　　（4）空语句：只有一个分号的语句，它什么也不做。有时用来作流程的转向点，或循环语句中的循环体（循环体是空语句，表示循环体什么也不做——循环体概念将在 3.2.4 节介绍）。

　　（5）复合语句：可以用｛｝把多条语句括起来成为复合语句，又称为分程序。通过｛｝把这些语句括起来成为复合语句，相当于一个语句。

3.2.2　赋值语句

　　通过之前的学习已经知道，赋值语句是由赋值表达式加一个分号构成。现在再专门讨论赋值语句。

　　（1）C 语言的赋值号"="是一个运算符，有自己的运算优先级和"自右向左"的结合性。

　　（2）赋值表达式可以包括在其他表达式之中，而作为赋值语句，必须在赋值表达式后加上分号"；"以构成一个独立的语句（分号 "；"是一条语句结束的标志，是语句不可缺少的组成部分）。

想一想

在 C 语言条件表达式"表达式 1? 表达式 2: 表达式 3"中表达式 1 常常是一个条件表达式，例如，"w>0? x=y"。若将"w"换成一个赋值表达式"i=j"，即"(i=j)>0?x:y;"其作用是：先进行赋值运算（将 j 值赋给 i），再判断 i 是否大于 0，如果大于 0，则此表达式结果为 x，否则结果为 y。

在"(i=j)>0?x:y;"中的"i=j"不是赋值语句而是赋值表达式，"(i=j)>0?x:y;"这种写法是合法的。如果写成"(i=j;)>0?x:y;"就错了。即在"w>0: x,y"中 w 是表达式而不能是赋值语句。

由此可以看到，C 语言把赋值语句和赋值表达式区别开来，增加了表达式的种类，使表达式的应用能实现其他语言中难以实现的功能。

3.2.3　数据的输入与输出函数

一个程序的运行常需要获取数据和输出数据，这就涉及数据的输入和输出，下面来学习 C 语言程序中的数据输入输出。

C 语言程序中数据输入和输出操作是由函数来实现的，在 C 标准函数库中提供了一些输入输出函数，这些函数使用时都要包含<stdio.h>头文件。其中用于进行字符输入输出的函数分别是 getchar()和 putchar()，还有更常用的格式化输入函数 scanf()与格式化输出函数 printf()，在模块一中对这两函数已经作了初步介绍，这里对这些输入输出函数进一步深入地学习。

1. 字符输出函数 putchar()

putchar()是 c 语言函数之一，其功能是向终端输出一个字符，它的格式和功能如下：

格式：

```
putchar(c);
```

功能：将变量 c 的值所代表一个字符向终端输出，c 可以是字符型变量或整型变量。

其中 c 可以是被单引号引起来的一个字符，可以是介于 0~127 之间的一个十进制整型数（包含 0 和 127），也可以是事先用 char 定义好的一个字符型变量。例如：

```
char c='a';
putchar(c);      /*输出为 a*/
putchar('t');    /*输出为 t*/
putchar(65);     /*输出为 A*/
```

在程序中如何正确运用 putchar()，请看下例：

【例 3-1】输出单个字符。

```
#include <stdio.h>
void main()
{
    char i,j,k,m,n;          /*定义 5 个字符变量*/
    i='H';j='e';k='l';m='o';n='!';   /*为 5 个字符变量赋值*/
    putchar(i);putchar(j);putchar(k);putchar(k);
    putchar(m);putchar(n);  //利用 putchar 依次输出单个字符
}
```

运行结果：

```
Hello!请按任意键继续. . .
```

注意

（1）putchar()函数需要将输出的数据（字符常量、字符型变量或整型变量）作为函数参数放在括号内，括号内的内容不能省略。

（2）putchar)()函数只能输出一个字符，对于多于一个字符的内容，putchar()函数只输出第一个字符。

（3）putchar()函数既可输出可打印字符，也可输出不可打印字符（如回车等）。

（4）putchar()函数的返回值是整型，返回的值是字符的 ASCII 码值。

2. 字符输入函数 getchar()

getchar()是 C 语言中字符输入语句，同时也是 stdio.h 中的库函数，它的作用是从 stdin 流中读入一个字符，第一次调用 getchar()时，需要人工的输入，但是如果你输了多个字符，以后的 getchar()再执行时就会直接从缓冲区中读取了。简单一点理解，功能就是程序运行时，接收用户从键盘输入的一个字符。它的格式和功能如下：

格式：

```
getchar();
```

功能：从终端（或系统隐含指定的输入设备，常为键盘）输入一个字符，getchar()函数没有参数，函数的值就是从输入设备得到的字符。

【例 3-2】输入单个字符。

```
#include <stdio.h>
void main()
{
    char x;
    x=getchar();//从键盘输入一个字符,getchar()函数得到此字符,并赋给变量 x
    putchar(x);  //在屏幕上显示变量 x 的值所代表的字符
    printf("\n");
}
```

运行结果：从键盘输入：a <回车>

```
a
a
请按任意键继续. . .
```

在本例中，由于 getchar()函数的值为'a'，因此 putchar()函数输出'a'。当然 x 的值也可以用 printf()函数输出。

3. 格式化输出函数 printf()

在前面模块一中已经使用过 printf()函数，通过下面的例题进一步的学习 printf()函数的更多用法。

【例 3-3】利用 printf()函数输出数据，对大写英文字母则输出该字母及对应的小写字母。

```
#include <stdio.h>
void main()
{
    char c;
    int x;
    x=67;
    c='A';
```

```
    printf("C=%c,c=%c,x=%d \n",c,c+32,x);   //按指定格式显示变量c和x的值
}
```

运行结果：

```
C=A, c=a, x=67
请按任意键继续. . .
```

【说明】

（1）printf()函数一般格式的括号内包括两种信息：格式控制符和输出列表。其中，第一项"格式控制符"是用双引号括起来的字符串，也称"转换控制字符串"，它可以由以下三类字符构成：

① 格式说明符：由"%"和格式字符组成，它的作用是将输出的数据转换为指定的格式输出。格式说明总是由"%"字符开始的。

如%d、%f、%c等。

② 普通字符：即需要原样输出的字符。

如上面printf()函数中双引号内的逗号、c=和x=。

③ 转义字符：即以反斜杠开始加特定字符组成的具有特定含义的标识符。

如"\n"就代表换行回车。

（2）"输出列表"是需要输出的一些数据，可以是常量、变量、表达式。

格式说明符用以控制对不同类型的数据采用不同的格式输出，常用的有以下九种格式字符：

整型数据
输出
- ① d格式符，用来输出带符号的十进制整数。
- ② o格式符，以八进制数形式输出整数。
- ③ x格式符，以十六进制数形式输出整数。
- ④ u格式符，用来输出unsigned型数据，即无符号数，以十进制形式输出。

字符型数据
输出
- ⑤ c格式符，用来输出一个字符。
- ⑥ s格式符，用来输出一个字符串。

实型数据
输出
- ⑦ f格式符，用来输出实数（包括单、双精度），以小数形式输出。
- ⑧ e格式符，以指数形式输出实数。
- ⑨ g格式符，用来输出实数，它根据数值的大小，自动选f格式或e格式（选择输出时占宽度较小的一种），且不输出无意义的零。

以上格式符的详细介绍如表3-1所示。

表3-1   printf()函数格式符

格 式 符	附加格式符	输 出 格 式	说　　　　明
%d	%d	以带符号的十进制形式按实际长度输出整型数	—
	%md	以带符号的十进制形式按指定长度m输出整型数	数据的位数小于m，则左端补以空格；若大于m，则按实际位数输出
	%mld	以带符号的十进制形式按指定长度m输出长整型数	int型数据可用%d或%ld格式输出
%o	%o	以八进制数形式输出整数	输出的数值不带符号
	%lo	以八进制数形式输出长整数（long型）	

续表

格 式 符	附加格式符	输 出 格 式	说　明
%x（%X）	%x	以十六进制数形式输出整数	不会出现负的十六进制数，用%x 则输出 a～f；用 %X，则输出 A～F
	%lx	以十六进制数形式输出长整数	
%u	%u	以十进制形式输出无符号数 （unsigned）	一个有符号整数（int 型）可以用%u 格式输出； unsigned 型数据可用%d 格式输出。也可用%o 或%x 格式输出
%c	%c	输出一个字符	—
	%mc	输出指定宽度为 m 的一个字符	—
%s	%s	输出一个字符串	—
	%ms	输出的字符串占 m 列	如字符串本身长度大于 m，则突破 m 的限制，将 字符串全部输出。若串长小于 m，则左补空格
	%-ms	输出的字符串占 m 列	如果串长小于 m，则在 m 列范围内，字符串向左 靠，右补空格
	%m.ns	取字符串左端 n 个字符输出，输 出占 m 列，如果 n>m，m 自动取 n 值	这 n 个字符输出在 m 列的右侧，左补空格
	%-m.ns		这 n 个字符输出在 m 列范围的左侧，右补空格
%f	%f	以小数形式输出实数（包括单、 双精度），输出 6 位小数	不指定字段宽度，由系统自动指定，使整数部分 全部如数输出
			单精度实数的有效位数一般为 7 位；双精度数的 有效位数一般为 16 位，给出小数 6 位
	%m.nf	输出 m 列实数（包括单、双精 度），以小数形式输出	指定输出的数据共占 m 列，其中有 n 位小数。如 果数值长度小于 m，则左端补空格
	%-m.nf	输出 m 列实数（包括单、双精 度），以小数形式输出	指定输出的数据共占 m 列，其中有 n 位小数。如 果数值长度小于 m，输出的数值向左端对齐，右端 补空格
%e（%E）	%e	以指数形式输出实数	不指定输出数据所占的宽度和数字部分的小数位数， 数值按规范化指数形式输出（小数点前须有且只有 1 位非零数字）。其中，6 位小数，指数部分占 5 位（如 e+002）
	%m.ne	以指数形式输出 m 列实数，小 数有 n 位。n 默认值为 6	如果数值长度小于 m，则左端补空格
%g（%G）	%g	用来输出实数	它根据数值的大小，自动选 f 格式或 e 格式（选择 输出时占宽度较小的一种），且不输出无意义的零

【说明】

有关格式说明符使用的几点要说明：

（1）除了 x，e，g 外，其他格式字符必须用小写字母，如%f 不能写成%F。

（2）可以在 printf()函数中的"格式控制"字符串内包含"转义字符"。

如"\n""\t""\b""\r""\f""\377"等。

（3）上面介绍的 d、o、x、u、c、s、f、e、g 等字符，若出现在"%"后面就是格式符号。 一个格式说明以"%"开头，以上述 9 个格式字符之一为结束。

例如：printf("x=%ca=%df=%f",x,a,f);格式说明"%c"而不包括其后的 a，格式说明为"%d"， 不包括其后的 f，最后一个格式符号为%f。其他的字符为原样输出的普通字符。

（4）如输出的字符中包含"%"，则须在"格式控制"字符串的%位置用连续两个%表示，例如：

```
printf("%f%%",2.0/4);
```

输出结果为 "0.500000%"，请思考为何 2.0/4 中分子要用 2.0?

为了能更好的理解上述格式字符的用法，将上述格式符进行输出演示，具体示例如表 3-2 所示，表中引用的变量定义如下：

```
int a1=-1,x=267, y =75643,b=-2,i=97;
long v=358724;
char c='b';
float x1=333333.333,y1=222222.222,b1=333.333,b2=222.222;
```

表 3-2　printf()函数格式符举例

格 式 符	附加格式符	举　　例	输 出 结 果（ 为一空格）
%d	%d	printf("%d,%d",x,y);	267,75643
	%md	printf("%4d,%4d",x,y);	_267,75643
	%ld	printf("%ld",v);	358724
		printf("%8ld",v);	__358724
%o	%o	printf("%d,%o",a1,a1);	-1, 177777
	%lo	printf("%lo" ,v);	1274504
	%mlo	printf("%8lo",v);	_1274504
%x（%X）	%x	printf("%x ",a1);	ffff
	%lx	printf("%lx ",v);	57944
	%mlx	printf("%8lx",v);	__57944
%u	%u	printf("b=%u",b);	b=65534
%f	%f	printf("%f",x1+y1);	555555.562500（7 位有效）
	% m.nf	printf("%8.2f",b1+b2);	__555.56
	%-m.nf	printf("%-8.2f",b1+b2);	555.56__
%c	%c	printf("%c,%d,%c,%d",i,i,c,c);	a,97,b,98
	%mc	printf("%3c",c);	__b
%s	%s	printf("%s","anhui");	anhui
	%ms	printf("%7s","anhui");	__anhui
	%-ms	printf("%-7s","anhui");	anhui__
	%m.ns	printf("%5.2s","anhui");	___an
	%-m.ns	printf("%-5.2s","anhui");	an___
%e（%E）	%e	printf("%e",123.456);	1,234560e+002
	%m.ne	printf("%10.3e",123.456);	_1.23e+002
	%-m.ne	printf("%-10.3e",123.456);	1.23e+002_

4．格式化输入函数 scanf()

scanf()函数是常用的输入函数，在模块一中也已经做过简单的练习，本节中将对 scanf()函数进一步详细介绍。

scanf()函数一般格式与功能：

scanf()函数的一般格式：

```
scanf(格式控制符,地址列表);
```

scanf()函数功能：它从标准输入设备（常为键盘）读取输入的信息，按地址列表次序依次赋至相应内存地址。

【例 3-4】用 scanf()函数输入数据。

```
#include <stdio.h>
void main()
{
    int x,y,z;//从键盘输入三个数,依次赋予 x、y、z 的内存单元,每个数间用空格隔开
    scanf("%d %d %d",&x,&y,&z);
    printf("%d,%d,%d\n",x,y,z);
}
```

运行结果：<u>7　8　9</u>＜回车＞

```
7 8 9
7,8,9
请按任意键继续. . .
```

注意

在使用 scanf()函数时需要注意以下几点：

（1）scanf()函数中的"格式控制"后面应当是变量地址，而不应是变量名，因而常要在变量名前加上取地址运算符&。

（2）如果在"格式控制"字符串中除了格式说明以外还有其他字符，则在输入数据时应输入与这些字符相同的字符。

（3）在用"%c"格式输入字符时，因为%c 只要求读入一个字符，后面不需要用空格等作为两个字符的间隔，空格字符和"转义字符"都作为有效字符输入。

（4）在输入数据时，遇以下情况时认为该数据输入结束。

① 遇空格，或按"回车"或"跳格"（Tab）键。

② 按指定的宽度结束，如"%3d"，只取 3 列。

③ 遇非法输入。

想一想

与 printf()函数中的格式说明类似，scanf()函数的格式控制符也以%开始，以一个格式字符结束，中间可以插入附加的字符。scanf()函数的格式控制符及附加格式符详细介绍如表 3-3 和表 3-4 所示。

表 3-3　scanf()函数格式符

格 式 符	输入格式说明
%d	用来输入有符号的十进制数
%c	用来输入一个字符
%f 或%e	用来输入实数，可用小数形式或指数形式
%o	用来输入无符号的八进制数
%x（%X）	用来输入无符号的十六进制数
%s	用来输入字符串，以第一个非空白字符开始，以随后的第一个空白字符结束
%u	用来输入无符号的十进制数

表 3-4 scanf()函数附加格式符

附加格式符	输入格式说明
l	用于输入长整数（如%ld,%lo,%lx,%lu）及 double 型数（如%lf 或%le）
h	用于输入短整数（如%hd,%ho,%hx）
正整数	指定输入数据的宽度
*	表示本输入的内容不赋给相应变量，该输入的数由下一个格式符指定

（1）对 unsigned 型变量所需的数据，可以用%u,%d 或%o,%x 格式输入。

（2）可以指定输入数据所占列数，系统自动按指定列数截取所需数据。

例如，scanf("%2d%3d", &x, &y);输入：3478532。系统自动将 34 赋给 x，785 赋给 y。此方法也可用于字符型，如：scanf("%3c", &char);如果从键盘连续输入 3 个字符 xyz，由于 char 只能容纳一个字符，系统就把第一个字符 'x' 赋给 char。

（3）如果在%后有一个 "*" 附加说明符，表示跳过它指定的列数。

例如，scanf("%2d%*3d %2d", &a, &b);如果输入如下信息：1234567。将 12 赋给 a，%*3d 表示读入 3 位整数但不赋给任何变量。然后再读入 2 位整数 67 赋给 b。也就是说第 2 个数据"345"被跳过。在利用现成的一批数据时，有时不需要其中某些数据，可用此法"跳过"它们。

（4）输入数据时不能规定精度。例如，scanf("%5.2f", &x);是不合法的。

3.2.4 算法简述

结构化程序设计思想最早是由 E.W.Dijikstra 在 1965 年提出的,结构化程序设计思想确实使程序执行效率提高，程序的出错率和维护费用大大减少。结构化程序设计就是一种进行程序设计的原则和方法，按照这种原则和方法可设计出结构清晰、容易理解、容易修改、容易验证的程序。结构化程序设计的目标在于使程序具有一个合理结构，以保证和验证程序的正确性，从而开发出正确、合理的程序。结构化程序设计采用自顶向下、逐步求精的设计方法，各个模块通过"顺序、选择、循环"的控制结构进行连接，并且只有一个入口、一个出口。按照著名计算机科学家沃思（Niklaus Wirth）提出的一个公式，结构化程序设计的原则可表示为：

程序=（算法）+（数据结构）。

一个程序应包括：

①对数据的描述，在程序中要指定数据的类型和数据的组织形式，即数据结构（data structure）。数据结构是计算机专业领域重要的基础课程之一，不属于本书内容，这里不再赘述。在 C 语言中，系统提供的数据结构，是以数据类型的形式出现的。

②对数据处理的描述，即计算机算法。算法是为解决一个问题而采取的方法和步骤，是程序的灵魂。

实际上，一个程序除了数据结构和算法外，还必须使用一种计算机语言，并采用结构化方法来表示。故又有如下公式：

程序=数据结构+算法+程序设计方法+语言工具和环境

算法是一个独立的整体，数据结构（包含数据类型与数据）也是一个独立的整体。两者分开设计，本模块只对算法进行简要说明。

在日常生活中做任何一件事情，都是按照一定规则，一步一步地进行，这些解决问题的方法步骤就是算法；简单地说，算法就是进行操作的方法和操作步骤。计算机解决问题的方法和步骤就是计算机的算法。

1．算法的概念

在计算机科学中，算法是指描述用计算机解决给定问题而采取的确定的有限步骤，是解题方案的准确而完整的描述。它是在有限步骤内求解某一问题所使用的一组定义明确的规则。算法不等于程序，算法的设计优于程序的编制。程序设计语言只是一个工具，只懂得语言的规则并不能保证编制出高质量的程序，程序设计的关键是设计算法。

算法并不给出问题的精确的解，只是说明怎样才能得到解。每一个算法都是由一系列的操作指令组成的。这些操作包括加、减、乘、除、判断等，按顺序、选择、循环等结构组成。所以研究算法的目的就是研究怎样把各种类型的问题的求解过程分解成一些基本的操作。

算法写好之后，要检查其正确性和完整性，再根据它编写出用某种高级语言表示的程序。程序设计的关键就在于设计一个好的算法。所以，算法是程序设计的核心。

下面通过一个实例给大家介绍一个简单的算法。

【例 3-5】 求 $1 \times 2 \times 3 \times 4 \times 5$ 的值。

那先用原始的方法进行：

步骤 1：先求 1×2，得到结果 2。

步骤 2：将步骤 1 得到的结果乘以 3，得到结果 6。

步骤 3：将 6 乘以 4，得到 24。

步骤 4：将 24 乘以 5，得到 120。

这样的结果虽然是正确的，但是太烦琐，如果要求计算 $1 \times 2 \times 3 \times \cdots \times 1\,000$，则要写 999 个步骤，显然是不可取的。而且每次都要使用上一步骤的数值结果，不大方便。

那再使用计算机逻辑的方法计算这个题。

S1：使 K=1

S2：使 W=2

S3：使 $K \times W$，乘积仍放在变量 K 中，可表示为 $K \times W \rightarrow K$

S4：使 W 的值加 1，即 $W+1 \rightarrow W$

S5：如果 W 不大于 5，返回重新执行 S3 以及其后的步骤 S4、S5；否则，算法结束，最后得到的值为 5! 的值。

从例 3-5 算法的求解问题的过程可以看出，它们是一个从具体到抽象的过程，具体方法是：

①弄清如果由人来做，应该采取哪些步骤。

②对这些步骤进行归纳整理，抽象出数学模型。

③对其中的重复步骤，通过使用相同变量等方式求得形式的统一，然后简练地用循环解决。

2．算法的特性

算法的基本特征：是一组严格定义运算顺序的规则，每一个规则都是有效的，明确的，一个算法经有限次数后终止，算法具有以下五个重要特性。

1）有穷性

一个算法必须（对任何合法的输入值）在执行有限步之后结束，且每一步都可在有限时间内完成。实际上，有穷性是指在一定的合理范围内，例如，一个需要等 1 万年才能执行完的程序就没有意义，虽然它是有穷的，但超过了合理的范围，也就称不上有效算法，而合理范围也是不定的，是根据人们的常识和需要而定。

2）确定性

对于每种情况下所应执行的操作，在算法中都应有确切的规定，使算法的执行者或阅读者都能明确其含义及如何执行，即算法中每一条指令必须有确切的含义，读者理解时不会产生歧义（二义性）。在任何条件下，算法只有唯一的一条执行路径，即对于相同的输入只能得出相同的输出。

3）可行性

算法的可行性是指算法原则上能够准确地运行，所有操作都必须是基本操作，都可通过已经实现的基本操作运算有限次实现。例如，若 b=0，则执行 a/b 是不能有效执行的。

4）输入

所谓输入是指在执行算法时需要从外界得到必要的信息。一个算法有零个或多个输入，这些输入的信息有的是在算法执行过程中输入，有的已被嵌入到算法之中。

5）输出

输出是算法执行信息加工后得到的结果。一个算法有一个或多个的输出。这些输出是同输入有着某些特定关系的量。

3. 算法的表示——流程图

详细描述计算机处理数据的过程（算法描述）有多种不同的工具，常用工具分为三类：图形、表格和语言。图形：程序流程图、N–S 图、PAD 图；表格：判定表；语言：过程设计语言（PDL）。

下面主要介绍流程图的相关内容。

1）流程图

流程图（框图）是用一些几何框图、流向线和文字说明来表示各种类型的操作。流程图是对给定问题的一种图形解法，其优点是直观、清晰、易懂，便于检查、修改和交流。

流程图是利用文字叙述和图示来表示程序算法的一种很有用的工具，可以通过流程图来构思程序的逻辑结构，详细的流程图可以直接作为编写程序的依据；还可以作为调试和测试程序的参考；也可以作为程序的资料，便于随时查阅程序、修改程序和相互交流。由于它简单直观，所以应用广泛，特别是在早期语言阶段，只有通过流程图才能简明地表述算法，流程图成为程序员们交流的重要手段。直到结构化的程序设计语言出现，对流程图的依赖才有所降低。

下面介绍的是美国国家标准化协会 ANSI（American National Standard Institute）规定的一些常用的流程图符号（见表 3–5），它已被世界各国程序工作者普遍采用。

表 3-5　常用的流程图符号

符　号	符 号 名 称	功 能 说 明
	终端框	表示算法的开始（START）与结束（END）
	处理框	表示算法的各种处理操作

续表

符 号	符号名称	功能说明
	注解框	表示算法的说明信息
	判断框	表示算法的条件转移操作
	输入/输出框	表示算法的输入/输出操作
	指向线（流线）	指引流程图中的方向
	引入、引出连接符	表示流程的延续

①起止框：表示算法的开始和结束。一般内部只写"开始"或"结束"。每个算法中只能有一个"开始"终端操作符，也只能有一个"结束"终端操作符，如图 3-1 所示。

②处理框：表示算法的某个处理步骤，一般内部常常填写赋值操作。赋值操作是把新值赋给变量。这种操作由赋值语句来完成。赋值语句的形式：<变量>←<表达式>。其中，变量是任何数值变量、逻辑变量及字符串变量名，箭头号称为赋值操作符，如图 3-2 所示。

③注解框：不是流程图中必要的部分，不反映流程和操作，只是为了对流程图中使用的有关变量或某些地方做必要的补充说明，以帮助阅读流程图的人更好地理解流程图的作用。它是用一端开口矩形来表示，用来指示提供说明的信息，其说明用英文、中文、汉语拼音均可，如图 3-3 所示。

图 3-1 开始和结束操作符　　图 3-2 常量赋值　　图 3-3 注解说明信息示例

④判断框：作用主要是对一个给定条件进行判断，根据给定的条件是否成立来决定如何执行其后的操作 P。它有一个入口，两个出口，如图 3-4 所示。

⑤输入/输出框：表示算法需求数据的输入或将某些结果输出。一般内部常常填写"输入"，"打印/显示"，如图 3-5 和图 3-6 所示。

⑥指向线：指引流程图的方向。

⑦连接点：用于将画在不同地方的流程线连接起来。圆圈中可以标上数字或字母进行编号，同一个编号的点是相互连接在一起的，实际上同一编号的点是同一个点，只是画不下才分开画。使用连接点，还可以避免流程线的交叉或过长，使流程图更加清晰，如图 3-7 所示。

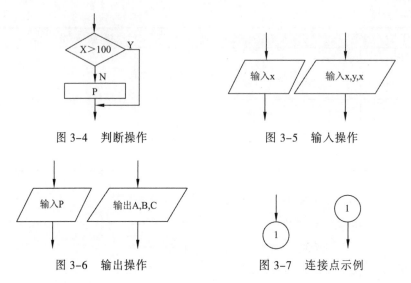

图 3-4　判断操作　　　　　　　　图 3-5　输入操作

图 3-6　输出操作　　　　　　　　图 3-7　连接点示例

2）三种基本控制结构的流程图

学习计算机语言的目的是为了以此为工具来设计程序，以便解决一些具体的实际问题。在 20 世纪 60 年代，随着计算机应用的日益普及，软件的开发和维护出现了严重的问题，导致出现了"软件危机"，为更好地开展软件的开发和设计，最后提出了结构化程序设计的思想，1966 年，Bohra 和 Jacopini 提出程序是由三种基本结构组成，即顺序结构、选择结构和循环结构；复杂程序是由这三种基本结构组合而成，用这三种基本结构作为表示一个良好算法的基本单元。

（1）顺序结构。顺序结构是指按照书写顺序依次执行的基本算法结构，如图 3-8 所示。其中，A 和 B 两个框是顺序执行的。即执行完 A 框中所有操作后，接着才会执行 B 框中的操作。这种结构是最简单的一种基本结构。

（2）选择结构。选择结构又称为分支结构，是算法中的另外一种基本结构，算法会根据条件的不同出现不同的分支，如图 3-9（a）所示。这种结构必定包含一个判断框，根据判断框中给出的 P 选择条件进行判断，条件成立执行 A 框，否则执行 B 框。而图 3-9（b）则是另一个选择结构。这种结构和图 3-9（a）不同的是，当对 P 条件进行判断时，条件不成立时，什么也不执行。

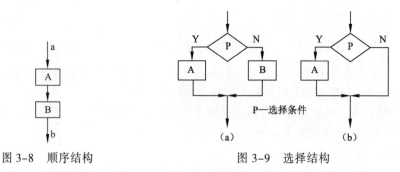

图 3-8　顺序结构　　　　　　　　图 3-9　选择结构

（3）循环结构。循环结构又称为重复结构，是算法中一种很重要的基本结构。其特点是：在给定条件成立时，反复执行某程序段，直到条件不成立为止。给定的条件称为循环条件，反复执行的程序段称为循环体。循环结构主要有两类循环结构：当型（while 型）循环和直到型（until 型）循环。

● 当型（while 型）循环结构

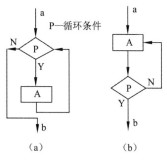

如图 3-10（a）所示，当型循环先判断，当条件 P 成立时，反复执行 A 操作，直到 P 条件不成立为止。所以在条件 P 一次都不满足时，循环体 A 可能一次都不执行。

● 直到型（until 型）循环结构

如图 3-10（b）所示，直到型循环先执行循环体 A，然后再判断条件 P，当条件 P 不成立时，反复执行 A 操作，直到 P 条件成立为止。所以直到型循环中，循环体至少执行一次。

图 3-10　循环结构

一般情况循环算法既可以用当型循环，也可以用直到型循环实现（可以实现等价算法）。循环结构也是一个整体，同样也代表一个基本结构。

一般循环结构包括 4 部分：

①初始化部分——为循环变量以及各种有关变量赋初始值；注意此部分在其他各部分之前。

②循环体——重复执行的部分。

③修改部分——修改循环变量值，为下一次重复执行做准备。

④判断检查部分——判断检查循环变量之值，是否已超过循环变量的终值，若未超过则继续重复执行循环体，否则结束循环。

则当型和直到型循环还可以表示为图 3-11 所示。

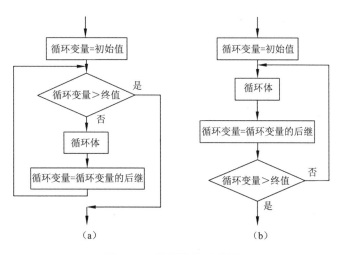

图 3-11　循环结构示意图

想一想

三种结构中的 A、B 框可以是一简单的操作，也可是三种基本结构之一，也就是说基本结构可以嵌套。三种基本结构，有以下共同点：

（1）只有一个入口：不得从结构外随意转入结构中某点。

（2）只有一个出口：不得从结构内某个位置随意转出（跳出）。

（3）结构中的每一部分都有机会被执行到。（没有"死语句"）

（4）结构内不存在"死循环"（无终止的循环）。

3.2.5 程序基本结构

1. 顺序结构程序设计

顺序结构的程序设计是最简单的，只要按照解决问题的顺序写出相应的语句即可，它的执行顺序是自上而下，依次执行，就像一条没有分支的水渠中的流水一样，水流依次流过每一个渠段。顺序结构可以独立使用构成一个简单的完整程序，常见的输入、计算，输出三部曲的程序就是顺序结构，例如，计算圆的面积，其程序的语句顺序就是输入圆的半径 r，计算 $s = 3.141\,59*r*r$，输出圆的面积 S。不过大多数情况下顺序结构都是作为程序的一部分，与其他结构一起构成一个复杂的程序

【例 3-6】有人用温度计测量出用华氏法表示的温度（如 64 F），今要求把它转换为一摄氏法表示的温度（如 17.8 ℃）。

解题思路：问题的关键在于找到两者的转换公式。根据物理学知识，公式为 $c = 5/9(f-32)$。其中 f 代表华氏温度，c 代表摄氏温度。具体代码如下：

```c
#include <stdio.h>
void main(){
    float f, c;
    printf ("请输入华氏温度: \n");
    scanf("%f", &f);
    c=(5.0/9)*(f-32); //转换公式，其中 5/9 中 5 和 9 必须有一个写成小数形式
    printf("转换成摄氏度是:%f\n",c);
}
```

运行结果：

请输入华氏温度：68<回车>

```
请输入华氏温度:
68
转换成摄氏度是:20.000000
请按任意键继续. . .
```

通过上例需要了解是在针对需求设计程序时，首先要分析解决问题的步骤，是不是只需要从上到下依次执行即可，如果没有分支也没有重复，那么只要按照解决问题的顺序写出相应的语句就行。

2. 分支结构程序设计

前面介绍了顺序结构，顺序结构的程序执行是按语句出现的先后次序进行，每条语句都先后被执行到。程序设计中经常会遇到依条件不同分别执行不同语句的情形，此时顺序结构就无能为力了，这就要用到选择结构（又称为分支结构）。

1）分支结构程序概述

程序中如果存在着根据条件是否成立来执行不同语句的结构，这种结构被称为选择结构（又称为分支结构），分支结构的流程图如图 3-12 所示。

在图 3-12 分支结构中，根据条件 P 是否成立，来选择执行 A 或 B，条件 P 常由逻辑表达

式或关系表达式、条件表达式等构成。在 C 语言中选择结构主要由 if 语句和 switch 语句来实现。它们可以直接构成分支，也可由 if 语句和 switch 语句经嵌套构成多分支结构。

2）if 语句

if 语句是依据给定的条件进行判定，根据判定的结果（真或假）决定执行两个不同分支中的某一语句（或由多条语句构成的一条复合语句）。

C 语言中 if 语句有三种形式，下面分别介绍。

①if 形式

格式：

```
if(表达式) 语句 1;
```

功能：先判断"表达式"是否成立，若成立（为真或非零）则执行"语句 1"；若不成立（为假或零）则跳过"语句 1"执行下一语句，该结构的流程图如图 3-13 所示。

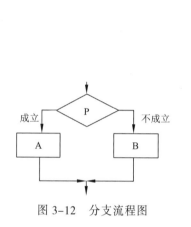

图 3-12　分支流程图

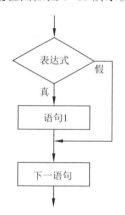

图 3-13　if 语句分支流程图

【例 3-7】请根据输入的学生课程成绩，显示给出是否合格，要求：60（含 60）分以上为合格。

```c
#include <stdio.h>
void main()
{
    int a;
    scanf("%d",&a );        /* 从键盘输入一个成绩,赋予 a 变量*/
    if(a>=60)               /* 根据学生的成绩,显示相应等级*/
    printf("您的成绩等级为: 合格\n");   /* 输出出学生的等级为合格*/
}
```

运行结果：<u>70</u>　<回车>

```
70
您的成绩等级为：合格
请按任意键继续. . .
```

②if else 形式

格式：

```
if(表达式) 语句 1;else 语句 2;
```

功能：先判断"表达式"是否成立，若成立（为真或非零）则执行"语句 1"；若不成立（为假或为零）则执行"语句 2"，该结构的流程图如图 3-14 所示。

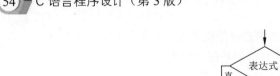

图 3-14　if 语句双分支流程图

【例 3-8】请根据输入的学生成绩给出相应的等级，要求：60 分以下为不合格，60（含 60）分以上为合格。

```
#include <stdio.h>
void main()
{
    int a;
    scanf("%d",&a );                /* 从键盘输入一个成绩,赋予 a 变量*/
    if(a<60) /* 根据学生的成绩,显示相应等级*/
        printf("您的成绩等级为: 不合格\n"); /* 输出出学生的等级为不合格*/
    else
        printf("您的成绩等级为: 合格\n");    /* 输出出学生的等级为合格*/
}
```

运行结果：70　<回车>

```
70
您的成绩等级为：合格
请按任意键继续. . .
```

③if...else if 形式

格式：

```
if(表达式 1) 语句 1;
else if(表达式 2) 语句 2;
else if(表达式 3) 语句 3;
…
else if(表达式 m) 语句 m;
else 语句 n;
```

功能：先判断"表达式 1"是否成立，若成立（为真或非零）则执行"语句 1"，然后再跳至下一语句处执行下一语句；若不成立（为假或为零），再判断"表达式 2"是否成立，若成立（为真或非零）则执行"语句 2"，接着跳至下一语句处执行下一语句；若"表达式 2"仍不成立，再判断"表达式 3"是否成立，若成立（为真或非零）则执行"语句 3"接着跳至下一语句处执行下一语句……，如此依次判断"表达式"，遇到第一个成立的表达式，就执行其后的语句，然后再跳至下一语句处执行下一语句，该结构的流程图如图 3-15 所示。

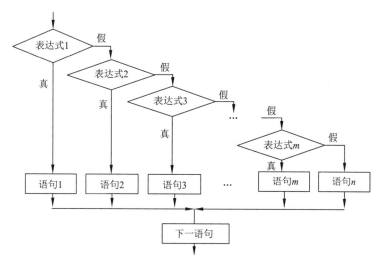

图 3–15　else if 语句流程图

【例 3-9】请根据输入的学生成绩给出相应的等级，要求：60 分以下为不合格（D 等），60（含 60）分～75 分为合格（C 等），75（含 75）分～85 分为良好（B 等）85 分以上为优秀（A 等）。

```c
#include <stdio.h>
void main()
{
    int a;
    char x;
    scanf("%d",&a);             /* 从键盘输入一个成绩,赋予 a 变量*/
    if(a<60)  x='D';            /*若 a<60 则 x 赋 D*/
    else if(a<75)  x='C';       /*若 a<75（同时隐含 a>=60）则 x 赋 C*/
    else if(a<85)  x='B';       /*若 a<85（同时隐含 a>=75）则 x 赋 B*/
    else  x='A';                /*若 a<85 不成立（即 a>=85）,则 x 赋 A*/
    printf("this student score is %c",x);       /* 输出出学生的等级*/
}
```

运行结果：70　<回车>

```
70
this student score is C
请按任意键继续. . .
```

想一想

if 语句使用的几点说明：

（1）if 语句后面的表达式可为任何类型的表达式，只要表达式的结果为非零，则表示条件成立，否则表示条件不成立。

（2）if 语句中的语句 1 和语句 2 等可以是一条语句，也可以是由{}构成的一个复合语句，若在该语句处需要编写多条语句才能完成所要求的功能时，就可使用复合语句的形式。

（3）在 if else 形式中，else 前面的语句必须有一个分号，整个语句结束处有一个分号。

【例 3-10】请根据输入的学生成绩给出相应的等级，要求：90～100 分为优秀，80～90 分为良好，70～80 分为中等，60～70 分为及格，分数小于 60 则为不及格。

```c
#include <stdio.h>
void main()
{
    int a;
    scanf("%d", &a);
    if(a>=90)  printf("优秀\n");
    else if(a>=80)  printf("良好\n");
    else if(a>=70)  printf("中等\n");
    else if(a>=60)  printf("及格\n");
    else  printf("不及格\n");
}
```

运行结果：85<回车>

```
85
良好
请按任意键继续. . .
```

3）if 语句的嵌套

所谓 if 语句嵌套是指在 if 语句中又完全包含一个或多个 if 语句。

格式：

```
if(表达式 1)
    if(表达式 2) 语句 1;
    else 语句 2;
else
    if(表达式 3) 语句 3;
    else 语句 4;
```

功能：嵌套的 if 语句的实现过程的流程图如图 3-16 所示，从图中可以很清楚地知道该语句的执行流程，此处不再赘述。

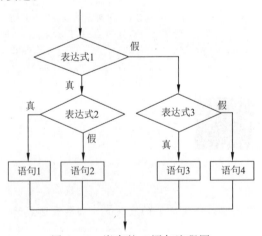

图 3-16 嵌套的 if 语句流程图

if 语句的嵌套可以嵌套在 if 后面，也可以嵌套在 else 后面，具体嵌套在什么地方，要根据实际需要和要求来决定。C 语言规定：在 if 语句嵌套时，else 总是与它前面最近且又未配对的 if 语句进行配对。

【例 3-11】求一元二次方程 $ax^2+bx+c=0$ 的实数解（其中 $a \neq 0$），并显示最后的解。

程序分析：本题的求解过程如图 3-17 所示。首先输入一元二次方程的系数 a、b、c，（其中 $a \neq 0$）再利用系数求出该方程的根的判别式并存放在变量 d 中，根据 d 的值（根判别式的值）是大于 0、等于 0 还是小于 0 分别执行不同的求根方法，最后输出所得到的根。由于要用到求算术平方根函数，因而在程序开始处要包含 math.h 头文件。

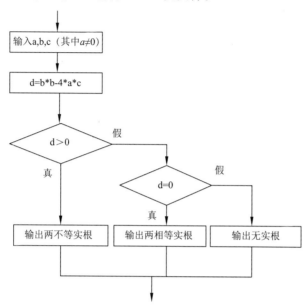

图 3-17　用嵌套的 if 语句解一元二次方程

使用 if...else if 形式编写程序源代码：

```c
#include <stdio.h>
#include <math.h>
void main()
{
    float a,b,c,d;
    printf("请输入不为 0 的 a=");
    scanf("%f",&a);
    printf("b=");
    scanf("%f",&b);
    printf("c=");
    scanf("%f",&c);
    d=b*b-4*a*c;
    if(d>0)
    {
        printf("x1=%f\n",(-b+sqrt(d))/(2*a));
        printf("x2=%f\n",(-b-sqrt(d))/(2*a));
    }
    else if(d==0)
        printf("x1=x2=%f\n",-b/(2*a));
    else
        printf("the equation has no real root!\n");
}
```

　　运行结果：请输入不为 0 的 a=1<回车>
　　　　　　　b=-2<回车>
　　　　　　　c=1<回车>

```
请输入不为0的a=1
b=-2
c=1
x1=x2=1.000000
请按任意键继续. . .
```

【例 3-12】使用嵌套的 if 语句编写上例的程序源代码：

```c
#include <stdio.h>
#include <math.h>
void main()
{
    float a,b,c,d;
    printf("a=");
    scanf("%f",&a);
    printf("b=");
    scanf("%f",&b);
    printf("c=");
    scanf("%f",&c);
    d=b*b-4*a*c;
    if(d>=0)
        if(d>0)
        {
            printf("x1=%f\n",(-b+sqrt(d))/(2*a));
            printf("x2=%f\n",(-b-sqrt(d))/(2*a));
        }
        else
            printf("x1=x2=%f\n",-b/(2*a));
    else
        printf("the equation has no real root!\n");
}
```

　　运行结果：a=1<回车>
　　　　　　　b=-2<回车>
　　　　　　　c=1<回车>

```
a=1
b=-2
c=1
x1=x2=1.000000
请按任意键继续. . .
```

　　4）switch 语句

　　从上例来看，用 if 语句实现三分支程序就已经比较复杂了，而实际问题中常常需要实现更多分支的选择结构。例如，银行利息的计算要根据存期和存款类别来决定选择何种利率来计算等；此时采用 switch 语句实现多分支将使程序更清晰和简洁。

　　根据 switch 语句分支中是否含有 break 语句，执行结果是不同的。

（1）不带 break 语句的 switch 语句。

```
switch 语句格式:
switch(表达式)
{
    case 常量表达式 1: 语句 1;
    case 常量表达式 2: 语句 2;
    …
    case 常量表达式 n: 语句 n;
    default: 语句 n+1;
}
```

首先计算表达式的值,当该值与某个 case 后的常量表达式的值相等时,就执行其后的语句,接着依次执行该语句后面所有 case 后的语句和语句 n+1;若所有的 case 中的常量表达式的值与表达式的值都不匹配,就执行 default 后面的语句。具体执行流程图如图 3-18 所示。

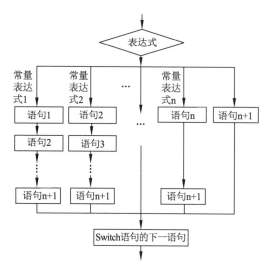

图 3-18　不带 break 的 switch 语句流程图

【例 3-13】求按照考试成绩的等级打印出百分制分数段,从 A、B、C、D 分别对应 100 ~ 85 分、84 ~ 70 分、69 ~ 60 分、60 分以下。

程序分析:本题可用 if 语句多层嵌套来编程实现,但程序较复杂,本题用 switch 语句实现,代码更加简洁明了:

```
#include <stdio.h>
void main()
{
    char grade;
    printf("grade=");
    scanf("%c",&grade);
    switch(grade)
    {
        case 'A': printf("85~100\n");  //grade 变量值为'A',显示 85~100
        case 'B': printf("70~84\n");
        case 'C': printf("60~69\n");
        case 'D': printf("<60\n");
```

```
        default: printf("error\n");  //grade 不等于'A'～'D'时,显示 error
    }
}
```

运行结果：grade=A<回车>

```
grade=A
85～100
70～84
60～69
<60
error
请按任意键继续.
```

想一想

关于 switch 语句使用的说明：

（1）switch 后面括弧内的"表达式"， ANSI 标准允许它为任何类型。

（2）当表达式的值与某一个 case 后面的常量表达式的值相等时，就执行此 case 后面的语句，接着还执行此后的 case 语句后的语句及 default 后的语句。

（3）每个 case 后的常量表达式的值必须互不相同，否则就会出现同一个表达式的值有两种或多种执行方案的错误。

（4）各 case 和 default 的出现次序不影响执行结果。即可先出现"default: 语句 n + 1;"，再出现"case 常量表达式 2: 语句 2;"，然后是"case 常量表达式 1: 语句 1;"……

（5）多个 case 可以共用一组执行语句。

【例 3-14】要求根据输入的学生成绩的等级判定是否"合格"，那么 A、B、C 等都是"合格"，则程序代码如下：

```
#include <stdio.h>
void main()
{
    char grade;
    printf("grade=");
    scanf("%c",&grade);
    switch(grade)
    {
        case 'A':  //grade 变量值为'A'后只有":"
        case 'B':
        case 'C': printf("合格\n");  //grade 变量值为'A'、'B'、'C',都显示＞60
        case 'D': printf("不合格\n");
        default: printf("error\n"); //grade 不等于'A'～'D'时,显示 error
    }
}
```

运行结果：grade=A<回车>

grade 的值为'A'、'B'或'C'时都执行同一组语句 printf("合格\n");。

在【例 3-13】中，若 grade 的值等于'A'，本来要求输出"85～100"，而实际运行出现的结果为：

```
85~100
70~84
60~69
<60
error
```

这是由于在 switch 语句中, 当表达式的值与某一个 case 后面的常量表达式的值相等时, 就执行此 case 后面的语句, 接着还执行此后其他 case 后的语句及 default 后的语句, 因而出现上述结果。要做到根据等级输出一个对应的分数段, 则应该在执行一个 case 分支后, 使流程跳出 switch 结构, 而不执行后续 case 后的语句及 default 后的语句, 即终止 switch 语句的执行。可在一个 case 后的语句后面加上一条 break 语句来达到此目的, 这就是带 break 的 switch 语句。

（2）带 break 的 switch 语句。

带 break 的 switch 语句格式:

```
switch(表达式)
{
    case 常量表达式1: 语句1;break;
    case 常量表达式2: 语句2;break;
    …
    case 常量表达式n: 语句n;break;
    default: 语句n+1;
}
```

功能: 首先计算表达式的值, 当该值与某个 case 后的常量表达式的值相等时, 就执行其后的语句, 接着执行该 switch 语句右花括号 "}" 后的语句（即结束 switch 语句的执行）; 若所有的 case 中的常量表达式的值都没有与表达式的值匹配的, 就执行 default 后面的语句, 具体执行流程如图 3-19 所示。

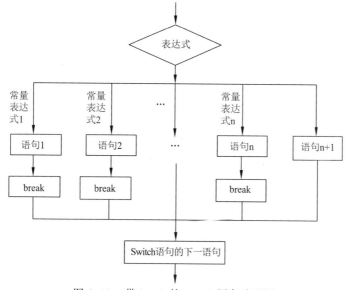

图 3-19　带 break 的 switch 语句流程图

【例 3-15】按照考试成绩的等级打印出百分制分数段, 从 A、B、C、D 分别对应 100~85、84~70、69~60、60 分以下, 要求输入一个等级, 只输出对应的一个分数段。

程序分析：本题在例 3-13 代码的基础上，用带 break 的 switch 语句实现。

程序源代码如下：

```
#include <stdio.h>
void main()
{
    char grade;
    printf("grade=");
    scanf("%c",&grade);
    switch(grade)
    {
        case 'A': printf("85~100\n"); break; //grade 为'A',显示 85~100
        case 'B': printf("70~84\n"); break;
        case 'C': printf("60~69\n"); break;
        case 'D': printf("<60\n"); break;
        default: printf("error\n");  //grade 都不匹配时,显示 error
    }
}
```

运行结果：grade=B<回车>

```
grade=B
70~84
请按任意键继续. . .
```

最后一个分支（default）可以不加 break 语句。上例中 grade 的值为‘B’，则只输出“70~84”。在每个 case 后面虽然包含一个以上执行语句，花括号可以省略（当然加上花括号也可以），会自动顺序执行本 case 后面所有的执行语句。

3. 循环结构程序设计

1）循环结构程序概述

循环结构的特点是：在给定条件成立时，反复执行某程序段（这些被反复执行语句称为循环体），直到条件不成立为止。C 语言提供了多种循环语句，具体有 while 语句、do...while 语句、for 语句。先来看一个例子。

【例 3-16】求自然数 1~100 的和，并显示结果。

本题若直接用顺序结构求和，将使代码重复过多，代码冗长，具体如图 3-20 所示。具体代码如下：

```
#include <stdio.h>
void main()
{
    int i,sum=0;
    i=1;          //i 赋初值 1
    sum=sum+i;
    i++;
    sum=sum+i;
    i++;          //重复 99 次"sum=sum+i; i++;"
    ...
    sum=sum+i;
    i++;
```

```
    printf("%d",sum);
}
```

本题若采用循环结构，如图 3-21 所示。具体代码如下：

```
#include <stdio.h>
void main()
{ int i,sum=0;
  i=1;
  while(i<=100) //斜体部分的代码即是循环结构
  { sum=sum+i;   //下划线部分是循环体
    i++;
  }
  printf("%d \n",sum);
}
```

运行结果：

```
5050
请按任意键继续. . .
```

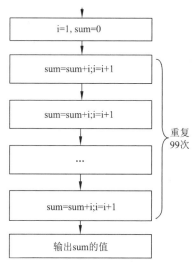

图 3-20　顺序结构求 1+2+…+100

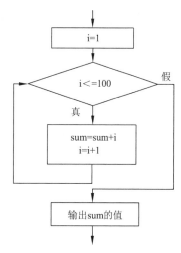

图 3-21　循环结构求 1+2+…+100

可以看到，使用循环结构程序代码简洁很多。

当程序执行到循环结构时，程序将会判断条件，若成立，则执行条件后面的语句或复合语句（这些语句称为循环体）；然后再判断条件，若仍成立，则继续执行条件后面的语句，如此循环直到条件表达式不成立（为零）时，接着执行循环结构后的下一条语句。

循环结构控制语句种类：C 语言中循环结构有当型循环和直到型循环。

当型循环结构流程图如图 3-22 所示，直到型循环结构流程图如图 3-23 所示。

C 语言中当型循环具体可由 for 语句和 while 语句来实现，直到型循环则由 do...while 语句来实现。下面我们将具体学习这些循环控制语句。

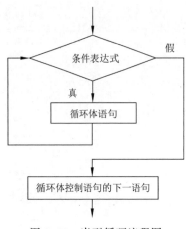

图 3-22　当型循环流程图

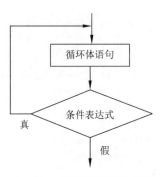

图 3-23　直到型循环流程图

2）while 循环语句

while 语句用来实现当型循环结构。

while 语句格式：`while（表达式）语句；`

功能：当表达式为非 0 值（表达式结果为真）时，执行 while 语句中的内嵌语句（即表达式后的语句）。其流程图如图 3-24 所示。先计算并判断表达式，若为非零则执行语句。

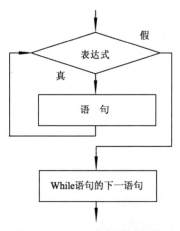

图 3-24　while 语句的流程图

前面例 3-16 中采用循环结构求 1～100 自然数和程序就是采用 while 循环语句实现的。

想一想

关于 while 语句使用的几点说明：

（1）while 循环体可以是空语句（即";"）。

（2）循环体如果包含一个以上的语句，应该用花括号括起来构成复合语句来出现。如果不加花括号，则 while 的循环体范围只到 while 后面第一个分号处。

（3）在循环体中应有使循环趋于结束的语句。如无此语句，则表达式的值始终不为零，从而造成循环永不能结束（此种循环称为死循环）。

3）do...while 循环语句

do...while 语句的特点是先执行循环体，然后判断循环条件是否成立。其一般形式为：

```
do
{
语句；
}while(表达式);
```

功能：先执行指定的语句，然后判别表达式，当表达式的值为非 0（"真"）时，返回重新执行循环体语句，如此反复，直到表达式的值等于 0 为止，此时循环结束。其流程图如图 3-25 所示。

在例 3-16 中曾用 while 语句实现的 1~100 自然数和，现在使用 do...while 语句实现，其流程图如图 3-26 所示。

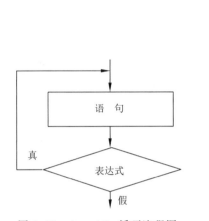

图 3-25 do...while 循环流程图

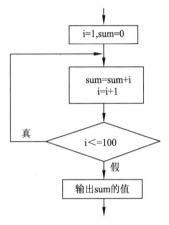

图 3-26 do...while 循环求和流程图

【例 3-17】求自然数 1～100 的和，并显示结果。

程序代码如下：

```
#include <stdio.h>
void main()
{
    int i,sum=0;
    i=1;
    do
    { sum=sum+i;
      i++;
    }while(i<=100);
    printf("sum=%d",sum);
}
```

运行结果：

```
sum=5050
请按任意键继续. . .
```

可以看出：对同一个问题可以用 while 语句处理，也可以用 do...while 语句处理。所以在进行循环结构的选择时，do...while 语句结构可以转换成 while 结构。

想一想

while 语句和 do...while 语句比较：

在一般情况下，用 while 语句和用 do...while 语句处理同一问题时，若二者的循环体是一样的，它们的结果也一样。如果 while 后面的表达式一开始就不成立（为假）时，两种循环的结果是不同的：while 语句不执行循环体部分，而 do...while 语句要执行一次循环体部分，请看下面例题。

【例 3-18】分别利用 while 语句和 do...while 语句求由指定的数到 100 以内的自然数之和（指定的数由键盘输入）。

```
/*while语句程序代码*/
#include <stdio.h>
void main()
{
    int sum=0,k;
    scanf("%d",&k);
    while(k<=100)
    {
        sum=sum+k;
        k++;
    }
    printf("sum=%d\n",sum);
}
```

```
/*do...while语句程序代码*/
#include <stdio.h>
void main()
{
    int sum=0,k;
    scanf("%d",&k);
    do
    {
        sum=sum+k;
        k++;
    }while(k<=100);
    printf("sum=%d\n",sum);
}
```

当输入的数在 100 以内时，上述用 while 语句和 do...while 语句实现的求和结果是相同的，而输入的数超过 100 时，上述用 while 语句和 do...while 语句实现的求和结果就不相同了。

while 语句运行情况如下：

从键盘输入：10<回车>

输出：sum=5005

再运行一次，从键盘输入 110

输入：110<回车>

输出：sum=0

do...while 语句运行情况如下：

从键盘输入：10<回车>

输出：sum=5005

再运行一次，从键盘输入 110

输入：110<回车>

输出：sum=110

```
110
sum=110
请按任意键继续. . .
```

可以看到：当输入 k 的值小于或等于 100 时，二者得到结果相同。而当 k>100 时，二者结果不同。这是由于当 k>100 时，对 while 循环来说，循环体一次也不执行（因为此时一开始表达式"k<=100"就为假）；而对 do...while 循环语句来说先不判断条件表达式是否成立而直接执行一次循环体，因而对 sum=sum+k 执行者了一次，所以结果不相同。

（1）while 循环是先计算并判断表达式，非 0 后执行语句，利用它可以方便地实现当型循环结构。do...while 循环是先执行循环体，后判断表达式的当型循环（因为当条件满足时才执行循环体），利用它可以方便地实现直到型循环结构。

（2）while 循环和 do...while 循环中的表达式如用变量来控制，常常需要在进入循环前就对其赋初值，并且在循环体中要有改变其值的语句，保证表达式能够经有限次循环后变成假，以使循环不致变成死循环；当然也可以在循环体中有条件地执行 break 语句来强制结束循环。

4）for 循环语句

C 语言实现循环除了上述的 while 语句和 do...while 语句外，经常使用的还有 for 语句。使用 for 语句实现的循环，代码简单、使用方便。它可用于循环次数确定的情况，也可以用于根据循环结束条件来决定循环是否继续的循环次数不确定的情况。

（1）for 语句的一般形式及执行过程。

for 语句的一般形式为：

for(表达式 1;表达式 2;表达式 3) 语句

for 语句的功能：计算表达式 1 的值，再判断表达式 2 的值是否为非 0，若为非 0，则执行语句（循环体），然后执行表达式 3，再判断表达式 2 的值，……若表达式 2 的值为 0，则跳出循环执行循环结构的下一条语句。

for 语句的具体执行过程：

①先计算表达式 1 的值。

②计算表达式 2 的值，若其值为非 0（真），则执行 for 语句中的语句，然后执行下面第③步。若值为 0（假），则结束循环，转到第⑤步执行。

③计算表达式 3。

④转回上面第②步骤继续执行。

⑤循环结束，执行 for 语句下面的一条语句。

通过图 3-27 流程图可以很清楚地理解 for 语句的执行过程。

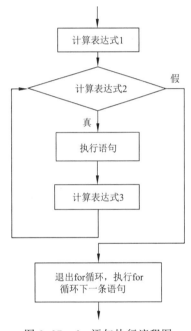

图 3-27　for 语句执行流程图

【例 3-19】用 for 语句求 100 以内的自然数之和。

```c
#include <stdio.h>
void main()
{
    int i,sum=0;
    for(i=1;i<=100;i++)
        sum=sum+i;
    printf("%d",sum);
}
```

（2）for 循环结构程序举例。

【例 3-20】有一分数序列：2/1，3/2，5/3，8/5，13/8，21/13，…，求出这个数列的前 20 项之和。

程序分析：本数列分子与分母的变化有规律可循，后项分母为前项的分子，后项分子为前项的分子分母之和。

程序源代码如下：

```
#include <stdio.h>
void main()
{
    int n,t,number=20;
    float a=2,b=1,s=0;
    for(n=1;n<=number;n++)
    {
        s=s+a/b;
        t=a;          //将分子 a 先赋给 t
        a=a+b;        //将分子进行更新
        b=t;          //将原先的分子作为下一个数的分母 b
    }
    printf("sum is %9.6f\n",s);
}
```

运行结果：

```
sum is 32.660259
请按任意键继续. . .
```

【例 3-21】求 1+2!+3!+…+20!的和。

程序分析：用变量 n 计数，并与变量 t（注意赋初值为 1）累乘后结果再放在此变量中，这样变量 t 中为 n!，再将变量 t 中的值累加至变量 s 中。

程序源代码如下：

```
#include <stdio.h>
void main()
{
    int n;
    double s=0.0,t=1;
    for(n=1;n<=20;n++)
    {
        t*=n;
        s+=t;
    }
    printf("1+2!+3!+…+20!=%e\n",s);
}
```

运行结果：

```
1+2!+3!+···+20!=2.561327e+018
请按任意键继续. . .
```

【例 3-22】在小于 10 万的正整数中，当一个整数加上 100 后是一个完全平方数，再加上 168 又是一个完全平方数，请问满足条件的正整数是多少？

程序分析：在 10 万以内判断，先将该数 i 加上 100 后再开方后赋给 x，再将该数 i 加上 268 后再开方后赋给 y，按完全平方数定义：该数的平方根的平方等于该数，这说明此数是完全平方数，依据题意：找到 x 和 y 都是完全平方数时的 i 即为要得到的正整数。由于要使用平方根函数 sqrt()，所以要将 math.h 头文件包含进来，且该函数要求只能为 float 或 double，所以要进行强制类型转换。

程序源代码如下：

```c
#include <math.h>
#include <stdio.h>
void main()
{
    long int i,x,y;
    for(i=1;i<100000;i++)
    {
        x=sqrt((float)(i+100));  //x 为加上 100 后开方后的结果
        y=sqrt((float)(i+268));  //y 为加 100 再加上 168 后开方后的结果
        if(x*x==i+100&&y*y==i+268)//一个数平方根平方等于该数，则此数是完全平方数
            printf("\n%ld\n",i);
    }
}
```

运行结果：

```
21
261
1581
请按任意键继续...
```

想一想

①省略表达式 1 和表达式 2 时，其后的分号不能省略。

②由于省略表达式 1，要在 for 语句前对循环变量赋初值。

③省略表达式 2 时，很容易使循环成为死循环。如要构成一个有限次循环，则常要有条件执行一个退出循环语句 break。

④由于省略表达式 3，循环变量没有增值，要在循环语句中加上循环变量增值语句。

⑤for 语句的一般形式可以用 while 循环来实现，对应的 while 循环的具体形式：

```
表达式1;
while(表达式2)
{
    语句
    表达式3;
}
```

【说明】

（1）表达式 1 可以是设置循环变量初值的赋值表达式，也可以是与循环变量无关的其他表达式。表达式 3 也可以是与循环控制无关的任意表达式。

如 "for(sum=1;i<=100;i++) sum=sum+i;" 中表达式 1 就是一个与循环变量无关的赋值表达式。

（2）表达式 1 和表达式 3 可以是一个简单的表达式，也可以是逗号表达式，即包含一个以上的简单表达式，中间用逗号间隔。

例如，for(i=1,j=10;i<=j+1;i++,j--) printf("*"); 表达式 1 和表达式 3 都是逗号表达式，各包含两个赋值表达式，即同时设两个初值，并在执行完循环体后改变两个变量的值，在逗号表达式内按自左至右顺序求解，整个逗号表达式的值为其中最右边的表达式的值。

（3）表达式 2 一般是关系表达式或逻辑表达式，但也可以是数值表达式或字符表达式，只要其值为非 0，就执行循环体。

如 "for(;(c=getchar())!='\n';) printf("%c", c);"，在表达式 2 中先从终端接收一个字符赋给 c，

然后判断此赋值表达式的值是否不等于'\n'（换行符），如果不等于'\n'，就执行循环体。它的作用是不断输入字符，并将其输出，直到输入一个"换行符"为止。

可以把循环体和一些与循环控制无关的操作也纳入表达式 1 或表达式 3，这样程序可以短小简洁。但这样会使 for 语句显得杂乱，可读性降低。

5）goto 语句以及用 goto 语句构成循环

goto 语句为无条件转向语句，当程序执行到该语句时，转向指定位置执行。它的一般形式为：

goto 语句标号；

语句标号用标识符表示，它的命名规则与变量名命名规则相同，即由字母、数字和下划线组成，其第一个字符必须为字母或下划线，不能用整数来做标号。例如，goto text_1;goto _a2;是合法的，而 goto 2ab;goto text-1;是错误的。

语句标号是用来标识某条语句的，其标识形式为：

语句标号:语句

想一想

历史上关于在程序中是否使用 goto 语句，曾引起激烈争论，最终提出在程序设计中主张尽可能不使用 goto 语句，因为 goto 语句将破坏程序的结构化、使程序可读性变差。但也不是绝对禁止使用 goto 语句。goto 语句一般有两种用途：

（1）与 if 语句一起构成循环结构。

（2）从循环体中跳转到循环体外。

由于 C 语言中可以用 break 语句和 continue 语句跳出本层循环和结束本次循环。goto 语句的使用机会已大大减少，只是需要从多层循环的内层循环跳到外层循环外时才用到 goto 语句，但这样使程序结构化遭到破坏，因而一般不采用。

【例 3-23】用 if 语句和 goto 语句构成循环，求 100 以内的自然数之和。

此问题的算法是比较简单的，现直接写出程序：

```c
#include <stdio.h>
void main()
{
    int i,sum=0;
    i=1;
    loop: if(i<=100)
    {
        sum=sum+i;
        i++;
        goto loop;
    }
    printf("sum=%d\n",sum);
}
```

运行结果：

```
sum=5050
请按任意键继续. . .
```

上述程序执行到 loop: if(i<=100)时相当于将语句标号 loop 标识 if 语句，当代码执行到 goto loop;就会再次跳转到之前用 loop 标识过的 if 语句上，直到 if 语句中条件表达式不满足，则不再

运行 goto loop;之后将结果输出。

> **注意**
>
> if 语句与 goto 语句配合可实现循环语句的功能，但这不是循环语句。

【例 3-24】用 for 语句求 100 以内的自然数之和，要求省略"表达式 2"，并使用 goto 语句完成该例题。

```c
#include <stdio.h>
void main()
{
    int i,sum=0;
    for(i=1;;i++)
    {
        sum=sum+i;
        if(i>=100)
        goto pr;   //省略表达式2,循环不判断条件,要根据条件执行转向语句
    }
    pr: printf("sum=%d\n",sum);
}
```

运行结果：

```
sum=5050
请按任意键继续. . .
```

6）break 语句和 continue 语句

（1）break 语句。

前面已经介绍过利用 break 语句跳出 switch 结构，继续执行 switch 语句的下一条语句。break 语句除了能够跳出 switch 结构外，还可以用它来实现从循环体内跳出循环体，即程序执行 break 语句后立即结束循环，接着执行循环结构的下一条语句。break 语句的这一功能对于不能自身结束的循环结构十分有用。如在省略"表达式 2"的 for 语句构成的循环中，由于缺少循环判断条件，就需要有条件地执行 break 语句，以结束循环。

```c
for(a=2; ;a+=2)
{
    sum=sum+a;
    if(sum>1000) break;
    printf("%d",sum);
}
```

上述程序段是计算偶数之和，直至累加结果超出 1 000 时为止。从上面的 for 循环可以看到：当（sum>1000）时，执行 break 语句，提前结束循环，即不再继续执行其余的几次循环。

break 语句的一般形式为：

```c
break;
```

> **注意**
>
> break 语句不能用于循环语句和 switch 语句之外的任何其他语句中。

【例 3-25】从 2 开始进行偶数累加，计算出累加和不超出 10 000 的最大偶数，以及从 2 到当前最大偶数内的所有偶数之和。

　　程序分析：利用 for 循环进行控制，由于不知循环次数，因而省略表达式 2，在循环体中判断累加和的值，若超出 10 000 时，用 break 语句退出循环。

　　程序源代码如下：

```
#include <stdio.h>
void main()
{
    int i,sum=0;
    for(i=2;;i+=2)
    {
        sum=sum+i;
        if(sum>10000)   //由于循环本身不判断条件,要设置条件执行 break 语句
        {
            sum=sum-i;   //恢复到上一次的 sum 值和 i 值,以保证 sum 在 10000 以内
            i=i-2;
            break;   //执行 break 语句,跳出 for 循环
        }
    }
    printf("%d,%d\n",i,sum);
}
```

　　运行结果：

```
198,9900
请按任意键继续. . .
```

　　（2）continue 语句。

　　在某些循环程序中，要求跳过满足某种条件的数据而进入下一数据的处理，此时要求结束某次循环而进入下一次循环（注意此时循环并未结束），C 语言的 continue 语句就具有此种功能：即结束本次循环而进入下一次循环。

　　continue 语句一般形式为：

```
continue;
```

　　其作用为结束本次循环，即跳过循环体中下面尚未执行的语句，进入下一次循环的判定和执行。

想一想

　　continue 语句和 break 语句的功能是不同的，要注意它们的区别：continue 语句只结束本次循环，而不是终止整个循环的执行。而 break 语句则是结束整个循环过程（本层循环），不再判断执行循环的条件是否成立。

　　请看下列两个程序：

【例 3-26】break 示例。

```
#include <stdio.h>
void main()
{
    int i,sum=0;
    for(i=1;i<=10;i++)
    {
        if(i%2==0) break;   //当 i 为第一个偶数时执行 break 语句,跳出 for 循环
```

```
        sum=sum+i;
    }
    printf("i=%d,sum=%d\n",i,sum);
}
```

运行结果：

i=2,sum=1
请按任意键继续. . .

【例 3-27】continue 示例。

```
#include <stdio.h>
void main()
{
    int i,sum=0;
    for(i=1;i<=10;i++)
    {
        if(i%2==0) continue;   //当 i 为偶数时执行 continue 语句,进入下次循环
        sum=sum+i;
    }
    printf("i=%d,sum=%d\n",i,sum);
}
```

运行结果：

i=11,sum=25
请按任意键继续. . .

break 示例与 continue 示例的代码只有一处不同，即当 i%2==0 时，break 示例执行 break 语句，而 continue 示例执行 continue 语句。由于 break 语句结束循环，而 continue 语句只结束本次循环而执行下一次循环，所以 break 示例与 continue 示例的输出是不同的，break 示例输出：i=2,sum=1；continue 输出：i=11,sum=25。

通过上面这两个例子，能够清楚地知道 break 语句结束循环，而 continue 语句只结束本次循环的功能。

7）几种循环的比较

C 语言中常用的循环比较如表 3-6 所示。

表 3-6　几种循环的比较

循环语句	相同点	循环变量初始化		循环变量增值		初始条件为假
for 循环	都能实现循环功能；都可用 break 语句跳出本层循环，用 continue 语句结束本次循环；一般可相互替换	能够	表达式 1 赋值	能够		不执行循环体
while 循环		不能	提前赋值	不能	循环体中要修改循环变量值	不执行循环体
do...while 循环		不能	提前赋值	不能		执行一次循环体
if 与 goto 实现循环功能	能实现循环功能，不可用 break 语句跳出本层循环，也不可用 continue 语句结束本次循环	不符合结构化程序设计规则，使用此种结构实现循环，常容易破坏程序结构化，造成程序的混乱。尽量不用或少用				

8）循环的嵌套

一个循环完整包含在另一个循环结构中，这种程序称为循环的嵌套。被包含的内嵌循环中还可以嵌套循环，这就构成多层循环。包含其他循环的循环称为外循环，被包含的循环称为内循环。

前面介绍的 C 语言的三种循环（while 循环、do...while 循环和 for 循环）可以互相嵌套。具体可以构成下面几种循环嵌套形式。

（1）几种循环嵌套形式。

①循环嵌套格式一。

```
while()
{
    …
    while()
    {…}
}
```

【例 3-28】输出图形：

```
   #
  ###
 #####
#######
```

程序分析：本题用 while 的两重循环实现，外循环实现层的控制，两个并列内循环实现列的控制。

程序源代码如下：

```
#include <stdio.h>
void main()
{
    int i,j;
    i=1;
    while(i<=4)    //外循环开始,以实现层的控制
    {
        j=1;
        while(j<=4-i)    //内循环1开始,以实现每层的空格控制
        {
            printf("%c",' ');
            j++;
        }
        j=1;
        while(j<=(2*i-1))    //内循环2开始,以实现每层的"#"控制
        {
            printf("%c",'#');
            j++;
        }
        printf("\n");
        i++;
    }
}
```

运行结果：

```
    #
   ###
  #####
#######
请按任意键继续. . .
```

②循环嵌套格式二。

```
do
{
    …
    do
    {…}while();
}while();
```

【例 3-29】用 do{do...while}while 循环嵌套输出九九乘法表。

程序分析：分行与列考虑，共 9 行 9 列，i 控制行，j 控制列。

程序源代码如下：

```
#include <stdio.h>
void main()
{
    int i,j,result;
    i=1;
    do
    {
        j=1;
        do
        {
        result=i*j;
        printf("%d*%d=%-3d",i,j,result);   //-3d 表示左对齐,占 3 位
        j++;
        }while(j<10);
        printf("\n");   //每一行后换行
        i++;
    } while(i<10);
}
```

运行结果：

```
1*1=1   1*2=2   1*3=3   1*4=4   1*5=5   1*6=6   1*7=7   1*8=8   1*9=9
2*1=2   2*2=4   2*3=6   2*4=8   2*5=10  2*6=12  2*7=14  2*8=16  2*9=18
3*1=3   3*2=6   3*3=9   3*4=12  3*5=15  3*6=18  3*7=21  3*8=24  3*9=27
4*1=4   4*2=8   4*3=12  4*4=16  4*5=20  4*6=24  4*7=28  4*8=32  4*9=36
5*1=5   5*2=10  5*3=15  5*4=20  5*5=25  5*6=30  5*7=35  5*8=40  5*9=45
6*1=6   6*2=12  6*3=18  6*4=24  6*5=30  6*6=36  6*7=42  6*8=48  6*9=54
7*1=7   7*2=14  7*3=21  7*4=28  7*5=35  7*6=42  7*7=49  7*8=56  7*9=63
8*1=8   8*2=16  8*3=24  8*4=32  8*5=40  8*6=48  8*7=56  8*8=64  8*9=72
9*1=9   9*2=18  9*3=27  9*4=36  9*5=45  9*6=54  9*7=63  9*8=72  9*9=81
请按任意键继续. . .
```

③循环嵌套格式三。

```
for(;;)
{
    for(;;)
    {…}
}
```

【例 3-30】 用 for{for}循环嵌套输出九九乘法表。

程序分析：分行与列考虑，共 9 行 9 列，i 控制行，j 控制列。

程序源代码如下：

```c
#include <stdio.h>
void main()
{
    int i,j,result;
    for(i=1;i<10;i++)
    {
        for(j=1;j<10;j++)
        {
            result=i*j;
            printf("%d*%d=%-3d",i,j,result);   //-3d 表示左对齐,占 3 位
        }
        printf("\n");   //每一行后换行
    }
}
```

运行结果：

```
1*1=1   1*2=2   1*3=3   1*4=4   1*5=5   1*6=6   1*7=7   1*8=8   1*9=9
2*1=2   2*2=4   2*3=6   2*4=8   2*5=10  2*6=12  2*7=14  2*8=16  2*9=18
3*1=3   3*2=6   3*3=9   3*4=12  3*5=15  3*6=18  3*7=21  3*8=24  3*9=27
4*1=4   4*2=8   4*3=12  4*4=16  4*5=20  4*6=24  4*7=28  4*8=32  4*9=36
5*1=5   5*2=10  5*3=15  5*4=20  5*5=25  5*6=30  5*7=35  5*8=40  5*9=45
6*1=6   6*2=12  6*3=18  6*4=24  6*5=30  6*6=36  6*7=42  6*8=48  6*9=54
7*1=7   7*2=14  7*3=21  7*4=28  7*5=35  7*6=42  7*7=49  7*8=56  7*9=63
8*1=8   8*2=16  8*3=24  8*4=32  8*5=40  8*6=48  8*7=56  8*8=64  8*9=72
9*1=9   9*2=18  9*3=27  9*4=36  9*5=45  9*6=54  9*7=63  9*8=72  9*9=81
请按任意键继续. . .
```

④循环嵌套格式四。

```c
for(;;)
{
    …
    while()
    {…}
}
```

请读者用用 for{while}循环嵌套输出九九乘法表。

⑤循环嵌套格式五。

```c
while()
{
    …
    do
    {…}
    while();
    …
}
```

请读者用 while{do…while}循环嵌套输出九九乘法表。

（2）关于循环嵌套的几点说明。

①循环的嵌套时外循环必须完整包含内循环，不能出现一个循环部分在另一循环内部，还

有一部分在另一循环外部,即循环的嵌套不能交叉。

②循环的嵌套时外循环与内循环的变量名不能同名,否则容易造成混乱。

③对于多重循环嵌套,可以通过 break 语句跳出循环,但 break 语句只能跳出该语句所在的一层循环。

④对于多重循环嵌套,可以通过 continue 语句结束本层的一次循环,进入本层的下一次循环。

9)循环结构程序举例

【例 3-31】猴子吃桃问题:猴子第一天摘下若干个桃子,当即吃了一半,还不过瘾,又多吃了一个,第二天早上又将剩下的桃子吃掉一半,又多吃了一个。以后每天早上都吃了前一天剩下的一半零一个。到第 10 天早上想再吃时,见只剩下一个桃子了。求第一天共摘了多少。

程序分析:采取逆向思维的方法,从后往前推断。先根据第 10 天的桃子数量算出第 9 天的桃子数,以此类推即可算出第一天共摘了多少个桃子。

程序源代码如下:

```c
#include <stdio.h>
void main()
{
    int day,x1,x2;
    day=9;
    x2=1;
    while(day>0)
    {
        x1=(x2+1)*2;   //第一天的桃子数是第 2 天桃子数加 1 后的 2 倍
        x2=x1;
        day--;
    }
    printf("the total is %d\n",x1);
}
```

运行结果:

```
the total is 1534
请按任意键继续. . .
```

【例 3-32】分别用 for,while,do...while 这三种形式写出求 100 以内的 3 的倍数之和,即 3+6+9+12+…+99。

程序分析:分别利用 3 种循环进行控制,其中 while,do...while 循环先要对循环变量赋初值(i=0),每循环一次,i 增加 3,3 种循环累加的结果分别放于变量 x、y、z 中。

程序源代码如下:

```c
/*for 循环*/
#include <stdio.h>
void main()
{
    int i,x=0;
    for(i=0;i<=100;i+=3)
        x+=i;
    printf("%d\n",x);
```

```
}
```

运行结果：

```
1683
请按任意键继续. . .
```

```
/*do...while 循环*/
#include <stdio.h>
void main()
{
    int i,y=0;
    i=0;
    do
    {
        y+=i;
        i+=3;
    }while(i<=100);
    printf("%d\n", y);
}
```

运行结果：

```
1683
请按任意键继续. . .
```

```
/*while 循环*/
#include <stdio.h>
void main()
{
    int i,z=0;
    i=0;
    while(i<=100)
    {
        z+=i;
        i+=3;
    }
    printf("%d\n",z);
}
```

运行结果：

```
1683
请按任意键继续. . .
```

【例 3-33】统计一个正整数的中 0、1、2 的个数。

程序分析：本题利用 do...while 循环进行控制，先将输入的数（存于变量 n 中）的个位分解出来（用 n%10 求得），再根据分解出来的值是否为 0、1、2 分别对计数变量 count1、count2、count3 计数。然后将该数整除 10 再放在变量 n 中；再重复上述过程，则实际是依次将十位、百位……分解出来同样处理，直至该数各位全部分解出来并计数为止。

程序源代码如下：

```
#include <stdio.h>
void main()
{
```

```
int n,count1=0,count2=0,count3=0,t;
scanf("%d",&n);
do
{
    t=n%10;
    switch(t)
    {
        case 0:count1++;break;
        case 1:count2++;break;
        case 2:count3++;break;
    }
    n/=10;
}while(n);
printf("'0'为%d个,'1'为%d个,'2'为%d个\n",count1,count2,count3);
}
```

运行结果：

```
110220210
'0'为3个,'1'为3个,'2'为3个
请按任意键继续...
```

【例 3-34】将一个正整数分解质因数。例如，输入 90，打印出 90=2*3*3*5。

程序分析：对 n 进行分解质因数，应先找到一个最小的质数 k，然后按下述步骤完成。

（1）如果这个质数恰好等于 n，则说明分解质因数的过程已经结束，打印出即可。

（2）如果 n 不等于 k，但 n 能被 k 整除，则应打印出 k 的值，并用 n 除以 k 的商，作为新的正整数 n，重复执行第一步。

（3）如果 n 不能被 k 整除，则用 $k+1$ 作为 k 的值，重复执行第一步。

程序源代码如下：

```
#include <stdio.h>
void main()
{
    int n,i;
    printf("please input a number:");
    scanf("%d",&n);
    printf("%d=",n);
    for(i=2;i<=n;i++)
    {
        while(n!=i)
        {
            if(n%i==0)
            {
                printf("%d*",i);
                n=n/i;
            }
            else
                break;
        }
    }
```

```
        printf("%d\n",n);
    }
```

运行结果：90<回车>

```
please input a number:90
90=2*3*3*5
请按任意键继续. . .
```

【例 3-35】鸡兔同笼问题：已知鸡和兔的总头数为 40，总脚数为 120，求鸡兔各有多少只？

程序分析：由于一只鸡有 2 只脚，一只兔子有 4 条脚，所以既要满足总头数为 40，又要满足总脚数为 120。

（1）如果 120 只脚全是鸡的话，应该有 60 只鸡，但是总头是 40，所以鸡总数不会超过 40。

（2）同理如果全是兔的话最多 120/4=30，所以兔子总数不会超过 30。

（3）如果鸡有 a 只，兔子有 b 只，则正确的 a、b 值应该满足总头数 a+b==40，总脚数 2*a+4*b==120。

程序源代码如下：

```
#include <stdio.h>
void main()
{
    int a,b;
    for(a=1;a<=40;a++)   //鸡的数数从 1 到最多 40 只，所以循环到 40
    {
        for(b=1;b<=30;b++)   //兔子的数从 1 到最多 30，所以循环到 30
        { if((a+b==40)&&(2*a+4*b ==120))   //同时满足总头数 40 总脚数 120
          printf("There are %d chichens \nThere are %d rabbits\n",a,b);
        }
    }
}
```

运行结果：

```
There are 20 chichens
There are 20 rabbits
请按任意键继续. . .
```

● 视 频

模块 3 任务
实施

3.3 任 务 实 施

使用 C 语言编写一个四则运算器，实现简单的加、减、乘、除的计算功能。

具体代码如下：

```
#include<stdio.h>
void main()
{
    char opera;
    float a, b;
    int flag = 1;
    while(1)
    { printf("请输入第一个数: ");
      scanf("%f", &a);
      printf("请输入第二个数: ");
```

```
    scanf("%f", &b);
    getchar();
    printf("请输入一个四则运算符: ");
    scanf("%c", &opera);
    switch (opera)
    {
      case '+': printf("%f+%f=%f", a, b, a + b); break;
      case '-': printf("%f-%f=%f", a, b, a - b); break;
      case '*': printf("%f*%f=%f", a, b, a * b); break;
      case '/': printf("%f/%f=%f", a, b, a / b); break;
      default: printf("请输入正确的四则运算符! \n");break;
    }
    printf("是否要继续运算? 输入1继续, 否则退出:");
    scanf("%d", &flag);
    if (flag != 1)
      break;
  }
}
```

运行结果:

```
请输入第一个数: 5.2
请输入第二个数: 2.6
请输入一个四则运算符: /
5.200000/2.600000=2.000000是否要继续运算? 输入1继续, 否则退出:
```

小　结

本模块主要介绍了 C 语句、算法的基本知识和程序的三种基本结构, 具体内容如下:

1. C 语句概述

（1）控制语句。

（2）函数调用语句。

（3）表达式语句。

（4）空语句。

（5）复合语句。

2. 字符输入输出函数

（1）putchar 函数。

格式: putchar(c);

功能: 将变量 c 的值所代表一个字符向终端输出, c 可以是字符型变量或整型变量。

（2）getchar 函数: 字符输入函数。

格式: getchar();

功能: 从终端（或系统隐含指定的输入设备, 常为键盘）输入一个字符, getchar()函数没有参数, 函数的值就是从输入设备得到的字符。

3. 格式化输入输出函数

（1）格式化输出函数 printf。

视　频

模块 3 小结

格式：printf(控制字符串,参数1,参数2,…,参数n);

功能：按照控制字符串格式，将参数进行转换，然后在标准输出设备上输出。

（2）格式化输入函数 scanf。

格式：scanf(控制字符串,参数1地址,…,参数n地址);

功能：实现从标准输入设备（通常指键盘）上按规定格式输入数值或字符，并将输入内容存放在参数所指定的存储单元中。

4．算法概述

（1）算法的概念：算法是指描述用计算机解决给定问题而采取的确定的有限步骤，是解题方案的准确而完整的描述。

（2）算法的特性：有穷性、确定性、可行性、输入、输出。

5．基本控制结构

（1）顺序结构程序设计。

（2）选择结构程序可用以下语句来设计实现。

①if 语句实现

②switch 语句实现

③条件表达式实现（？：）

④选择结构嵌套应用

（3）循环结构程序可用以下语句来设计实现。

①while 语句实现（当型循环）

②do...while 语句实现（直到型循环）

③for 语句实现（当型循环）

④if...goto 结构实现

⑤循环嵌套控制

（4）中断语句 break 和 continue。

continue 语句只结束本次循环，而不终止整个循环的执行。break 语句是结束整个本层循环。

（5）有关三种基本结构的说明：

三种结构既可是一个简单的操作，也可是由三种基本结构间嵌套来形成的复杂程序。三种基本结构，有以下共同点：

①只有一个入口：不得从结构外随意转入结构中某点。

②只有一个出口：不得从结构内某个位置随意转出（跳出）。

③结构中的每一部分都有机会被执行到。（没有"死语句"）。

④结构内不存在"死循环"（无终止的循环）。

实　　训

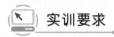 **实训要求**

1．对照教材中的例题，模仿编程完成各验证性实训任务，并调试完成，记录下实训源程序和运行结果。

2. 在学完相关内容后，请大家课后试着设计编写源代码解决各设计性实训任务，并调试完成，记录下实训源程序和运行结果。

3. 对照实训时完成情况，将调试完成的源代码与运行结果填入实训报告中。

 实训任务

● 验证性实训

实训 1 请根据输入的学生等级给出相应的成绩区间，要求：等级 D 为 60 分以下，等级 C 为 60（含 60）分 ~ 75，等级 B 为 75（含 75）分 ~ 85，等级 A 为 85 分以上。（源程序参考例 3-9）

实训 2 现有一个 10 000 以内的整数，它加上 27 后是一个完全平方数，再加上 120 后又是一个完全平方数，请问该数是多少？（源程序参考例 3-22）

● 设计性实训

实训 1 要求从键盘输入 3 个英文字母的 ASCII 码值，然后输出对应的字母及其 ASCII 码（如输入：65 66 67，则输出：A 65 B 66 C 67）。

实训 2 输入一个整数，若该数是 7 的倍数则输出该数，否则提示该数不符合条件。

实训 3 用 for 循环输出 300 ~ 1 000 之间不能被 3 整除的数，6 个数为一行输出。

实训 4 百鸡问题：一只公鸡 5 元，一只母鸡 3 元，三只小鸡 1 元，现要求用 100 元买 100 只鸡，问公鸡、母鸡和小鸡各买多少只？

习　　题

一、选择题

1. 若 int a,b,c; 则为它们输入数据的正确输入语句是（　　　）。

    A. read(a,b,c);
    B. scanf(" %d%d%d" ,a,b,c);
    C. scanf(" %d%d%d" ,&a,%b,%c);
    D. scanf(" %d%d%d",&a,&b,&c);

2. 执行语句：printf(" |%10.5f|\n",12345.678); 的输出是（　　　）。

    A. |2345.67800| B. |12345.6780| C. |12345.67800| D. |12345.678|

3. 若有以下程序段，其输出结果是（　　　）。

```
int a=0,b=0,c=0;
c=(a-=a-5),(a=b,b+3);
printf("%d,%d,%d\n",a,b,c );
```

    A. 3，0，-10   B. 0,0,5   C. -10,3,-10   D. 3,0,3

4. 若 a 为 int 类型，且 a=125，执行下列语句后的输出是（　　　）。

```
printf("%d,%o,%x\n",a,a+1,a+2);
```

    A. 25,175,7D   B. 125,176,7F   C. 125,176,7D   D. 125,175,2F

5. if 语句的控制条件（　　　）。

    A. 只能用关系表达式
    B. 只能用关系表达式或逻辑表达式
    C. 只能用逻辑表达式
    D. 可以用任何表达式

6. 执行下列程序段后，a、b、c 的值分别是（   ）。

```
int a,b=100,c,x=10,y=9;
a=(--x==y++)?--x:++y;
if (x<9) b=x++;  c=y;
```

A. 9,9,9   B. 8,8,10   C. 9,10,9   D. 1,11,10

7. 执行下列程序段后，x、y 和 z 的值分别是（   ）。

```
int x=10,y=20,z=30;
if(x>y) z=x;x=y;y=z;
```

A. 10,20,30   B. 20,30,30   C. 20,30,10   D. 20,30,20

8. 以下程序的输出结果是（   ）。

```
#include <stdio.h>
void main()
{ int w=4,x=3,y=2,z=1;
   if(x>y&&!(z==w))printf("%d\n",(w<x?w:z<y?z:x));
   else printf("%d\n", (w>x?w:z>y?z:x));
}
```

A. 1   B. 2   C. 3   D. 4

9. 下列说法中正确的是（   ）。

A. break 用在 switch 语句中，而 continue 用在循环语句中

B. break 用在循环语句中，而 continue 用在 switch 语句中

C. break 能结束当前循环，而 continue 只能结束本次循环

D. continue 能结束当前循环，而 break 只能结束本次循环

10. 下面程序的输出结果是（   ）。

```
#include <stdio.h>
void main()
{ int i,j; float s;
   for(i=6;i>4;i--)
   {  s=0.0;
      for(j=i;j>3;j--)s=s+i*j;
   }
   printf("% f\n",s);
}
```

A. 135.000000   B. 90.000000   C. 45.000000   D. 60.000000

11. 若有：do { i=a-b++; printf("%d",i);}while(!i);

则 while 中的!i 可用（   ）代替。

A. i==0   B. i! =1   C. i! =0   D. 以上均不对

二、填空题

1. {a=3;c+=a-b;}在语法上被认为是_____条语句。空语句的形式是_____。

2. 若 float x; 以下程序段的输出结果是_____。

```
x=5.16894;
printf(" %f\n",(int)(x*1000+0.5)/(float)1000);
```

3. 以下程序段中输出语句执行后的输出结果依次是_____、_____和 _____。

```
int i=-200, j=2500;
printf("(1)%d %d",i,j);
printf("(2)i=%d,j=%d\n",i,j);
printf("(3)i=%d\n j=%d\n",i,j);
```

4. 当运行以下程序时，在键盘上从第一列开始输入 9876543210✓（此处✓代表回车），则程序的输出结果是_____。

```
#include <stdio.h>
void main()
{ int a; float b,c;
  scanf(" %2d%3f%4f",&a,&b,&c );
  printf(" \na=%d,b=%f,c=%f\n",a,b,c );
}
```

5. 下面程序的输出结果是_____。

```
#include <stdio.h>
void main()
{ int x=10,y=3,z;
  printf("%d\n",z=(x%y,x/y));
}
```

6. 若有 int a=10,b=20,c=30; 则能使 a 和 c 的值互换的语句是_____。

7. if (!k) a=3;语句中的!k 可以改写为_____，使其功能不变。

8. 下列程序段的输出是_____。

```
int i=0,k=100,j=4;
if(i+j)  k=(i=j)?(i=1):(i=i+j);
printf ("k=%d\n",k);
```

9. 以下 while 循环执行的次数是_____。

```
k=0;
while(k==10)  k=k+1;
```

10. 下列程序段的执行结果是_____。

```
int j;
for(j=10;j>3;j--)
{ if(j%3)j--;--j;j--;
 printf("%d",j);}
```

三、阅读程序题

1. 下面程序的输出结果是（   ）。

```
#include <stdio.h>
void main()
{  unsigned short int n;
   int i=-521;
   n=i;
   printf("n=%u\n",n);
}
```

A. n=-521   B. n=521   C. n=65015   D. n=102170103

2. 下面程序的输出结果是（   ）。

```
#include <stdio.h>
void main()
{ int a=1,i=a+1;
  do
  { a++ ;
  }while(!i++>3);
  printf("%d\n",a);
}
```

A. 1   B. 2   C. 3   D. 4

3. 下面程序的输出结果为（   ）。

```
#include <stdio.h>
void main()
{  int a=1,b=0;
   switch(a)
   { case 1: switch (b)
    { case 0: printf("**0**"); break;
      case 1: printf("**1**"); break;
    }
     case 2: printf("**2**"); break;
   }
}
```

A. **0**   B. **0****2**
C. **0****1****2**   D. 有语法错误

四、编程题

1. 编写程序，读入 3 个整数赋给 a、b、c，然后交换它们中的数，使 a 存放 b 的值，b 存放 c 的值，c 存放 a 的值。

2. 求 1-3+5-7+…-99+101 的值。

3. 任意输入 10 个数，计算所有正数的和、负数的和以及这 10 个数的总和。

4. 用 40 元买苹果、西瓜和梨共 100 个，三种水果都要。已知苹果 0.4 元一个，西瓜 4 元一个，梨 0.2 元一个。问可以各买多少个？输出全部购买方案。

5. 编写程序，输出*构成的等腰三角形。

模块 ④ 同类型批数据处理——一维数组

前面已学习了存放单个数据的简单变量的使用，它们都属于基本类型（整型、字符型、实型）数据。但在程序设计中，经常需要对若干个同类型的数据和变量进行分析和处理，如果用简单变量来处理这样众多的数据，使用起来很不方便，需要引入一个特殊的构造类型——数组来处理这一系列同类型的数据，就能很方便地把一系列相同类型的数据保存在一起。

学习要求：

- 理解一维数组的基本概念；
- 掌握一维数组的定义、初始化及引用；
- 掌握多种字符串处理方法；
- 理解一维数组的一般应用。

4.1 任 务 导 入

一位同学参加编程竞赛，最终的成绩需要七位评委给出，具体要求为：七位评委需要依次进行打分，满分为 100 分。打分结束以后对其中的最高分和最低分进行剔除，然后取得中间的五位评委的总分并计算平均分，最终学生获得的成绩即为该平均分。请使用 C 语言编写该功能。

分析：由于共有 7 位评委，因此需要定义 7 个变量来存放成绩，且这 7 个变量间毫无关联，在程序中也不好管理，这样给程序的数据处理带来很多不便。若评委人数变多，则定义变量就会使程序代码显得冗长。

4.2 知 识 准 备

4.2.1 数组的概念

针对引例提出的问题，用标准类型处理起来很麻烦。针对这种情况，C 语言还提供了可以自己重新构造的数据类型——构造类型。构造类型是由已知类型的数据按照一定的规则组成的，构造类型的每一个元素实质上都是一个变量，因此这些元素可以像简单变量一样使用。数组就是这样一种构造类型。

为什么需要数组呢？来看一个现实中的问题：某学校要建立学生信息管理系统，其中要存储将近 5 000 位新同学的成绩进行处理。

首先，如果使用简单变量来解决该问题，那么程序的变量定义将如下所示：

```
float score1, score2, score3,…, score5000;
```

需要定义 5 000 个变量来存放输入的数据，变量的个数还会随着存储商品的数量增加而增加，这样庞大数量的变量在命名定义、赋值及使用时都会很不方便，还会增加程序出错的几率。

如果使用数组结构来完成定义的话，将会简便很多。如下所示：

```
float prices[5000];
```

就相当于定义了 5 000 个简单变量，大大简化了程序的代码，了解数组后你将会发现使用数组不仅简化了代码，还有利于管理。采用数组来处理大量同类同性质的数据时，程序代码得到了大大的简化，从而使程序简明而高效。

数组是同类型数据的有序集合,可以为这些数据的集合起一个名字,称为数组名。该集合中的各个数据项称为数组元素,每个元素可用数组名和索引（也称下标）表示，每个数组元素就相当于一个简单变量。在 C 数组下标的个数称为数组的维数。按下标（维数）多少将数组分为三类：一维数组、二维数组及多维数组，只有一个下标的数组称为一维数组，本模块对一维数组进行详细介绍。

数组可以从下面几个方面来理解。

（1）数组：具有相同数据类型的数据的有序集合。

（2）数组元素：数组中的元素。数组中的每一个数组元素具有相同的名称，以下标区分，可以作为单个变量使用，也称为下标变量。在定义一个数组后，在内存中使用一片连续的空间依次存放数组的各个元素。

（3）数组的下标：是数组元素位置的一个索引或指示。

（4）数组的维数：数组元素下标的个数。

4.2.2 一维数组

1. 一维数组定义

一维数组定义的一般格式为：

```
类型说明符 数组名 [常量表达式],…;
```

例如：

```
int a[10];          /*说明整型数组a,有10个元素*/
float b[10],c[20];  /*说明实型数组b,有10个元素,实型数组c,有20个元素*/
```

```
char ch[20];       /*说明字符数组 ch,有 20 个元素*/
```

注意

对数组定义的理解要注意以下几点：

（1）数组类型是指数组元素的取值类型。对于同一个数组，其所有元素的数据类型相同。

（2）数组名的命名规则应符合标识符的命名规定。

（3）数组名不能与其他变量名相同。

例如：

```
main()
{
  int a;
  float a[10];
    ……
}
```

是错误的。

（4）方括号中常量表达式表示数组元素的个数，若为小数，C 编译系统将自动取整。

（5）方括号中可以是符号常量数或常量表达式，不能用变量来表示元素的个数。

（6）允许在一条定义语句中，定义多个同类型数组和变量。

例如：

```
int a,b,c,d,k1[10],k2[20];
```

（7）数组名是地址常量，它记录着数组存储空间的首地址。

想一想

在 C 语言中声明一维数组的规则：

（1）在程序中使用数组之前必须先声明。

（2）声明数组变量必须具有数据类型（如 int、float、char 等）、变量名和下标。

（3）数组定义时下标只能用常量，不能用变量，该数代表数组大小，也是数据元素的个数。

（4）数组索引总是从 0 开始。如数组变量被声明为 s[10]，那么它的索引范围是 0 到 9。

（5）每个数组元素都存储在一个单独内存单元中，同一数组各元素是按下标依次序连续存放。

2．一维数组初始化及数组元素引用

1）一维数组初始化

可以用赋值语句或输入语句对数组元素一一赋值，但占用程序运行时间。C 语言还允许在定义数组时对数组元素指定初始值，数组元素这样获得初值的方法称为数组的初始化。数组的初始化是在编译阶段进行的，这样将减少运行时间、提高效率。

数组初始化常见的几种形式。

（1）对数组所有元素赋初值，此时数组定义中数组长度可以省略。例如：

```
int a[5]={1,2,3,4,5};
```
或
```
int a[]={1,2,3,4,5};
```

数组元素的初值放在一对花括号内，数值之间以逗号分开。

（2）对数组部分元素赋初值，此时数组长度不能省略。例如：

```
int a[5]={1,2};
```
此时，a[0]=1,a[1]=2。

（3）对数组的所有元素赋初值 0。例如：

```
int a[5]={0};
```
（4）若给数组中所有元素赋同一个值（该值为非 0 值），只能逐个给元素赋值，而不能采用（3）中的赋值形式。如给 10 个元素全部赋 1，只能写为：

```
int a[10]={1,1,1,1,1,1,1,1,1,1};
```
而不能写为：int a[10]={1};

> **注意**
>
> 如果不进行初始化，如定义 int a[5]; 那么数组元素的值是随机的，不要指望编译系统为你设置为默认值 0（静态数组除外）。

2）一维数组元素引用

在 C 语言中只能逐个地引用数组元素，而不能一次性引用整个数组。数组元素是通过下标来引用的。

数组元素引用格式：

数组名[下标]

> **注意**
>
> 在引用数组元素时，要注意以下几个问题：
>
> （1）引用数组元素时，下标可以是整型常数、已经赋值的整型变量或整型表达式，如果是小数，系统自动取整。
>
> （2）数组元素本身等价于同一个类型的单个变量，因此对该类型变量可以进行的任何操作同样也适用于该数组元素。
>
> （3）引用数组元素时，下标不能越界。若越界，C 语言编译时不会给出错误提示信息，程序仍能运行，但结果难以预料（覆盖程序区：程序飞出；覆盖数据区：数据覆盖破坏；操作系统被破坏：系统崩溃等），因此在编写程序时保证下标不越界是非常必要的。

为了能更加直观地感受一维数组的工作机制，可以将 C 语言中的一维数组可视化为一行来存储元素。所有元素都存储在连续的内存位置。通过图 4-1 将看到如何定义、初始化和引用数组的元素。

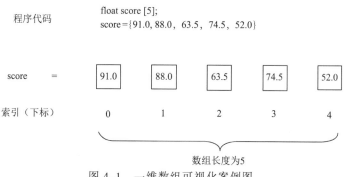

程序代码   float score [5];
score ={91.0, 88.0, 63.5, 74.5, 52.0}

score = 91.0 88.0 63.5 74.5 52.0

索引（下标） 0 1 2 3 4

数组长度为5

图 4-1 一维数组可视化案例图

在图 4-1 中，程序代码的第一行 float score[5];即为一维数组的定义，创建一个类型为 float，数组名为 score 的一维数组，该数组能存放 5 个 float 的数据。

程序代码的第二行 score={91.0, 88.0, 63.5, 74.5, 52.0};即为一维数组 score 的初始化。也就是为一维数组中的五个元素赋初始值。

可以将它设定为班级里五位同学的 C 语言成绩。当想要访问第一位同学的 C 语言成绩时，可以使用 score[0]进行引用，例如输出该同学的分数代码为 printf("%.1f", score[0]);请注意这里的下标 0，代表一维数组中第一个元素，下标 1 代表一维数组第二个元素，以此类推。

【例 4-1】从键盘输入 5 个整型数据，求最大值并显示出来。程序代码如下：

```
#include <stdio.h>
void main()
{ int i,max,a[5];
  printf("input 5 numbers:\n");
  for(i=0;i<5;i++) //i<5 不能写为: i<=5, 因为下标从 0 到 4
    scanf("%d",&a[i]); //输入 5 个整数
  max=a[0]; //初始假设最大值为元素 a[0]
  for(i=0;i<5;i++)
  {
    if(a[i]>max)
    max=a[i]; //求最大值
  }
  printf("max=%d\n",max);
}
```

运行结果：2 6 1 77 52<回车>

```
input 5 numbers:
2 6 1 77 52
max=77
请按任意键继续...
```

【例 4-2】输入 6 个学生的某门课程的成绩，用冒泡法按由小到大的顺序排序。

排序是一项重要的数据处理，它的算法很多，每种算法各有其特点，"数据结构"课程中对其有深入的分析。在这里不讨论排序算法的优劣和效率，只关心问题的解决。

冒泡法的基本思路是：从左至右，相邻的两数比较，始终保持小的在前，大的在后。每一轮比较结束，最大的数被交换到该轮所有数据的最后。现以 5 个整数为例的排序过程如表 4-1 所示。

表 4-1　5 个数的排序过程

初值	第一轮比较 5个数比较4次				第二轮比较 4个数比较3次			第三轮比较 3个数比较2次		第四轮比较 2个数比较1次	结果
8	7	7	7	7	6	6	6	4	4	4	4
7	8	6	6	6	7	4	4	6	5	5	5
6	6	8	4	4	4	7	5	5	6		6
4	4	4	8	5	5	5	7	7			7
5	5	5	5	8	8	8	8				8
	1次	2次	3次	4次	1次	2次	3次	1次	2次	1次	

可采用双重循环实现冒泡法排序，外层循环控制比较的轮数，内层循环控制每轮比较的次数。n 个数的排序，外层循环有 n-1 轮，第一轮，内层循环比较 n-1 次，以后每轮内层循环次数依次减少 1。

程序代码如下：

```c
#include <stdio.h>
void main()
{
    int a[6],i,j,t;
    for(i=0;i<6;i++)   //输入 6 个数分别赋予 a[0]~a[5]
        scanf("%d",&a[i]);
    for(i=0;i<6-1;i++)   //外层循环控制比较轮数
        for(j=0;j<6-(i+1);j++)   //内层循环控制每轮比较次数
        if(a[j]>a[j+1])
        {
            t=a[j];
            a[j]=a[j+1];
            a[j+1]=t;
        }
    printf("After sorted:\n");
    for(i=0; i<6; i++)   //输出排序结果
        printf("%d ",a[i]);
    printf("\n");
}
```

运行结果：<u>10 7 5 27 98 31</u><回车>

```
10 7 5 27 98 31
After sorted:
5 7 10 27 31 98
请按任意键继续. . .
```

3. 字符数组

用来存放字符型数据的数组称为字符数组，每个数组元素存放的值都是单个字符。字符数组分为一维字符数组和多维字符数组。一维字符数组常常存放一个字符串。

1）字符数组的定义

字符型数组的定义与之前介绍的数组定义完全一样。例如：

```c
char c[10];
```

字符型数组的每个元素占一个字节的内存单元。由于字符型和整型通用，也可以定义为 int c[10]，但这时每个数组元素占四个字节。字符数组也可以是二维或多维数组。

2）字符数组的初始化

（1）字符数组也允许在类型说明时进行初始化。例如：

```c
char c[12]={'c',' ','p','r','o','g','r','a','m'};
```

赋值后数组元素 c[0]~c[8] 的值分别为：'c'、' '、'p'、'r'、'o'、'g'、'r'、'a'、'm'，其中 c[9]~c[11] 未赋值，由系统自动赋予空字符（'\0'）。

c		p	r	o	g	r	a	m	\0	\0	\0

（2）当对全体元素赋初值时也可以省去长度说明。

例如：

```
char c[]={'c',' ','p','r','o','g','r','a','m'};
```

这时数组 c 的长度自动定为 9。

（3）字符型数组元素被赋的值也可以是整型常量或整型常量表达式。

例如：

```
char c[6]={'c'+1,'e','f','g',104,786+97};
```

该语句执行后有：

c[0]='d'，c[1]='e'，c[2]='f'，c[3]='g'，c[4]='h'，c[5]='s'。

其中，c[0]='d'，是因为'c'的 ASCII 码为 99，99+1 为 100 正好是'd'的 ASCII 码；c[4]='h'是因为'h'的 ASCII 码为 104；c[5]='s'是因为(786+97)%256=115 为's'的 ASCII 码。

3）字符数组的引用

通过引用字符数组中的一个元素得到一个字符，引用方法与之前介绍的数组元素引用类似。

【例 4-3】输出一个字符串。

```
#include <stdio.h>
void main()
{
    char c[10]={'I',' ','a','m',' ','h','a','p','p','y'};
    int i;
    for(i=0;i<10;i++)
        printf("%c",c[i]);    //依次输出数组中的字符
    printf("\n");
}
```

运行结果：

```
I am happy
请按任意键继续. . .
```

4）字符数组与字符串

（1）字符串与字符数组。字符串（字符串常量）：字符串是用双引号括起来的若干有效的字符序列。C 语言中，字符串可以包含字母、数字、符号、转义符，例如："CHINA"。

字符数组：存放字符型数据的数组。它不仅用于存放字符串，也可以存放一般的字符序列。

C 语言没有提供字符串变量（存放字符串数据的变量），因此对字符串的处理常常采用字符数组实现。C 语言中许多字符串处理库函数既可以处理字符串，也可以处理字符数组。

为了处理字符串方便，C 语言规定以'\0'（ASCII 码为 0 的字符）作为"字符串结束标志"，"字符串结束标志"占用一个字节。有了'\0'标志后，就可以不用字符数组的长度而通过检测是否是'\0'来判断字符串的长度了。

字符串常量在存储时，C 编译系统自动在其最后一个字符后增加一个结束标志；对于字符数组，如果用于处理字符串，在有些情况下，C 系统会自动在其数据后增加一个结束标志，在更多情况下，结束标志要由程序员自己指定（因为字符数组不仅仅用于处理字符串）。如果不是处理字符串，字符数组中可以没有字符串结束标志。

例如：

```
char str1[]={'C','H','I','N','A'};/*一般的字符序列*/
```

str1 为字符数组，占用空间 5 个字节：

C	H	I	N	A

char str2[]="CHINA"; /*字符串,占用空间为 6 个字节*/

C	H	I	N	A	\0

要特别注意字符串与字符型数据的区别。例如："A"是一个字符串，在内存中占两个字节，因为它在内存中包含一个结束标志'\0'；而'A'是一个字符型数据，在内存中占一个字节。另外"ABC"是一个字符串，'ABC'是一种错误的表示。

（2）用字符串初始化字符数组。除了一般数组的初始化方法外，还可以用字符串初始化字符数组，系统会自动在最后一个字符后加'\0'。例如：

```
char str1[]={"CHINA"};
```
或
```
char str1[6]= "CHINA";
```
上面的初始化与下面的初始化等价：
```
char str1[]={'C','H','I','N','A','\0'};
```
str1 为字符数组，占用空间为 6 个字节，最后一个字符'A'后会自动加上结束标志'\0'。

C	H	I	N	A	\0

而用一般数组的初始化方法时，系统不会自动在最后一个字符后加'\0'。例如：
```
char str1[]={'C','H','I','N','A'};
```
或
```
char str1[5]={'C','H','I','N','A'};
```
数组内没有结束标志，如果要加结束标志，必须明确指定：
```
char str1[]={'C', 'H', 'I', 'N', 'A', '\0'};
```

5）字符数组的输入/输出

字符数组的输入/输出可以有两种形式：逐个字符输入/输出和整串输入/输出。

（1）逐个字符输入/输出。逐个字符的输入/输出采用"%c"格式说明，配合循环语句，像处理数组元素一样输入/输出。

【例 4-4】从键盘读入一串字符，将其中的大写字母转换成小写字母后输出该字符串。

```
#include <stdio.h>
void main()
{
    char s[80];
    int i=0;
    for(i=0;i<80;i++)              //读入一串字符
    {
        scanf ("%c",&s[i]);
        if(s[i]=='\n')  break;     //敲回车结束输入
        else if(s[i]>='A'&&s[i]<='Z')
            s[i]+=32;              //字母大写转换成小写
    }
    s[i]='\0';                     //在结尾处加入一个结束标志
    for(i=0;s[i]!='\0';i++)        //输出上面输入的字符串
        printf("%c",s[i]);
    printf("\n");
}
```

运行结果：<u>ProGram<回车></u>

```
ProGram
program
请按任意键继续. . .
```

想一想

（1）格式化输入是缓冲读，必须在接收到"回车"时，scanf 才开始读取数据。

（2）读字符数据时，空格、回车都保存进字符数组。

（3）如果按回车键时，输入的字符少于 scanf 循环读取的字符，则 scanf 将继续等待用户将剩下的字符输入；如果按回车键时，输入的字符多于 scanf 循环读取的字符，则 scanf 循环只将前面的字符读入。

（4）逐个读入字符结束后，不会自动在末尾加'\0'。所以输出时，最好也使用逐个字符输出。

（2）整串输入/输出。

整串输入/输出采用"%s"格式符来实现。

【例 4-5】使用字符串整体输入"CProgram"，并将其变成小写后整体输出。

```
#include <stdio.h>
void main()
{
    char s[80];
    int i;
    scanf("%s",s);  //以字符串形式输入
    for(i=0;s[i]!='\0';i++)
        if(s[i]>='A'&&s[i]<='Z')  s[i]+=32;
    printf("%s\n",s);  //以字符串形式整体输出
}
```

运行结果：<u>CProgram<回车></u>

```
CProgram
cprogram
请按任意键继续. . .
```

想一想

（1）格式化输入/输出字符串，参数要求字符数组的首地址，即字符数组名。

（2）按照%s 格式格式化输入字符串时，输入的字符串中不能有空格（或 Tab），否则空格后面的字符不能读入，scanf 函数认为输入的是两个字符串。如果要输入含有空格的字符串可以使用 gets()函数。

（3）按照%s 格式格式化输入字符串时，并不检查字符数组的空间是否够用。如果输入长字符串，可能导致数组越界，应当保证字符数组分配了足够的空间。

（4）按照%s 格式格式化输入字符串时，自动在最后加字符串结束标志'\0'。

（5）按照%s 格式格式化输入字符串时，可以用%c 或%s 格式输出。

（6）不是按照%s 格式格式化输入的字符串在输出时，应该确保末尾有字符串结束标志'\0'。

4.2.3　字符串处理函数

字符串（字符数组）的处理可以采用数组的一般处理方法进行处理，即对数组元素进行处理，这在对字符串中的字符做特殊的处理时相当有效。但对整个字符串的处理，利用 C 语言提供的字符串处理函数，则可以大大减轻编程的负担。

C 语言提供了丰富的字符串处理函数，大致可分为字符串的输入、输出、合并、修改、比较、转换、复制、搜索几类。

用于输入/输出的字符串函数，在使用前应包含头文件 stdio.h；使用其他字符串函数则应包含头文件 string.h。下面介绍几个最常用的字符串处理函数。

1．字符串输出函数 puts(str)

格式：

```
puts(str)
```

其中，参数 str 可以是地址表达式(一般为数组名或指针变量)，也可以是字符串常量。

功能：将一个以'\0'为结束符的字符串输出到终端（一般指显示器），并将'\0'转换为回车换行。

返回值：输出成功，返回换行符(ASCII 码为 10)，否则，返回 EOF(−1)。

若有定义：char str[]="China";

则：puts(str); 的输出结果为：China

　　　puts(str+2); 的输出结果为：ina

2．字符串输入函数 gets(str)

格式：

```
gets(str)
```

其中，参数 str 是地址表达式，一般是数组名或指针变量。

功能：从终端（一般指键盘）输入一个字符串，以回车结束，存放到以 str 为起始地址的内存单元。

返回值：函数调用成功，返回字符串在内存中存放的起始地址，即 str 的值；否则，返回值为 NULL。

例如：

```
char str[20];
gets(str);
```

把从键盘上输入的字符串存放到字符数组 str 中。

【说明】

gets 函数一次只能输入一个字符串。

系统自动在字符串后面加一个字符串结束标志'\0'。

3．字符串的长度函数 strlen(str)

格式：

```
strlen(str)
```

其中，str 可以是地址表达式（一般为数组名或指针变量），也可以是字符串常量。

功能：统计字符串 str 中字符的个数（不包括字符串结束符'\0'）。

返回值：字符串中实际字符的个数。

例如：

```
char str[10]= "china";
printf("%d",strlen(str));
```

输出结果是 5，不是 10，也不是 6。

4．字符串连接函数 strcat(str1,str2)

格式：

```
strcat(str1,str2)
```

其中，str1 是地址表达式（一般为数组名或指针变量），str2 可以是地址表达式（一般为数组名或为指针变量），也可以是字符串常量。

功能：把 str2 指向的字符串连接到 str1 指向的字符串的后面。

返回值：str1 的值。

例如：

```
char str1[40]= "china",str2[]="beijing";
strcat(str1,str2);
puts(str1);
```

运行结果：

```
chinabeijing
```

【说明】

（1）以 str1 开始的内存单元必须定义得足够大，以便容纳连接后的字符串。

（2）连接后，str2 指向的字符串的第一个字符覆盖了连接前 str1 指向的字符串末尾的结束符'\0'。只在新串的最后保留一个'\0'。

（3）连接后，str2 指向的字符串不变。

5．字符串复制函数 strcpy(str1,str2)

格式：

```
strcpy(str1,str2)
```

其中，str1 是地址表达式（一般为数组名或指针变量），str2 可以是地址表达式（一般为数组名或为指针变量），也可以是字符串常量。

功能：将 str2 指向的字符串复制到以 str1 为起始地址的内存单元。

返回值：str1 的值。

例如：

```
char str1[40],str2[]="china";
strcpy(str1,str2);
puts(str1);
```

运行结果：

```
china
```

【说明】

（1）以 str1 开始的内存单元必须定义的足够大（至少与 str2 一样大），以便容纳被复制的字符串。

（2）复制时连同字符串后面的'\0'一起复制。

（3）要特别强调的是字符串（字符数组）之间不能直接赋值，但是通过此函数，可以间接达到赋值的效果。例如：

```
char str1[10]="china",str2[10];
```

下面的赋值是不合法的：

```
str2=str1;
str2="USA";
```

下面的赋值是合法的：

```
strcpy(str2,str1);
strcpy(str2,"USA");
```

6. 字符串比较函数 strcmp(str1,str2)

格式：

```
strcmp(str1,str2)
```

其中，str1 和 str2 可以是地址表达式，一般为数组名或指针变量，也可以是字符串常量。

功能：将 str1 和 str2 为首地址的两个字符串进行比较，比较的结果由返回值表示。

返回值：如果两个字符串相等，返回值为 0；如果不相等，返回从左侧起第一次不相同的两个字符的 ASCII 码的差值。大致可总结为以下三种情况：

$$strcmp(str1,str2)\begin{cases} 返回值<0 & str1<str2 \\ 返回值==0 & str1==str2 \\ 返回值>0 & str1>str2 \end{cases}$$

例如：

```
printf("%d\n",strcmp("acb","aCb"));
```

运行结果：

```
32 ('c'和'C'的ASCII码差值)
```

【说明】

（1）字符串比较是从左向右逐个比较对应字符的 ASCII 码值。

（2）两个字符串进行比较时不能直接用关系运算符，只能用 strcmp 函数间接实现。

（3）不能用 strcmp 函数比较其他类型数据。

【例 4-6】有两个字符串，按由大到小的顺序连接在一起。

```
#include <stdio.h>
#include <string.h>
void main()
{
    char str1[20],str2[20],str3[60];
    gets(str1);
    gets(str2);
    if(strcmp(str1,str2)>0)
    {
        strcpy(str3,str1);
        strcat(str3,str2);
    }
    else
    {
        strcpy(str3,str2);
        strcat(str3,str1);
    }
    puts(str3);
}
```

运行结果：<u>I love <回车></u>
<u>China! <回车></u>

```
I love
China!
I love China!
请按任意键继续. .
```

上面的程序把两个字符串 str1 和 str2 按由大到小的顺序连接，得到字符串 str3。

7. 字符串取子串函数 strncpy(str1,str2,n)

格式：

```
strncpy(str1,str2,n)
```

功能：将字符串 str2 中最多 n 个字符复制到字符数组 str1 的前 n 个字符中（它并不像 strcpy 一样只有遇到 NULL 才停止复制，而是多一个条件停止，就是说如果复制到第 n 个字符还未遇到 NULL，也一样停止），返回指向 str1 的指针。

【说明】

（1）如果 n>str2 长度，则将 str2 全部复制到 str1，自动加上 '\0'。

（2）如果 n<str2 长度，则将 str2 中 n 个字符复制到 str1 的前 n 个字符中。

（3）如果 n>str1 长度，则出错。

4.2.4　程序举例

【例 4-7】 求斐波那契（Fibonacci）数列中前 20 个元素的值。

斐波那契数列是指除最前面的两个元素外，其余元素的值都是它前面两个元素值之和。可以表示为：$f_n=f_{n-2}+f_{n-1}$，其中，f_0、f_1 分别为 0 和 1。

程序代码如下：

```
#include <stdio.h>
void main()
{
int f[20]={0,1},i;
for(i=2;i<20;i++)   //依次产生斐波那契数列中每个值
    f[i]=f[i-2]+f[i-1];
for(i=0;i<20;i++)   //此循环输出 20 个数
    {
        printf("%-8d",f[i]);
        if((i+1)%5==0)
          printf("\n");   //每行 5 个数据
    }
}
```

运行结果：

```
0        1        1        2        3
5        8        13       21       34
55       89       144      233      377
610      987      1597     2584     4181
请按任意键继续. . .
```

【例 4-8】 编程实现两个字符串的连接（不用 strcat() 函数）。

分析：要将两个字符串连接，可以先找到连接字符串的字符串结束标志，然后将被连接字符串从前往后依次接入其后，一直到被连接字符串为'\0'时，最后将连接字符串末尾加上'\0'，连接完成。程序代码如下：

```c
#include <stdio.h>
#include <string.h>
void main()
{
    char s1[80],s2[80];
    int i,j;
    gets(s1);
    gets(s2);   //读入两个字符串
    for(i=0;s1[i]!='\0';i++);   //空循环，用于找到第一个字符串'\0'的位置
    for(j=0;s2[j]!='\0';i++,j++)
        s1[i]=s2[j];   //连接 s2 到 s1 的后面
    s1[i]='\0';   //在连接后的 s1 中添加字符串结束标志'\0'
    puts(s1);
}
```

运行结果：

I am a <回车>

student <回车>

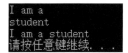

【例 4-9】从键盘任意输入一个字符串和一个字符，要求从该字符串中删除所指定的字符。

分析：自然考虑到使用两个字符数组 s、temp。其中，s 存放任意输入的字符串；temp 存放删除指定字符后的字符串；设置两个整型变量 i、j 分别作为 s、temp 两个数组的下标（位置指针，索引），以指示正在处理的位置。

开始处理前 i=j=0，即都是指向第一个数组元素。检查 s 中的当前的字符，如果不是要删除的字符，那么将此字符复制（赋值）到 temp 数组，j 增 1（temp 下次字符复制的位置）；如果是要删除的字符，则不复制字符，j 也不必增 1（因为这次没有字符复制）。i 增 1（准备检查 s 的下面一个元素）。

重复上面的过程，直到 s 中的所有字符扫描了一遍。最后 temp 中的内容就是删除了指定字符的字符串，流程图如图 4-2 所示。

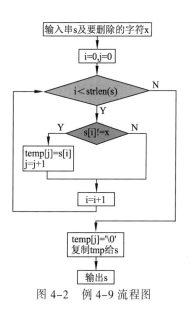

图 4-2　例 4-9 流程图

程序代码如下：

```c
#include <stdio.h>
#include <string.h>
void main()
{
    char s[20],temp[20],x;
    int i,j;
```

```
        gets(s);
        printf("delete? ");
        scanf("%c",&x);
        for(i=0,j=0;i<strlen(s);i++)
        { if(s[i]!=x)
          {
            temp[j]=s[i];
            j++;
          }
        }
        temp[j]='\0';
        strcpy(s,temp);
        puts(s);
}
```

运行结果：how do you do<回车>
                o<回车>

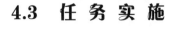

下面这段程序也同样实现题目的要求，请读者比较一下，方法上有什么不同？

```
#include <stdio.h>
#include <string.h>
void main()
{   char s[20],x;
    int i,j;
    gets(s);
    printf("delete?");
    scanf("%c",&x);
    for(i=0,j=0;i<strlen(s);i++)
      if(s[i]!=x)
      { s[j]=s[i];
        j++;
      }
    s[j]='\0';
    puts(s);
}
```

4.3 任务实施

视频

模块 4 任务
实施

  一位同学参加编程竞赛，最终的成绩需要七位评委给出，具体要求为：七位评委需要依次进行打分，满分为 100 分。打分结束以后对其中的最高分和最低分进行剔除，然后取得中间的五位评委的总分并计算平均分，最终学生获得的成绩即为该平均分。请使用 C 语言编写该功能。

  具体代码如下：

```
#include <stdio.h>
void main()
{
    int i;
```

```
float score[7];
float max,min,sum,average;
printf("请输入七个评委的分数:");
for(i=0;i<7;i++)
    scanf("%f",&score[i]);
float max=score[0],min=score[0],sum=0.0;//找出评委最高分最低分以及总分
for(int i=0;i<7;i++)
{if(max<score[i])
    max=score[i];
 if(min>score[i])
    min=score[i];
 sum+=score[i];
}
printf("最高分为: %.2f,最低分为: %.2f,总分为: %.2f\n", max, min, sum);
    // 去掉最高分和最低分 然后再计算平均分
average = (sum - max - min) / 5;
printf("去掉一个最高分和一个最低分后，该选手的最终平均分为%.2f.", average);
}
```

运行结果：<u>77.5 88 76 80 79.5 90 75<回车></u>

```
请输入七个评委的分数: 77.5 88 76 80 79.5 90 75
最高分为: 90.00,最低分为: 75.00,总分为: 566.00
去掉一个最高分和一个最低分后，该选手的最终平均分为80.20.
请按任意键继续. . .
```

小　结

本模块主要要求了解数组概念和一维数组的定义与使用。具体要求掌握一维数组定义与一维数组初始化及一维数组元素引用，掌握数组在同类型数据运算问题中的应用具体内容如下：

1．数组概念

数组是同类型数据的有序集合。该集合中的各个数据项称为数组元素,这些元素有一个共同的名字称为数组名，每个元素可用数组名和索引（也称为下标）表示。

2．一维数组定义

一维数组定义的一般格式为：类型说明符　数组名　[常量表达式],…;

3．一维数组元素引用

数组元素引用格式：数组名[下标]

4．一维数组初始化

一维数给定义时可赋予初值（初始化），有多种形式：

（1）对数组所有元素赋初值，此时数组定义中数组长度可以省略。

（2）对数组部分元素赋初值，此时数组长度不能省略。

（3）对数组的所有元素赋初值 0，可简写为{0}。如 int a[5]={0};

（4）若给数组中所有元素赋同一个值（该值为非 0 值），只能逐个给元素赋值。

视　频
模块 4 小结

5．字符数组

用来存放字符型数据的数组称为字符数组，每个数组元素存放的值都是单个字符。一维字符数组常常存放一个字符串。字符数组的定义与引用与其他一维数组相同。

（1）字符数组的初始化：当对全体元素赋初值时可省去长度。

（2）字符数组与字符串：字符串常量存储 C 编译系统自动在其最后一个字符后增加一个结束标志'\0'；对于字符数组更多是由用户加上结束标志。

（3）字符数组的输入/输出

● 可以采用"%c"格式逐个字符输入/输出。

● 可采用"%s"格式整串输入/输出。

6．字符串处理函数

（1）字符串输出函数 puts(str)。

（2）字符串输入 gets(str)。

（3）求字符串的长度 strlen(str)。

（4）字符串连接函数 strcat(str1,str2)。

（5）字符串复制函数 strcpy(str1,str2)。

（6）字符串比较函数 strcmp(str1,str2)。

（7）字符串取子串函数 strncpy(str1,str2,n)。

需特别注意以下几个问题：

（1）C 语言中，定义一个含 n 个元素的一维数组，其每个数组元素的数据类型都属同一类型。数组 a 的各个数据元素依次是 a[0]，a[1]，a[2]...a[n-1]（注意：下标从 $0 \sim n-1$），每个元素相当于此类型普通变量，分配内存单元时每个元素将被该类型普通变量所占字节的内存单元，因而数组 a 在内存中将按元素下标次序依次内存单元，且各元素分配的内存单元是连续的。在使用中一定要注意数组下标是否越界的问题。

（2）字符数组与字符串。

C 语言没有提供字符串变量（存放字符串的变量），对字符串的处理常常采用字符数组实现。字符数组这里被用来作为存储字符串的容器，因此字符数组的长度与字符串的长度是两个概念，在使用中切不可混为一谈。

（3）字符串处理函数使用前要包含相应头文件。

字符串处理函数是专门用于字符串处理的库函数，6 个字符串处理函数分属两个函数库。puts、gets 在使用前应包含头文件 stdio.h；strlen、strcat、strcpy、strcmp 在使用前则应包含头文件 string.h。

实　　训

 实训要求

1．熟悉并掌握 C 语言中数组的定义和使用，对照教材中的例题，模仿编程完成各验证性实训任务，并调试完成，记录下实训源程序和运行结果。

2. 熟悉并掌握一维数组、二维数组、字符数组的使用方法及在程序中的运用；在学完相关内容后，请大家课后试着设计编写源代码解决各设计性实训任务，并调试完成。

3. 对照实训时完成情况，将调试完成的源代码与运行结果填入实训报告中。

 **实训任务**

● 验证性实训

实训　一维数组的处理——从键盘输入 10 个整数，将其由小到大排序后输出。(源程序参考例 4-2)

● 设计性实训

实训 1　一维数组的定义、初始化与引用——已知 10 个整数，找出最大值与最小值，并输出这 10 个数、最大值与最小值。

实训 2　字符串及字符串函数的使用——输入 5 个国家的英文名称，按字母顺序排列输出。

实训 3　输入 10 个学生的成绩，输出总分与平均成绩。

实训 4　已知 10 个数由小到大排列，现插入一个数，并保证数列仍有序排列。

习　　题

一、选择题

1. 有两个字符数组 a、b，则以下正确的输入语句是(　　　)。
   A. gets(a,b);　　　　　　　　　B. scanf("%s%s",a,b);
   C. scanf("%s%s",&a,&b);　　　　D. gets("a"),gets("b");

2. 下面程序段的运行结果是(　　　)。
```
char a[7]="abcdef";
char b[4]="ABC";
strcpy(a,b);
printf("%c",a[5]);
```
   A 空格　　　　　　　B. \0　　　　　　　C. e　　　　　　　D. f

3. 判断字符串 s1 是否大于字符串 s2，应当使用(　　　)。
   A. if(s1>s2)　　　　　　　　　B. if(strcmp(s1,s2))
   C. if(strcmp(s2,s1)>0)　　　　D. if(strcmp(s1,s2)>0)

4. 下面程序段执行后，s 的值是(　　　)。
```
static char ch[]="600";
int a,s=0;
for(a=0;ch[a]>='0'&&ch[a]<='9';a++)
    s=10*s+ch[a]-'0'
```
   A. 600　　　　　　B. 6　　　　　C. 0　　　　D. ERROR

5. 下面程序的运行结果是(　　　)。

```
#include <stdio.h>
void  main()
{
    int n[3],i,j,k;
    for(i=0;i<3;i++)
    n[i]=0;
    k=2;
    for(i=0;i<k;i++)
        for(j=0;j<k;j++)
         n[j]=n[i]+1;
    printf("%d\n",n[k]);
}
```

A. 2　　　　　　　B. 1　　　　　　C. 0　　　　　　　　　D. 3

6. 若有以下程序段：

```
int a[]={4,0,2,3,1},i,j,t;
for(i=1;i<5;i++)
{
    t=a[i];j=i-1;
    while(j>=0&&t>a[j])
    {a[j+1]=a[j];j--;}
    a[j+1]=t;
}
```

则该程序段的功能是（　　　）。

A. 对数组 a 进行插入排序（升序）　　B. 对数组 a 进行插入排序（降序）

C. 对数组 a 进行选择排序（升序）　　D. 对数组 a 进行选择排序（降序）

7. 下面程序的功能是从键盘输入一行字符，统计其中有多少个单词，单词之间用空格分隔，横线处应添（　　　）。

```
#include <stdio.h>
void  main()
{
    char s[80],c1,c2=' ';
    int i=0,num=0;
    gets(s);
    while(s[i]!= '\0')
    {
       c1=s[i];
       if(i==0)c2=' ';
        else c2=s[i-1];
       if(_____)num++ ;i++;
```

```
    }
    printf("There are %d words.\n",num);
    }
```

A. c1==''&&c2==''   B. c1!='' && c2==''

C. c1=='' && c2!=''   D. c1!=''&&c2!=''

8. 下面程序的运行结果是（   ）。

```
#include <stdio.h>
void  main()
{
    char str[]="SSSWLIA",c;
    int k;
    for(k=2;(c=str[k])!='\0';k++)
    {
      switch(c)
      {
        case 'I':++k;break;
        case 'L':continue;
        default:putchar(c);continue;
      }
      putchar('*');
    }
}
```

A. SSW*   B. SW*   C. SW*A   D. SW

二、填空题

1. 数组在内存中占据一片连续的存储区，由_____代表它的首地址。

2. 若有以下程序段：charstr[]="xy\n\012\\\n";printf("%d",strlen(str));，执行后的输出结果是_____。

3. 下面程序以每行 4 个数据的形式输出 a 数组，请填空。

```
#indude <stdio.h>
#define N20
void  main()
{
    int a[N],i;
    for(i=0;i<N;i++) scanf("%d",&a[i]);
      for(i=0;i<N;i++)
      {
        if (_____)  printf("\n");
        printf("%3d",a[i]);
      }
```

```
        printf("\n");
    }
```

4. 当从键盘输入 18 并回车后，下面程序的运行结果是_____。

```
#indude <stdio.h>
void main()
{
    int x,y,i,a[8],j,u,v;
    scanf("%d",&x);
    y=x;i=0;
    do
    {
      u=y/2;a[i]=y%2; i++;y=u;
    }while(y>=1);
    for(j=i-1;j>=0;j--)
        printf("%d",a[j]);
}
```

5. 下面程序用插入法对数组 a 进行降序排序，请填空。

```
#indude <stdio.h>
void main()
{ int a[5]={4,7,2,5,1},i,j,m;
  for(i=1;i<5;i++)
  {
    m=a[i];j=_____;
    while(j>=0&&m>a[j])
    {_____; j--; }
    _____=m;
  }
  for(i=0;i<5;i++)
      printf("%d",a[i]);
  printf("\n");
}
```

6. 下面程序的运行结果是_____。（注意 continue 与 break 的作用）

```
#indude <stdio.h>
void main()
{ char s[]="ABCCDA";
  int k;char c;
  for(k=1;(c=s[k])!= '\0';k++)
  { switch(c)
```

```
        {
          case 'A':putchar('%');continue;
          case 'B':++k;break;
          default:putchar('*');
          case 'C':putchar('&');continue;
        }
        putchar('#');
      }
   }
```

7. 对输入的每一个数字出现的次数进行计数。

```
#indude <stdio.h>
void  main()
{
    int i,ch,_____;
    for(i=0;i<l0;++i)  ndigit[i]=0;
    while((ch=getchar())!='\n')
      if(ch>='0'&&ch<='9')
      _____;
    for(i=0;i<10;j++)
      printf("数字%d的出现次数是: %d\n",i,ndigit[i]);
}
```

三、编程题

1. 将字符数组 str2 中的全部字符复制到字符数组 strl 中，不采用 strcpy()函数。复制时，'\0'也要复制进去，'\0'后面的字符不复制。

2. 将输入的 n 个整数按从小到大排序输出，再求出此 n 个整数中奇数的个数。

3. 统计从键盘输入的字符中每个数字、字母、空格及换行符的个数。

4. 编写一个程序，判断一个字符串是否是回文（回文是指正读与倒读都相同的字符串）。

5. 任意输入 20 个整数，统计其正值、零值及负值的个数，并计算正值与负值之和，然后把统计个数和求和结果输出。

模块 ⑤ 功能模块子程序——函数基础

函数是 C 源程序的基本模块，通过对函数模块的调用实现特定的功能。C 语言中的函数相当于其他高级语言的子程序。可以说 C 程序的全部工作都是由各种各样的函数完成的，所以也把 C 语言称为函数式语言。本模块主要介绍 C 程序函数的定义与调用相关内容。

学习要求：

- 理解并掌握基本的 C 函数设计方法；
- 理解并掌握函数的定义与调用；
- 理解函数中参数的传递方式；
- 掌握函数的返回值使用；
- 掌握将复杂问题分解为多个简单问题来处理。

5.1 任 务 导 入

我们经常在编程的任务当中遇到过计算某个正整数阶乘的相关问题，本任务需要使用函数计算出给定数字 n 的阶乘累加和。例如，当我们输入数字 5 时，也就是 n 为 5，那么输出的结果应该是 1! +2! +3! +4! +5! =153，也就是求出从 1 的阶乘到 5 的阶乘的累加和。

以上功能如果在一个程序中完成，程序会非常拖沓冗长，不利于编辑和调试。另外，由于某些功能近似，大家会发现程序中内容过多，不利于代码管理，为避免上述情况这里利用函数调用的方式来解决问题。

5.2 知 识 准 备

在程序设计中，经常会有一些功能模块被反复使用，因此将这些常用功能模块编写成函数，便于代码管理。下面通过一个示例了解一下程序中为什么要使用函数。

【示例】 不使用函数计算半径为 1、2、3、4、5 厘米的圆面积（结果保留两位小数）。

本例如果不使用函数，仅使用 main()函数完成的程序代码如下：

```
#include <stdio.h>
void main()
{
```

```
      float r1,r2,r3,r4,r5;
      float  s1,s2,s3,s4,s5;
      r1=1.0;
      s1=3.14159*r1*r1;
      printf("r1=%.1f,s1=%.2f\n",r1,s1);
      r2=2.0;
      s2=3.14159*r2*r2;
      printf("r2=%.1f,s2=%.2f\n",r2,s2);
      r3=3.0;
      s3=3.14159*r3*r3;
      printf("r3=%.1f,s3=%.2f\n",r3,s3);
      r4=4.0;
      s4=3.14159*r4*r4;
      printf("r4=%.1f,s4=%.2f\n",r4,s4);
      r5=5.0;
      s5=3.14159*r5*r5;
      printf("r5=%.1f,s5=%.2f\n",r5,s5);
}
```

运行结果：

```
r1=1.0,s1=3.14
r2=2.0,s2=12.57
r 3=3.0,s3=28.27
r4=4.0,s4=50.27
r5=5.0,s5=78.54
请按任意键继续. . .
```

若程序中将计算圆面积单独编写为 area() 函数，经五次调用 area() 函数，每次传入不同的参数半径即可计算出相应的圆面积，具体程序代码如下：

```
#include <stdio.h>
void area(float r)   //定义计算圆面积的函数 area(),其中形式参数为圆半径 r
{
    float s=3.14159*r*r; // 圆面积计算公式 π*r²
    printf("r=%.1f,s=%.2f\n",r,s); //将本次获得的半径计算的圆面积与半径输出
}
void main()
{
    float r;
    r=1.0;
    area(r);  //第一次调用函数 area(),其中形式参数为圆半径 r 为 1.0
    r=2.0;
    area(r); //第二次调用函数 area(),其中形式参数为圆半径 r 为 2.0
    r=3.0;
    area(r); //第三次调用函数 area(),其中形式参数为圆半径 r 为 3.0
    r=4.0;
    area(r); //第四次调用函数 area(),其中形式参数为圆半径 r 为 4.0
    r=5.0;
    area(r); //第五次调用函数 area(),其中形式参数为圆半径 r 为 5.0
```

```
}
```

运行结果：

通过以上两个程序能够看出，使用函数可以将重复的逻辑运算提取出来，将不同的地方定义为函数参数，每次改变传入的参数即可计算出相应的结果。

5.2.1 函数概述

C 程序是由一组变量或函数的外部对象组成的。函数是完成一定相关功能的程序代码段。通常可以把函数看成一个"黑盒子"，只要将数据送进去就能得到结果，而函数内部究竟是如何工作的，外部程序是不需要知道的。外部程序只需知道输入给函数什么以及函数输出什么。函数提供了编制程序的手段，使程序容易读、容易写、容易理解、容易排除错误、容易修改和维护。

C 语言程序的执行结构如图 5 –1 所示。在每个程序中，主函数 main() 是必需的，它是所有程序的执行起点，main() 函数只调用其他函数，不能被其他函数调用。如果不考虑函数的功能和逻辑，其他函数没有主从关系，可以相互调用。所有函数都可以调用库函数。程序的总体功能通过函数的调用来实现。

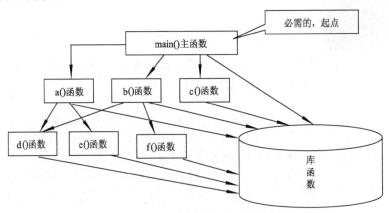

图 5-1　C 语言程序的执行结构图

一个 C 语言程序中必须至少有一个函数，必须有且仅有一个以 main 为名，这个函数称为主函数，整个程序从这个主函数开始执行。

C 语言鼓励和提倡人们把一个大问题划分成一个个子问题，对应于解决一个子问题编写一个函数，因此，C 语言程序一般是由大量的小函数而不是由少量大函数构成的，即所谓"小函数构成大程序"。这样的优点是让各部分相互充分独立，并且任务单一。因而这些充分独立的小模块也可以作为一种固定规格的小"构件"，用来构成新的大程序，下面看一下 C 语言函数的分类。

1．C 语言函数的分类

从函数定义的角度看，函数可分为库函数和用户定义函数两种。

（1）库函数：由 C 系统提供，用户无须定义，也不必在程序中作类型说明，只需要在程序前包含有该函数原型的头文件即可在程序中直接调用。在前面各模块中的例题中反复用到 printf()、scanf()、getchar()等函数均属此类。

（2）用户定义函数：由用户编写的函数。对用户自定义函数，不仅要在程序中定义函数本身，而且在主调函数模块中还必须对该被调函数进行类型说明，然后才能使用。

C 语言的函数兼有其他语言中的函数和过程（子程序）两种功能，从这个角度看，又可把函数分为有返回值函数和无返回值函数两种。

（1）有返回值函数：此类函数被调用执行完后将向调用者返回一个执行结果，称为函数返回值。由用户定义的有返回值的函数，必须在函数定义和函数说明中明确返回值的类型。

（2）无返回值函数：此类函数用于完成某项特定的处理任务，执行完成后不向调用者返回函数值。这类函数类似于其他语言的过程。由于函数无须返回值，用户在定义此类函数时可指定它的返回为"空类型"，空类型的说明符为 void。

从主调函数和被调函数之间数据传送的角度看又可分为无参函数和有参函数两种。

（1）无参函数：函数定义、函数说明及函数调用中均不带参数。主调函数和被调函数间无参数传送。此类函数通常用来完成指定功能，可以返回或不返回函数值。

（2）有参函数：也称为带参函数。在函数定义及函数说明时都有参数，称为形式参数（简称形参）。在函数调用时也必须给出参数，称为实际参数（简称实参）。进行函数调用时，主调函数将把实参的值传送给形参，供被调函数使用。

C 语言的一个主要特点是可以建立库函数。C 语言提供的运行程序库有 400 多个函数，每个函数都完成一定的功能，可由用户随意调用，库函数的介绍见 7.2.3 节。

2．C 程序与函数的关系

（1）一个源程序文件由一个或多个函数组成。一个源程序文件是一个编译单位，即以源程序为单位进行编译，而不是以函数为单位进行编译。

（2）一个 C 程序由一个或多个源程序文件组成。对较大的程序，一般不希望全放在一个文件中，而将函数和其他内容（如预定义）分别放在若干个源文件中，再由若干源文件组成一个 C 程序。这样可以分别编写、分别编译，提高调度效率。一个源文件可以为多个 C 程序共用。

（3）C 程序的执行从 main()函数开始，调用其他函数后流程回到 main()函数，在 main()函数中结束整个程序的运行。

（4）所有函数都是平行的，即在定义函数时是互相独立的，一个函数并不从属于另一函数，即函数不能嵌套定义，函数间可以互相调用，但不能调用 main()函数。

函数与变量一样在使用之前必须声明。所谓声明是指说明函数是什么类型的函数，一般库函数的声明都包含在相应的头文件<*.h>中，如标准输入/输出函数包含在 stdio.h 中，以后在使用库函数时必须先知道该函数包含在什么样的头文件中，在程序的开头用#include <*.h>或#include "*.h"声明。只有这样程序在编译、连接时 C 语言才知道它是提供的库函数，否则，将认为是用户自己编写的函数而不能调用。

5.2.2　函数的定义

C 语言中，函数应当先定义，后调用（其中若调用库函数须包含相应头文件来先声明，后调用）。将代码段封装成函数的过程称为函数定义。

函数定义的一般形式为：

```
[函数类型] 函数名([函数参数类型1 函数参数名1][,…,函数参数类型m 函数参数名m])
{
[声明部分]
[执行部分]
}
```

【说明】

函数定义说明：

（1）"函数类型"是指函数返回值的类型，可以是基本数据类型也可以是构造类型。如果省略，默认为int，如果无返回值，定义为void类型。

（2）"函数名"是用户自定义的标识符，在C语言函数定义中不可省略，须符合C语言对标识符的规范，用于标识函数，并用该标识符调用该函数。另外函数名本身也有值，它代表了该函数的入口地址，使用指针调用函数时，将用到此功能。

（3）函数名后面是参数表，无参函数没有参数传递，但"()"号不能省略，这是格式的规定。有参函数的参数表内定义的是形参，形参又称为"形式参数"。形参表是用逗号分隔的一组变量说明，包括形参的类型和形参的标识符，其作用是指出每一个形参的类型和形参的名称，当调用函数时，接收来自主调函数的数据，确定各参数的值。

（4）用{}括起来的部分是函数的主体，称为函数体。函数体是一段程序，确定该函数应完成的规定的运算以及执行的规定的操作，它体现了函数的功能。函数体内部应有声明部分和执行部分。

声明部分：在这部分定义本函数所使用的变量和进行有关声明（如函数声明）。

例如：

```
int putIn (int x,int color,char *p)      //声明一个整型函数
char *name();                            //声明一个字符串指针函数
void student(int n, char *str);          //声明一个不返回值的函数
float calculate();                       //声明一个浮点型函数
```

执行部分：程序段，由若干条语句组成命令序列（可以在其中调用其他函数）。

函数体内定义的变量不可以与形参同名；花括号{}是不可以省略的。根据函数定义的一般形式，下面使用一个案例进行详细讲解。

【例5-1】输入两个整数，求两个整数的最大公约数和最小公倍数，并输出结果，利用自定义函数编程完成。

```
#include <stdio.h>
void cal_LCM(int x, int y);
void main()
{
    int a,b;
    printf("请输入两个数:\n");
    scanf("%d %d",&a,&b);
    cal_LCM(a,b);
}
void cal_LCM(int x, int y)
{
```

```
    int c,m,t;
    if(x<y)
    {
        t=x;
        x=y;
        y=t;
    }
    m=x*y;
    c=x%y;
    while(c!=0)
    {
        x=y;
        y=c;
        c=x%y;
    }
    printf("最大公约数是:\n%d\n",y);
    printf("最小公倍数是:\n%d\n",m/y);
}
```

运行结果：请输入两个数:<u>15 65</u><回车>

使用函数可以将功能进行分离，主函数负责两个数的输入，而 cal_LCM()函数只负责计算传过来的两个数字的最大公约数和最小公倍数，如果出现错误或者需要修改代码，可以根据功能很快找到要修改的部分，而不用从整个 main()函数中逐行查找。

5.2.3　函数的调用

1. 函数调用的一般形式

与库函数的使用方法相同，函数调用的一般形式为：

函数名（[实参表列]）[;]

【说明】

（1）无参函数调用没有参数，但是"()"不能省略，有参函数若包含多个参数，各参数用","分隔，实参参数个数与形参参数个数相同，类型一致或赋值兼容。

（2）函数调用可嵌套（即以一个函数的返回值作为另一个函数的实参）。

根据函数在程序中出现的位置来分类，函数的调用方式可以分为以下三种：

1）函数语句

把函数调用作为一条语句，这时不要求函数带回值，只要求函数完成一定的操作。注意函数调用后面要加一个分号构成语句。以语句形式调用的函数可以有返回值，也可以没有返回值。

2）函数表达式

函数出现在一个表达式中，这种表达式称为函数表达式。这时要求函数带回一个确定的值以参加表达式的运算。例如，c = 2*max(a,b,d);中函数 max()是表达式的一部分，它的值乘以 2 再赋给 c。在表达式中的函数调用必须有返回值。例如：

```
if(strcmp(s1,s2)>0)      //函数调用 strcmp()在关系表达式中
  nmax=max(n1,n2,n3);    //函数调用 max()在赋值表达式中
```

3）函数参数

函数调用作为一个函数的实参。例如，m = max(a,b,max(c,d,e));中，max(c,d,e)是一次函数调用，它的值作为 max 另一次调用的实参，m 的值是 a、b、c、d、e 五者最大的。又如，printf("%d",max(a,b,c));也是把 max(a,b,c)作为 printf()函数的一个参数。

函数调用作为函数的参数，实质上也是函数表达式形式调用的一种，因为函数的参数本来就要求是表达式形式。例如：

```
fun1(fun2());    //函数调用 fun1()时首先将 fun2()的返回值作为函数 fun1()的参数
```

注意

（1）除 main()函数外，其他函数不能单独运行，函数可以被主函数或其他函数调用，也可以调用其他函数，但是不能调用主函数。

（2）空函数。C 语言中可以有"空函数"，它的形式为：

说明符 函数名(){}

例如，dummy(){}，调用此函数时，什么也不做，没有任何实际作用。在主调函数中写上 dummy();表明"这里要调用一个函数"，而现在这个函数没有起作用，等以后扩充函数功能时补充上。在程序设计中往往根据需要确定若干模块，分别由一些函数来实现。而在第一阶段只设计最基本的模块，其他一些次要功能或锦上添花的功能则在以后需要时陆续补上。

2．函数的参数和函数返回值

1）形式参数和实际参数

C 语言函数的参数会出现在两个地方，分别是函数定义处和函数调用处，这两个地方的参数是有区别的。

（1）形参（形式参数）。在函数定义中出现的参数可以看作是一个占位符，它没有数据，只能等到函数被调用时接收传递进来的数据，所以称为形式参数，简称形参。

如【例 5-1】中，函数头 void cal_LCM(int x, int y)中 x、y 就是形参，类型分别都是整型。形参变量只有在被调用时才分配内存单元，调用结束时，即释放所分配的内存单元。因此，形参只在函数内部有效。函数调用结束返回主调函数后则不能再使用该形参变量。

（2）实参（实际参数）。函数被调用时给出的参数包含有实际的数据并有独立的内存单元，所以称为实际参数，简称实参。

如【例 5-1】中，主函数中调用 cal_LCM()函数的语句是 cal_LCM(a,b);，其中 a、b 就是实参，类型也都是整型。

【说明】

（1）形参变量只有在函数被调用时才会分配内存，调用结束后，立刻释放内存，所以形参变量只有在函数内部有效，不能在函数外部使用。

（2）实参可以是常量、变量、表达式、函数等，无论实参是何种类型的数据，在进行函数调用时，它们都必须有确定的值，以便把这些值传送给形参，所以应该在调用前使实参获得确定值。

（3）实参和形参在数量上、类型上、顺序上必须严格一致，否则会发生"类型不匹配"的错误。但如果能够进行自动类型转换，或进行强制类型转换，那么实参类型也可以不同于形参类型。

（4）函数调用中发生的数据传递是单向的，只能把实参的值传递给形参，而不能把形参的值反向地传递给实参；换句话说，一旦完成数据传递，实参和形参就再也没有联系，故在函数调用过程中，形参的值的改变不会影响实参。

在调用函数时，主调函数和被调函数之间有数据的传递：实参传递给形参。具体的传递方式有两种：值传递方式（传值），将实参单向传递给形参的一种方式；地址传递方式（传址），将实参地址单向传递给形参的一种方式。

注意

（1）单向传递：不管"传值"还是"传址"，C 语言实现的都是单向传递数据的，一定是实参传递给形参，反过来不行。也就是说，C 语言中函数参数传递的两种方式本质相同"单向传递"。

（2）"传值""传址"只是传递的数据类型不同（传值：一般的数值；传址：地址）。传址实际是传值方式的一个特例，本质还是传值，只是此时传递的是一个地址数据值。

两种参数传递方式中，实参可以是变量、常量、表达式；形参一般是变量，要求两者类型相同或赋值兼容。

【例 5-2】函数参数传递示例。

```c
#include <stdio.h>
int mul(int x, int y)    //函数定义,x、y是形式参数
{
    x=x*y;
    return(x);
}
void main()
{
    int a=10;
    int b=20;
    printf("a 和 b 的乘积=%d\n", mul(a, b)); //mul(a, b)是函数调用
}
```

运行结果：

```
a和b的乘积=200
请按任意键继续. . .
```

本例中，传递给函数 mul() 的参数值是传递给形式参数 x 和 y 的，当赋值语句 x = x * y 执行时，仅修改变量 x。而调用 mul() 的变量 a 和 b，仍然保持着值 10 和 20。这是因为传递给函数的只是参数值的复制品。所有发生在被调函数内部的变化均无法影响调用函数中使用的变量。

2）函数的返回值

C 语言中调用函数可从被调用函数返回值获得一个数据（与数学函数相当类似），该数据是通过被调函数的 return 语句返回的。使用 return 语句能够返回一个值或不返回值，不返回值时函数类型是 void。

return 语句的格式：

```
return [表达式];
```

或

```
return（表达式）;
```

【说明】

（1）函数的类型就是返回值的类型，return 语句中表达式的类型应该与函数类型一致。如果不一致，以函数类型为准（赋值转化）。

（2）函数类型省略，默认为 int。

（3）如果函数没有返回值，函数类型应当说明为 void（无类型或空类型）。

【例 5-3】利用函数求 1~100 的整数和。

```
#include <stdio.h>
int s(int n)
{
    int i;
    for(i=n-1;i>=1;i--)
        n=n+i;
    return n;
}
void main()
{
    int n=100, sum=0;
    sum=s(n);
    printf("1~100 的整数和 sum 等于%d\n", sum);
    printf("实参 n 等于%d\n", n);
}
```

运算结果：

```
1~100的整数和sum等于5050
实参n等于100
请按任意键继续. . .
```

本程序中定义了一个函数 s()，该函数的功能是求 1~100 的整数和，它的返回值类型是 int 类型。在主函数中初始化 n 的值为 100，并作为实参，在调用时传送给 s 函数的形参量 n（注意，本例的形参变量和实参变量的标识符都为 n，但这是两个不同的量）。函数内的形参 n 不论如何变化，不会影响实参 n 的值。所以在主函数中用 printf 语句输出一次 n 值，这个 n 值是实参 n 的值，不会因为传给了函数中的形参 n 就会改变它的值。因此这个实参 n 的值依然是 100。而形参 n 在函数 s() 内部经过循环以后从 100 变成了 5050，函数 s 将最终的结果 return 出去被变量 sum 接收，因此 sum 得到的就是 5050。可见传值方式中实参的值不随形参的变化而变化。

3）数组作为函数参数

数组也可以作为函数的参数使用，进行数据传送。数组用作函数参数有两种形式：一种是把数组元素（下标变量）作为实参使用；另一种是把数组名作为函数的形参和实参使用。

（1）用数组元素作函数参数。数组元素作函数实参，是下标变量，与普通变量无区别。因此它作为函数实参使用与普通变量是完全相同的，在发生函数调用时，把作为实参的数组元素的值传送给形参，实现单向的值传送。

【例5-4】将数组 m 的元素作为实参传递并输出。

```c
#include <stdio.h>
void disp(int n)
{
    printf("%3d\t", n);
}
void main()
{
    int m[10], i;
    for(i=0;i<10;i++)
    {
        m[i] = i;
        disp(m[i]);            //逐个传递数组元素
    }
    printf("\n")
}
```

运行结果：

```
  0      1      2      3      4      5      6      7      8      9
请按任意键继续. . .
```

（2）用数组名作函数参数。先看一个数组名作为函数参数的例子。

【例5-5】将数组名作为函数参数。

```c
#include <stdio.h>
void disp(char n[])
{
    int j;
    for(j=0;j<5;j++)
        printf("%3c",n[j]);
    printf("\n");
}
void main()
{
    char m[5]={'H','E','L','L','O'};
    int i;
    disp(m);       //按数组名传递数组
}
```

运行结果：

```
H  E  L  L  O
请按任意键继续. . .
```

【说明】用数组名作函数参数与用数组元素作实参有几点不同：

（1）用数组元素作实参时，只要数组类型和函数的形参变量的类型一致，那么作为下标变量的数组元素的类型也和函数形参变量的类型是一致的。因此，并不要求函数的形参也是下标变量。换句话说，对数组元素的处理是按普通变量对待的。用数组名作函数参数时，则要求形参和相对应的实参都必须是类型相同的数组，都必须有明确的数组说明。当形参和实参两者不一致时，便会发生错误。

（2）在普通变量或下标变量作函数参数时，形参变量和实参变量是由编译系统分配的两个不同的内存单元。在函数调用时发生的值传送是把实参变量的值赋予形参变量；在用数组名作函数参数时，不是进行值的传送，即不是把实参数组的每一个元素的值都赋予形参数组的各个元素。因为实际上形参数组并不存在，编译系统不为形参数组分配内存。那么，数据的传送是如何实现的呢?在前面曾介绍过，数组名就是数组的首地址。因此在数组名作函数参数时所进行的传送只是地址的传送，也就是说把实参数组的首地址赋予形参数组名。形参数组名取得该首地址后，也就等于有了实在的数组。实际上是形参数组和实参数组为同一数组，共同拥有一段内存空间。

在变量作为函数参数时，所进行的值传送是单向的。即只能从实参传向形参，不能从形参传回实参。形参的初值和实参相同，而形参的值发生改变后，实参并不变化，两者的终值是不同的。而当用数组名作函数参数时，情况不同。由于实际上形参和实参为同一数组，因此当形参数组发生变化时，实参数组也随之变化。当然这种情况不能理解为发生了"双向"的值传递。但从实际情况来看，调用函数之后实参数组的值将由于形参数组中值的变化而变化。

3. 函数的调用举例

【例 5-6】这是一个简单的函数调用，通过调用函数求 m=a*b。

```
#include <stdio.h>
int mul(int x,int y);    //这句是函数的声明，放在main()函数前
void main()
{
    int a=10, b=20;
    int m;
    m=mul(a,b);            //这句是函数的调用，调用mul()函数
    printf("m=%d\n", m);
}
int mul(int x,int y)      //定义mul()函数，目的是求z=x*y的值
{
    int z;
    z=x*y;
    return z;
}
```

运行结果：

```
m=200
请按任意键继续. . .
```

5.3 任 务 实 施

● 视 频

模块 5 任务
实施

使用函数计算出给定数字 n 的阶乘累加和。例如，当输入数字 5 时，也就是 n 为 5，那么输出的结果应该是 1!+2!+3!+4!+5!=153，1! 代表的是 1 的阶乘，也就是求出从 1 的阶乘到 n 的阶乘的累加和。

任务分析：

在任务中，首先需要用户输入一个大于 1 的正整数 n，然后将 n 作为实参传递到求 n 的阶乘累加和的函数中，得到最终的 n 的阶乘累加和。再将函数返回的结果在主函数中进行接收并输出。

```
#include<stdio.h>
int get_fact_sum(int n){
    // s1 代表阶乘结果的累加和 s2 代表阶乘的结果
    int i=1,s1=0,s2=1;
    while(i<=n){
        s2=s2*i;
        s1=s1+s2;
        i++;
    }
    return s1;
}
void main(){
    int number, result;
    printf("请输入一个大于 1 的正整数: ");
    scanf("%d",&number);
    result=get_fact_sum(number);
    printf("%d 的阶乘累加和为: %d\n",number,result);
}
```

运行结果: 5<回车>

```
请输入一个大于1的正整数: 5
5的阶乘累加和为: 153
请按任意键继续. . .
```

小　结

视　频

模块 5 小结

本模块主要介绍了 C 语言程序的函数和预处理命令，具体内容如下:

1. 函数的分类

（1）从函数定义的角度，函数可分为库函数和用户定义函数。

（2）C 语言的函数返回值角度，函数分为有返回值函数和无返回值函数。

（3）从主调函数和被调函数之间数据传送的角度，函数分为无参函数和有参函数。

2. 函数定义的一般形式

[extern] 类型说明符 函数名([形参表]);

3. 函数调用的一般形式

函数名([实参表])

4. 函数的使用

函数的参数分为形参和实参两种，形参出现在函数定义中，实参出现在函数调用中，发生函数调用时，将把实参的值传送给形参。

函数的值是指函数的返回值，它是在函数中由 return 语句返回。

函数返回语句格式: return [表达式]; 或 return（表达式）;

函数调用时，实参和形参间有数据的传递，函数调用中发生的数据传递是单向的，只能把实参的值传递给形参，不能把形参的值反向地传递给实参;

具体的传递方式有两种：值传递方式（传值）和地址传递方式（传址）。

数组名作为函数参数时不进行值传送而进行地址传送。形参和实参实际上为同一数组的两个名称。因此形参数组的值发生变化，实参数组的值当然也变化。

实　训

 实训要求

1. 按照验证性实训任务要求，编程完成各验证性实训任务，并调试完成，记录下实训源程序和运行结果。

2. 在学完相关内容后，请大家课后试着设计编写源代码解决各设计性实训任务，并调试完成，记录下实训源程序和运行结果。

3. 对照实训时完成情况，将调试完成的源代码与运行结果填入实训报告中。

 实训任务

● 验证性实训

实训　函数的调用——利用函数求 100～500 的偶数和。（源代码参考【例 5-3】）

● 设计性实训

实训 1　从键盘输入一字符串，统计其中不同各字母出现的次数。

实训 2　以无参函数的形式输出 100～999 之间所有的水仙花数，即各位数值的三次方之和等于该数，如 $153=1^3+5^3+3^3$。

实训 3　以无参函数的形式输出 1～999 之间所有的素数。

实训 4　使用函数的方法求 e 的 x 次方的近似值 $e^x=1+x+x^2/2!+x^3/3!+\cdots$

实训 5　以函数调用的方法求给定的日期（分年、月、日输入）是该年的第几天。

习　题

一、选择题

1. 以下正确的函数定义是（　　　）。

    A.　double fun(int x, int y)　　　　　　B.　double fun(int x,y)
    　　{ z=x+y ; return z ; }　　　　　　　　　{ int z ; return z ;}
    C.　fun (x,y)　　　　　　　　　　　　　D.　double fun (int x, int y)
    　　{ int x, y ; double z ;　　　　　　　　　{ double z ;
    　　　z=x+y ; return z ; }　　　　　　　　　 return z ; }

2. 若调用一个函数，且此函数中没有 return 语句，则正确的说法是（　　　）。

    A.　该函数没有返回值　　　　　　　　　B.　该函数返回若干个系统默认值
    C.　能返回一个用户所希望的函数值　　　D.　返回一个不确定的值

3. 以下不正确的说法是 (　　)。

　A. 实参可以是常量、变量或表达式

　B. 形参可以是常量、变量或表达式

　C. 实参可以为任意类型

　D. 如果形参和实参的类型不一致,以形参类型为准

4. C 语言规定,简单变量做实参时,它和对应的形参之间的数据传递方式是 (　　)。

　A. 地址传递　　　　　　　　　　B. 值传递

　C. 有实参传给形参,再由形参传给实参　D. 由用户指定传递方式

5. C 语言规定,函数返回值的类型是决定于 (　　)。

　A. return 语句中的表达式类型　　B. 调用该函数时的主调函数类型

　C. 调用该函数时由系统临时　　　D. 在定义函数时所指定的函数类型

6. 若用数组名作为函数调用的实参,传递给形参的是 (　　)。

　A. 数组的首地址　　　　　　　　B. 数组中第一个元素的值

　C. 数组中的全部元素的值　　　　D. 数组元素的个数

7. 如果在一个函数中的复合语句中定义了一个变量,则该变量 (　　)。

　A. 只在该复合语句中有定义　　　B. 在该函数中有定义

　C. 在本程序范围内有定义　　　　D. 为非法变量

二、填空题

1. C 语言函数返回类型的默认定义类型是_____。

2. 函数的实参传递到形参有两种方式:_____和_____。

3. 变量被赋初值可以分为两个阶段:_____和_____。

4. 设有以下程序,为使其正确运行,请在横线中填入应包含的命令行。

```
_____
#include <stdio.h>
void main()
{
    float x=27;
    printf("%f\n",sqrt(x));
}
```

5.下面 add()函数是求两个参数的和,请在空白处填空完成程序。

```
_____ add(int a,int b)
{ int c;
  c=a+b;
  return(_____);
}
```

三、程序阅读题

1. 写出下面程序的运行结果。

```
func(int a,int b)
{ static int m=0,i=2;
```

```
    i+=m+1;
    m=i+a+b;
    return(m);
}
#include  <stdio.h>
void main()
{ int k=4,m=1,p1,p2;
    p1=func(k,m);p2=func(k,m);
    printf("%d,%d\n",p1,p2);
}
```

2. 若输入的值是-125，写出下面程序的运行结果。

```
#include <math.h>
#include <stdio.h>
void fun(int n)
{ int k,r;
    for(k=2;k<=(int)sqrt((float)n);k++)
    {
      r=n%k;
      while(!r)
      {
        printf("%d",k);  n=n/k;
        if(n>1)printf("*");
        r=n%k;
      }
    }
    if(n!=1)printf("%d\n",n);
}
void main()
{ int n ;
    scanf("%d",&n);
    printf("%d=",n);
    if(n<0) printf("-");
    n=(int)fabs((float)n);
    fun(n);
}
```

3. 写出下面程序的功能。

```
int func(int n)
{ int i,j,k;
    i=n/100;j=n/10-i*10;k=n%10;
```

```
     if((i*100+j*10+k)==i*i*i+j*j*j+k*k*k)
        return n;
      else
        return 0;
}
#include  <stdio.h>
void main()
{ int n,k;
   for(n=100;n<1000; n++)
     if(k=func(n))
       printf("%d",k);
}
```

四、程序填空题

1. 下面函数用"折半查找法"从有 10 个数的 a 数组中对关键字 m 查找，若找到，返回其下标值，否则返回 – 1，请在【1】和【2】填空使程序完整。

经典算法提示：折半查找法的思路是先确定待查元素的范围，将其分成两半，然后比较位于中间点元素的值。如果该待查元素的值大于中间点元素的值，则将范围重新定义为大于中间点元素的范围，反之亦然。

```
int search(int a[10],int m)
{ int x1=0,x2=0,mid ;
    while(x1<=x2)
    {
       mid=(x1+x2)/2;
       if(m<a[mid]) 【1】;
       else if(m>a[mid]) 【2】;
       else return(mid);
    }
    return(-1);
}
```

2. 以下程序的功能是计算函数 $f=x/y+y/z$，请填空使程序完整。

```
#include <stdio.h>
【1】;
void main()
{
    float x,y,z,f;
    scanf("%f,%f,%f",&x,&y,&z);
    f=fun(【2】);
    f+=fun(【3】);
    printf("f=%d",f);
```

```
    }
    float fun(float a,float b)
    {
        return(a/b);
    }
```

3. avg()函数的作用是计算数组 array 的平均值返回，请填空使程序完整。

```
    float avg(float array[10])
    {   int i;
        float avgr,sum=0;
        for(i=0;【1】;i++)
            sum+=【2】;
        avgr=sum/10;
        【3】;
    }
```

五、编程题

1. 写两个函数，分别求两个整数的最大公约数和最小公倍数，用主函数调用这两个函数，并输出结果，两个整数由键盘输入。

2. 写一函数，使输入的一个字符串按反序存放，在主函数中输入和输出字符串。

3. 写一函数，输入一个十六进制数，输出相应的十进制数。

4. 写一函数，用"冒泡法"对输入的 10 个字符按由小到大顺序排列。

提 高 篇

模块 ⑥ 同类型批数据高级处理——二维数组

一维数组只有一个下标，其数组元素也称为单下标变量。在实际问题中有很多数据需要用二维或多维数组来处理，C 语言允许构造多维数组。本模块主要介绍二维数组的定义与使用。

学习要求：

- 了解二维数组的基本概念；
- 理解并掌握二维数组的定义、初始化及引用；
- 掌握二维字符数组的使用；
- 掌握二维数组的引用；
- 掌握利用二维数组解决实际问题。

6.1 任 务 导 入

一个小组有三位同学，这三位同学本学期主修了三门专业课程，分别为 C 语言、Java、和 Python。请编写程序输入三位同学的三门专业课成绩，并计算每位同学的平均分是多少。

分析：由于共有 3 位同学，并且每位同学有三门课成绩需要录入，因此使用一维数组需要同时定义三个一维数组，这显然是不太合适的。在此，使用 C 语言二维数组来解决此问题。

6.2 知 识 准 备

6.2.1 教学案例项目介绍——学生资助管理系统

从本模块开始的提高篇中，教材内容将围绕着如何实现案例项目——学生资助信息管理系统来展开，因此本小节先对这个案例项目简单了解一下。

某高等职业院校开发了一个应用系统——学生资助信息管理系统，系统管理员分为学院管理员及系部管理员两级。系部管理员只能登录系部管理子菜单，对本系的相关学生资助数据进行增、改、查操作，学院管理员能登录学院管理子菜单，对全院的相关学生资助数据进行增、删、改、查操作，此外还可对全院各系的管理员的相关数据进行增、删、改、查操作。

1．系统功能简述

学生资助信息管理系统主要管理学院及各系部的系统管理员信息和受助学生信息，其功能设计为：主菜单模块、学院管理员菜单模块、系部管理员菜单模块、添加系部管理员模块、删除系部管理员模块、修改系部管理员信息模块、查询系部管理员信息模块、添加资助生信息模块、查询资助生信息模块、修改资助生信息模块、查询获奖学金学生信息模块、删除资助生信息模块；输入/输出数据均保存在二进制文件中，程序需要数据时从文件中读入数据，处理后的结果数据输出保存在文件中。

项目启动后，输入系统管理员登录名和密码，与从文件中读入的相应管理员的登录名和密码进行比较，若一致则进入相应级别管理员菜单，不一致则出现提示出错信息并返回主界面等待重新输入。在学院管理员及系部管理员菜单中显示上述各功能模块名称，根据用户输入的选项进入相应功能运行界面（实际是调用相应函数）。

2．系统功能模块

按照系统功能需求，设计的系统功能模块划分如图 6-1 所示。

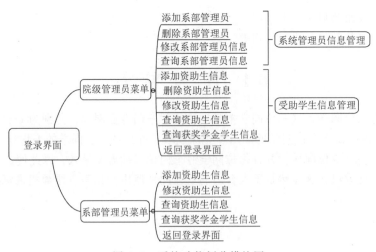

图 6-1　系统功能划分模块图

院级管理员模块：以院级管理员身份账号登录系统后，进入院级管理员菜单。院级管理员模块由系统管理员信息管理功能和受助学生信息管理功能两部分组成，即院级管理员同时具有管理系统各级管理员信息的权限以及管理全院各系受助学生信息的权限。

系部管理员模块：以系部管理员身份账号登录系统后，进入系部管理员菜单。系部管理员模块仅由系部受助学生信息管理功能构成，即系部管理员只具有对本系受助学生信息管理的权限。

6.2.2   二维数组

一维数组只有一个下标，多维数组元素有多个下标，以标识它在数组中的位置，所以也称为多下标变量。最简单的多维数组是二维数组。二维数组的数组元素可以看作是排列为行列形式的矩阵。简单理解就是：二维数组由多个一维数组构成。二维数组也用统一的数组名来标识，后带两个下标，第一个下标表示行，第二个下标表示列。

1. 二维数组的定义

二维数组定义的一般形式为：

`<类型说明符>   数组名[整型常量表达式1][整型常量表达式2],…;`

例如：int a[3][4];

此处定义了一个3行4列的数组，数组名为a，其元素的类型为整型。该数组的元素共有3×4个，即

```
a[0][0],a[0][1],a[0][2],a[0][3]
a[1][0],a[1][1],a[1][2],a[1][3]
a[2][0],a[2][1],a[2][2],a[2][3]
```

二维数组在概念上是二维的，也就是说其下标在两个方向上变化，数组中的元素处于一个平面之中，而不是像一维数组只是一个向量。但是，实际的硬件存储器却是连续编址的，存储器单元是按一维线性排列的。

如何在一维存储器中存放二维数组，可有两种方式：一种是按行排列，即存放完一行之后顺次存放第二行及其后的各行；另一种是按列排列，即存放完一列之后再顺次存放第二列及其后的各列。

在 C 语言中，二维数组是按行排列的。以上面的数组 a 为例，先存放 a[0]行，再存放 a[1]行，最后存放 a[2]行。每行中有 4 个元素也是依次存放。由于数组 a 说明为 int 类型，该类型占4 个字节的内存空间，所以每个元素均占有 4 个字节。

对二维数组定义的理解要注意以下几点：

（1）二维数组中的每个数组元素都有两个下标，且必须分别放在单独的"[ ]"内。

（2）二维数组定义中的第 1 个下标表示该数组具有的行数，第 2 个下标表示该数组具有的列数，两个下标之积是该数组具有的数组元素个数，其中下标一定是常量表达式。

（3）二维数组中的每个数组元素的数据类型均相同，二维数组的存放规律是"按行排列"。

（4）二维数组可以看作是数组元素为一维数组的一维数组。这个概念对于以后学习利用指针来处理二维数组至关重要。在上面定义的二维数组 a 中，可以将 a 看成是由 3 个元素：a[0]、a[1]、a[2]构成的一个一维数组，而 a[0]、a[1]、a[2]又是分别有 4 个元素的一维数组。

$$a \longrightarrow \begin{cases} a[0] \to a[0][0], a[0][1], a[0][2], a[0][3] \\ a[1] \to a[1][0], a[1][1], a[1][2], a[1][3] \\ a[2] \to a[2][0], a[2][1], a[2][2], a[2][3] \end{cases}$$

这里只介绍二维数组，多维数组可由二维数组类推而得到。

2．二维数组元素的引用

定义了二维数组后，就可以引用该数组的所有元素。其引用形式如下：

数组名[下标 1][下标 2]

例如，a[3][4] 表示 a 数组中第 4 行第 5 列的元素。

【说明】

引用数组元素和数组说明在形式上有些相似，但这两者具有完全不同的含义。

数组说明的方括号中给出的是某一维的大小，即该维可取的下标个数，如 a[3][4]中[3]表示第一维可取 3 个下标，它们是[0]、[1]、[2]三个下标（即三行）；而数组元素中的下标是该元素在数组中的行列位置序号(行、列序号均从 0 开始)。前者只能是常量，后者可以是常量、变量或表达式。

3．二维数组的初始化

二维数组初始化的几种常见形式。

（1）按行分段给二维数组所有元素赋初值，例如：

int a[2][4]={{1,2,3,4},{5,6,7,8}};

（2）不分行给二维数组所有元素赋初值，例如：

int a[2][4]={1,2,3,4,5,6,7,8};

使用（1）（2）形式给二维数组所有元素赋初值时，二维数组第一维的大小可以省略（编译程序可计算出其大小），例如：

int a[][4]={1,2,3,4,5,6,7,8};

或

int a[][4]={{1,2,3,4},{5,6,7,8}};

（3）对部分元素赋初值，例如：

int a[2][4]={{1,2},{5}};

该语句执行后有：a[0][0]=1，a[0][1]=2，a[1][0]=5，其余元素未赋值。

6.2.3　二维字符数组

字符数组也可以是二维或多维的。二维的字符数组属于二维数组中的一种，因此它在定义、初始化和引用上与二维的整型数组没有太大的区别，一般只是将定义时的数组类型定义为 char 类型。

1．二维字符数组的定义

二维字符数组的定义形式为：

char　数组名[下标 1][下标 2];

其中，下标 1 和下标 2 必须是常量表达式，下标常称为行下标，下标 2 常称为列下标。

例如，char ch[5][10];定义了一个 5 行 10 列的二维字符数组。

在二维字符数组的初始化中，需要输入的每个数据一般都是字符型，也就是使用单引号将其包含。下面是在定义一个二维字符数组时作初始化：

```
char  c[5][5]={{'','','*'},{'','*','','*'},{'*','','','','*'},{'','*','','*'},{'','','*'}};
```

　　或

```
char  c[][5]={{'','','*'},{'','*','','*'},{'*','','','','*'},{'','*','','*'},{'','','*'}};
```

它代表了一个钻石图形。

2．二维字符数组的引用

二维字符数组同样也是通过引用数组中的一个元素得到一个字符，引用方法与之前介绍的数组元素引用类似。

数组名[下标1][下标2]

其中，下标 1 和下标 2 可以是常量表达式、变量和其他表达式。

【例 6-1】输出钻石图形。

```
#include <stdio.h>
void main()
{
    int i,j;
    char ch[5][5]={{' ',' ','*'},{' ','*',' ','*'},{'*',' ',' ',' ','*'},{' ','*',' ','*'},{' ',' ','*'}};
    for(i=0;i<5;i++)
    {
        for(j=0;j<5;j++)
            printf("%c",ch[i][j]);
        printf("\n");
    }
}
```

运行结果：

6.2.4　二维数组程序举例

【例 6-2】一个学习小组有 5 个人，每个人有 3 门课的考试成绩。求全组分科的平均成绩和各科总平均成绩。成绩如下：

姓名	操作系统	C 语言	数据库
张	80	75	92
王	61	65	71
李	59	63	70
赵	85	87	90
周	76	77	85

可设一个二维数组 a[5][3]存放 5 个人 3 门课的成绩。再设一个一维数组 v[3]存放所求得各

分科平均成绩，设变量 avg 为全组各科总平均成绩。

程序代码如下：

```c
#include <stdio.h>
void main()
{
    int i,j;
    float s=0,avg,v[3]={0}, a[5][3];
    printf("input score:\n");
    for(i=0; i<5;i++)
    {
        for(j=0;j<3;j++)
            scanf("%f",&a[i][j]); //输入成绩
    }
    for(i=0;i<3;i++)
    {
        for(j=0;j<5;j++)
            v[i]+=a[j][i]/5.0;      //计算单科平均成绩
    }
    avg=(v[0]+v[1]+v[2])/3.0;       //计算总平均成绩
    printf("操作系统:%6.1f\nc 语言:%6.1f\n 数据库:%6.1f\n", v[0], v[1], v[2]);
    printf("总平均成绩:%6.1f\n",avg);  //输出总平均成绩
}
```

程序中首先用了一个双重循环。在内循环中依次读入某一门课程的各个学生的成绩，再使用双重循环把单科成绩除以 5 后加起来送入 v[i] 之中，这就是该门课程的平均成绩。外循环共循环 3 次，分别求出 3 门课各自的平均成绩并存放在 v 数组之中。退出外循环之后，把 v[0]、v[1]、v[2] 相加除以 3 即得到各科总平均成绩。最后按题意输出各个成绩。

运行结果： 80 75 92<回车>

61 65 71<回车>

59 63 70<回车>

85 87 90<回车>

76 77 85<回车>

请读者想一想，参考上面的例题，如何编写程序求每个学生的平均成绩并输出？

【例 6-3】输入一个三行四列的矩阵，将该矩阵转置后输出。例如：

$$\begin{bmatrix} 12 & 18 & 16 & 19 \\ 21 & 28 & 25 & 22 \\ 36 & 32 & 33 & 37 \end{bmatrix} \xrightarrow{\text{转置}} \begin{bmatrix} 12 & 21 & 36 \\ 18 & 28 & 32 \\ 16 & 25 & 33 \\ 19 & 22 & 37 \end{bmatrix}$$

在这个问题中，可以定义两个二维数组 a、b 分别存储转置前后的矩阵。矩阵转置就是行列互换，即将第 i 行的元素转置后变为第 i 列的元素。例如，元素 a[i][j] 的值转置后应存储在 b 的 b[j][i] 元素中。

程序代码如下：

```
#include <stdio.h>
void main()
{
    int i,j,a[3][4],b[4][3];
    printf("input matrix a,the elements are delimited with space.\n");
    for(i=0;i<3;i++)   //按行输入矩阵 a
    {
        printf("a%d0 a%d1 a%d2 a%d3=",i,i,i,i);
        scanf("%d%d%d%d",&a[i][0],&a[i][1],&a[i][2],&a[i][3]);
    }
    for(i=0;i<3;i++)   //转置
        for(j=0;j<4;j++)
            b[j][i]=a[i][j];  //▲
    printf("matrix b,the transpose of matrix a:\n");
    for(i=0;i<4;i++)   //输出矩阵
    {
        for(j=0;j<3;j++)
            printf("%4d",b[i][j]);
        printf("\n");
    }
}
```

运行结果：

```
input matrix a,the elements are delimited with space.
a00 a01 a02 a03=12 18 16 19
a10 a11 a12 a13=21 28 25 22
a20 a21 a22 a23=36 32 33 37
matrix b,the transpose of matrix a:
  12  21  36
  18  28  32
  16  25  33
  19  22  37
请按任意键继续. . .
```

在上面的程序中▲处，能否改为：b[i][j]=a[j][i];？

【例 6-4】打印输出 6 行的杨辉三角。

杨辉三角是 $0 \sim n$ 阶二项式展开后各项系数所构成的三角图形，如下所示。它最早出现在我国南宋时期杰出的数学家和教育家杨辉所著的《详解九章算术》书中，故称为杨辉三角。

```
1
1   1
1   2   1
1   3   3   1
1   4   6   4   1
1   5   10  10  5   1
...
```

杨辉三角第一列与对角线上的元素都为 1，其余元素的值是其左上方项与正上方项元素之和。可按照这个规律将各数据存放到一个二维数组中，然后再把它打印输出。

程序代码如下：

```c
#include <stdio.h>
void main()
{
    int a[6][6],i,j;
    for(i=0;i<6;i++)    //置第一列与对角线上元素值1
        a[i][0]=a[i][i]=1;
    for(i=2;i<6;i++)    //其余元素值是其左上方项与正上方项元素之和
        for(j=1;j<i;j++)
            a[i][j]=a[i-1][j-1]+a[i-1][j];
    for(i=0;i<6;i++)    //输出杨辉三角
    {
        for(j=0;j<=i;j++)
            printf("%4d",a[i][j]);
        printf("\n");
    }
}
```

运行结果：

请读者考虑应该对程序做哪些调整使得运行时输出以下形状的杨辉三角。

```
                    1
                1       1
            1       2       1
        1       3       3       1
    1       4       6       4       1
                   ...
```

【例 6-5】下面程序执行后的输出结果是（   ）。

A．you&me   B．you   C．me   D．err

```c
#include <stdio.h>
#include <string.h>
void main()
{
    char arr[2][4];
    strcpy(arr,"you");
    strcpy(arr[1],"me");
    arr[0][3]='&';
    printf("%s\n",arr);
}
```

分析：数组 arr 是一个 2 行 4 列的阵列。arr 由两个一维字符数组 arr[0]和 arr[1]构成。执行

strcpy(arr,"you");后，二维数组 arr 的第一行 arr[0] = "you";也就是三个字符 y、o、u 加一个'\0'。执行 strcpy(arr[1],"me");后，二维数组的第二行 arr[1] = "me";也就是两个字符 m、e 加两个'\0'。执行 arr[0][3]='&';后第一行的'\0'变成'&'。此时二维字符数组只在 arr[1][2]处有字符串结束标志，"%s"格式符输出以 arr 为起始地址，一直到遇上'\0'或空格（或 Tab）前的所有字符，因此该题的输出结果是 you&me，应选 A。此题考核对格式符"%s"的掌握，以及字符串中字符数组的存储结构。

【例 6-6】下面程序输出结果是（　　　　）。

A.　18　　　　　　　B.　19　　　　　　　C.　20　　　　　　　D.　21

```c
#include <stdio.h>
void main()
{
    int a[3][3]={{1,2},{3,4},{5,6}},i,j,s=0;
    for(i=1;i<3;i++)
        for(j=0;j<=i;j++)
            s+=a[i][j];
    printf("%d\n",s);
}
```

分析：程序首先对二维数组 a 进行初始化，初始化后各元素的值如下所示。

a[0][0]	a[0][1]	a[0][2]	a[1][0]	a[1][1]	a[1][2]	a[2][0]	a[2][1]	a[2][2]
1	2	0	3	4	0	5	6	0

分析：程序采用二重循环只对数组中的部分元素求和。外层循环变量 i 从 1 到 2，内层循环变量 j 从 0 到 i，因此求和的元素是有阴影的数组元素，故输出结果是 18，应选 A。此题考查了数组的逻辑存储结构与对双重循环过程的理解。

6.3　任务实施

视频•┈┈┈

模块 6 任务实施

一个小组有三位同学，这三位同学本学期主修了四门专业课程，分别为 C 语言、Java、Python 和 HTML。请编写程序输入三位同学的四门专业课成绩，并计算每位同学的平均分是多少。

```c
#include <stdio.h>
void main()
{
    int i, j;
    // 3行5列 三个学生为3行5列为每个学生的三门课成绩以及平均分
    float arr[3][4]={0.0};
    for(int i=0;i<3;i++)
    {
        printf("请输入学号为0%d的学生的三门课成绩: \n",i+1);
        scanf("%f %f %f", &arr[i][0], &arr[i][1], &arr[i][2]);
        arr[i][3]=(arr[i][0]+arr[i][1]+arr[i][2])/3;
    }
    for(i=0;i<3;i++)
    {
```

```
        printf("\n 学号为 0%d 的学生的三门课成绩及平均分为: \n",i+1);
        for(j=0;j<4;j++)
        {
            printf("\t%.2f\t",arr[i][j]);
        }
    printf("\n");
    }
}
```

运行结果：

```
请输入学号为01的学生的三门课成绩:
77.5 85.5 88
请输入学号为02的学生的三门课成绩:
90 67 74.5
请输入学号为03的学生的三门课成绩:
83 84.5 79

学号为01的学生的三门课成绩及平均分为:
        77.50        85.50        88.00        83.67
请按任意键继续.
学号为02的学生的三门课成绩及平均分为:
        90.00        67.00        74.50        77.17
请按任意键继续.
学号为03的学生的三门课成绩及平均分为:
        83.00        84.50        79.00        82.17
请按任意键继续.
```

小　　结

● 视频

模块 6 小结

本模块主要介绍了 C 语言二维数组的使用。要求了解二维数组的概念，掌握如何正确地定义二维数组并引用二维数组元素，掌握二维数组在大规模同类型数据运算问题中的应用。

1．二维数组定义

二维数组定义的一般形式为：

<类型说明符>　数组名[整型常量表达式 1]　[整型常量表达式 2],…;

2．二维数组引用

二维数组引用形式：

数组名[下标 1][下标 2]

3．二维数组初始化

二维数组初始化的几种常见形式。

（1）按行分段给二维数组所有元素赋初值，例如：

int a[2][4]={{1,2,3,4},{5,6,7,8}};

（2）不分行给二维数组所有元素赋初值，例如：

int a[2][4]={1,2,3,4,5,6,7,8};

使用（1）（2）形式给二维数组所有元素赋初值时，二维数组第一维的大小可以省略，例如：

int a[][4]={1,2,3,4,5,6,7,8};

或

int a[][4]={{1,2,3,4},{5,6,7,8}};

（3）对部分元素赋初值，例如：

int a[2][4]={{1,2},{5}};

学习中注意以下几个问题：

（1）二维数组下标使用。

二维数组中的每一个数组元素都具有相同的名称，以下标相互区分，数组的下标就是数组元素位置的一个索引或指示。二维数组的两个下标都从0开始标记。

（2）二维数组的存储。

二维数组的数组元素可以看作是排列为行列形式的矩阵。二维数组在概念上是二维的，但存储所在的存储器单元是按一维线性排列的。C语言中二维数组采用的是行优先存储模式。

（3）字符数组与字符串。

C语言没有提供字符串变量(存放字符串的变量)，对字符串的处理常常采用字符数组实现。字符数组这里被用来作为存储字符串的容器，因此字符数组的长度与字符串的长度是两个概念，在使用中切不可混为一谈。

（4）字符串处理函数使用前要包含相应头文件。

字符串处理函数是专门用于字符串处理的库函数，六个字符串处理函数分属两个函数库。puts、gets在使用前应包含头文件stdio.h；strlen、strcat、strcpy、strcmp在使用前则应包含头文件string.h。

实 训

 实训要求

1. 熟悉并掌握C语言中数组的定义和使用，对照教材中的例题，模仿编程完成各验证性实训任务，并调试完成，记录下实训源程序和运行结果。

2. 熟悉并掌握一维数组、二维数组、字符数组的使用方法及在程序中的运用；在学完相关内容后，请大家课后试着设计编写源代码解决各设计性实训任务，并调试完成。

3. 对照实训时完成情况，将调试完成的源代码与运行结果填入实训报告中。

 实训任务

● **验证性实训**

实训1 二维数组元素引用的一般方法——编写程序，输入一个3×4的矩阵，求出它的转置矩阵并输出。源程序参考【例6-3】

实训2 使用循环结构处理二维数组——打印输出10行的杨辉三角。(源程序参考【例6-4】)

● **设计性实训**

实训1 编写程序，输入一个4×4的矩阵，求两对角线元素之和。

实训2 按下图形状打印输出6行的杨辉三角。

实训 3 比较两个字符串的大小，不采用 strcmp()函数。

习　　题

一、选择题

1. 以下对二维数组 a 的正确说明是（　　　）。

　　A．int a[3][];　　　B．float a(3,4);　　　C．double a[1][4]　　　D．float a(3)(4);

2. 若二维数组 a 有 m 列，则计算任一元素 a[i][j]在数组中位置的公式为（　　　）。（假设 a[0][0]位于数组的第一个位置上）

　　A．i*m+j　　　B．j*m+i　　　C．i*m+j-1　　　D．i*m+j+1

3. 若二维数组 a 有 m 列，则在 a[i][j]前的元素个数为（　　　）。

　　A．j*m+i　　　B．i*m+j　　　C．i*m+j-1　　　D．i*m+j+1

4. 若二维数组定义为 x[3][3]={{10,11,12},{14,15,16},{17,18,19}},则 x[2][2]的值为（　　　）。

　　A．15　　　B．11　　　C．19　　　D．18

二、填空题

1. 若有定义 double x[3][5];，则 x 数组中行下标的下限为＿＿＿＿＿，列下标的上限为＿＿＿＿＿。

2. 执行 a[][3]={1, 2, 3, 4, 5, 6};后，a[1][2]的值是＿＿＿＿。

3. 设有语句 int a[3][4]={{1}, {2}, {3}};则 a[1][0]值为＿＿＿＿。

4. 下面程序可求出矩阵 *a* 的主对角线上的元素之和，请填空。

```
#indude  <stdio.h>
void  main()
{
    int a[3][3]={1,3,5,7,9,11,13,15,17},sum=0,i,j;
    for(i=0;i<3;i++)
      for(j=0;j<3;j++)
        if(_____)sum=sum+_____;
    printf("sum=%d\n",sum);
}
```

5. 下面程序的功能是在 3 个字符串中找出最小的，请填空。

```
#include <stdio.h>
#include <string.h>
void  main()
{
    char s[20],str[3][20];
    int i;
    for(i=0;i<3;i++)gets(str[i]);
      strcpy(s,_____);
    if(strcmp(str[1],s)<0)strcpy(s,str[1]);
```

```
        if(strcmp(str[2],s)<0)strcpy(s,str[2]);
        printf("%s\n",_____);
    }
```

6. 下面函数的功能是将一个字符串 str 的内容颠倒过来，请填空。

```
#indude <stdio.h>
void  main()
{
    char str[80],i,j,_____;
    gets(str);
    for(i=0,j=_____; i<j; i++, j--)
        { k=str[j];str[j]=str[i];str[i]=k;}
    puts(str);
}
```

7. 将二维数组(5 行 5 列) 的右上半部分置 0，即

1	2	3	4	5
6	7	8	9	10
11	12	13	14	15
16	17	18	19	20
21	22	23	24	25

⇨

1	0	0	0	0
6	7	0	0	0
11	12	13	0	0
16	17	18	19	0
21	22	23	24	25

请填空。

```
#include <stdio.h>
void main()
{
    int i,j;
    int a[5][5]={{1,2,3,4,5},{6,7,8,9,10},{11,12,13,14,15}, {16,17,18,19,20 },
{ 21,22,23,24,25}};
    for (i=0;i<5;i++)
      for(j=0;j<5;j++)
      {
        if(_____) printf("%3d",0);
        else  printf("%3d", _____);
      }
    printf ("\n") ;
}
```

三、判断题

1. 定义数组 s 为 5 行 6 列的数组可以写成 float s[5, 6];。   (   )
2. int m[][3]={{1,2,3},{4,5},{6,7}}与 int m[][3]={1,2,3,4,5, 6, 7}等价。   (   )
3. int x[][4]={10,11,12,13,14,15,16,17};[]中正确的数是 2。   (   )

四、编程题

1. 设有 10 个学生的成绩分别为 89、90、84、78、84、67、88、92、79、73，将它们存放在数组 stu 中，并输出它们的平均成绩 aver（保留两位小数）和低于平均成绩的人数。输出样式（各占一行，无多余字符）:

aver=80.34

n=7

2. 设有字符串:

char src[]="S>h?e*-$i#$s@Ag!ir?1,s/hei%s(f)ro[]m{E}n23g%&land";

设计程序，统计字母或符号连续的次数 n。

说明：如 23、32、ab、hi、>?等字母或符号连续，即在 ASCII 表中连续。

模块 ⑦ 功能子模块高级调用——函数与预处理命令

函数是C源程序的基本模块，通过模块五的介绍，知道了函数定义及函数调用的概念。C语言的函数除了常规调用外，还有两类典型的调用——嵌套调用与递归调用，另外C程序中各函数的变量有自己的作用区域和有效时限——变量作用域和变量生命期。这些构成了函数调用必须考虑和理解的内容。本模块主要介绍C程序函数的嵌套调用与递归调用以及变量作用域和变量生命期的相关内容以及预处理命令。

学习要求：

- 理解函数的嵌套调用与递归调用概念；
- 掌握函数声明和函数原型；
- 理解局部变量与全局变量，掌握其使用；
- 理解变量的存储类型；
- 理解并掌握预处理命令中宏定义、文件包含的使用；
- 掌握利用函数编写程序。

7.1　任　务　导　入

软件公司为某学校编写"学生资助信息管理系统"软件，系统首先显示欢迎界面。在欢迎界面下方显示用户登录，要求用户输入账号密码，根据用户输入的账号密码与数据库中管理员的账号密码是否一致来显示相应管理员界面的操作。

多个功能如果都在主程序中完成，程序会非常拖沓冗长，不利于编辑和调试；另外由于某些功能的近似，大家会发现程序中内容过多，不利于代码管理。为避免上述情况可利用函数调用的方式来解决问题。

7.2 知 识 准 备

7.2.1 函数的调用扩展

1. 函数的嵌套调用

由 5.2.3 节可知，函数的调用可分为三种方式：函数语句、函数表达式和函数参数，其中某函数调用作为一个函数的实参，实质上也是函数表达式形式调用的一种，因为函数的参数本来就要求是表达式形式。

例如，m = max(a,max(b,c));，其中后一个 max(b,c)是一次函数调用，它的值作为 max 另一次调用的实参。m 最终得到的值是 a、b、c 三者最大的。又如，printf("%d",max(a,b));，也是把 max(a,b) 作为 printf()函数的一个参数。这实际上就是函数嵌套调用的一种。

例如，fun1(fun2());，函数调用 fun1()时先将 fun2()返回值作为函数 fun1()参数。

在 C 语言中，函数的定义是独立的，也就是说，一个函数不能定义在另一个函数内部。但在调用函数时，可以在一个函数中调用另一个函数，这就是函数的嵌套调用。接下来通过一个例子演示函数的嵌套调用。

【例 7-1】用一个简单的例子说明函数的嵌套调用。

```
#include <stdio.h>
void fun2()      //定义函数 fun2()
{
    printf("Hello,world!\n");
}
void fun1()    //定义函数 fun1()
{ int i;
  for(i=1;i<=3;i++)
  fun2();      //在函数 fun1()中 3 次调用 fun2()函数
}
void main()
{
    fun1();        //函数 man()中调用 fun1()函数
}
```

运行结果：

```
Hello,world!
Hello,world!
Hello,world!
请按任意键继续. . .
```

程序中在 main()函数中调用了函数 fun1()，而在函数 fun1()中由于使用循环又多次调用了函数 fun2；当函数 fun2 执行完毕将返回 fun1 的调用处；而函数 fun1()执行完毕则返回主函数 main()直至程序结束。执行流程如图 7-1 所示。

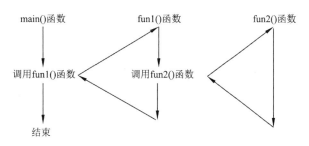

图 7-1   函数嵌套

2．函数的递归调用

递归调用是一种特殊的嵌套调用，是某个函数调用自己或者是调用其他函数后再次调用自己的，只要函数之间互相调用能产生循环的则一定是递归调用。调用流程如图 7-2 所示。

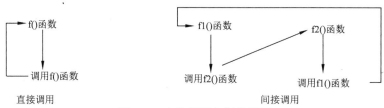

图 7-2   直接调用与间接调用

递归调用是一种特殊的嵌套调用，是某个函数调用自己或者调用其他函数后再次调用自己，只要函数之间互相调用能产生循环的则一定是递归调用，递归调用是一种解决方案，也是一种逻辑思想，将一个大工作分为逐渐减小的小工作，例如，要问一个人年龄，他说比前一人大 1 岁，再问第 2 位年龄，他也说比前一人大 1 岁……一直问到第十个人，他说 12 岁，这样我就能得到第 1 位的年龄了。递归是一种思想，也可以理解为一个动作，这一动作是层层进行的，直到满足一般情况的时候，才停止递归调用，开始从最后一个递归调用返回。下面举一个例子对递归调用进行解释。

【例 7-2】用函数的嵌套调用计算 n 的阶乘。

```c
#include <stdio.h>
int Fact(int n)         //定义 Fact()函数
{ if(n<0)               //n<0 时阶乘无定义
  { printf("参数错!");
    return -1;
  }
  if(n==1)                      //n==0 时阶乘为 1
    return 1;
  else
    return n * Fact(n - 1);//递归求 n 的阶乘，在 Fact(n)中调用 Fact(n-1)
}

void main()
{ int n;
  printf("请输入一个整数:");
  scanf("%d", &n);
```

```
    printf("%d!=%d\n", n, Fact(n));
}
```

运行结果：

```
请输入一个整数:5
5!=120
请按任意键继续. . .
```

从上述代码和结果看，输入 n 为 5，要求出 5 的阶乘，也就是执行 Fact(5),求 Fact(5)就需要调用 Fact(4)，因为 Fact(5)=5*Fact(4)。求 Fact(4)就需要调用 Fact(3)，因为 Fact(4)=4*Fact(3)。求 Fact(3)就需要调用 Fact(2)，因为 Fact(3)=3*Fact(2)。求 Fact(2)就需要调用 Fact(1)，因为 Fact(2)=2*Fact(1)。而 Fact(1)返回值为 1，由此可以反向计算出 Fact(5)的值，在调用过程中，Fact 函数共被调用 5 次，即 Fact(5)、Fact(4)、Fact(3)、Fact(2)、Fact(1)。其中，Fact(5)是 main 函数调用的，其余 4 次是在 Fact 函数中调用的，即递归调用 4 次。在得出 Fact(1)的返回值并不是最终的计算结果，而是正向调用的结果，在正向调用结束后在开始反向计算，直到计算出最外层的 Fact(5)的值，请读者仔细分析调用的过程。将上述递归调用的执行流程进行图解，如图 7-3 所示。

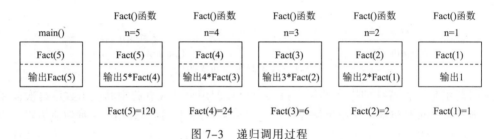

图 7-3　递归调用过程

【说明】

（1）当函数递归调用时，系统将自动把函数中当前的变量和形参暂时保留起来，在新一轮的调用过程中，系统为新调用的函数所用到的变量和形参开辟新的内存空间。每级递归调用所使用的变量保存在不同的内存空间。递归调用的层次越多，同名变量占用的存储单元也就越多。

（2）当本次调用的函数运行结束时，系统将释放本次调用时所占用的内存空间。程序的流程返回到上一层的调用点，同时取得当初进入该层时，函数中的变量和形参所占用的内存空间的数据。

7.2.2　函数声明和函数原型

1. 函数声明

在一个函数中调用另一函数（即被调用函数）需要具备以下条件：

（1）首先被调用的函数必须是已经存在的函数（库函数或用户自己定义的函数）。

（2）如果使用库函数，还应该在本文件开头用 # include 命令将调用有关库函数时所需用到的信息"包含"到本文件中。如前面已多次用过的 # include <studio.h>，其中 studio.h 是一个头文件。如果不包含 studio.h 文件，就无法使用 studio.h 文件中的函数。同样，使用数学库<math.h>中的函数，应该用 # include <math.h>，.h 是头文件所用的扩展名，标志头文件有关的宏定义等概念参见本模块后续内容。

（3）如果使用用户自己定义的函数，且该函数与调用它的函数（即主调函数）在同一个文件中且在主调函数后面定义，还应该在主调函数前对被调用的函数进行声明，即向编译系统声明将要调用此函数，并将有关信息通知编译系统。"声明"一词的原文是 declaration，过去在许多书中译为"说明"，近年来，越来越多的计算机专家提出应称为声明。

【例 7-3】对被调用的函数进行声明。

```
#include <stdio.h>
void main()
{ float add(float x, float y); //被调用函数add()定义在后面，需要对其声明
  float a,b,c;
  scanf("%f %f",&a,&b);
  c=add(a,b);
  printf("sum is %f\n",c);
}
float add(float x,float y)        //函数add()定义,此为函数头
{
    float z;                      // add()函数体
    z=x+y;
    return(z);
}
```

运行结果：<u>1.5　　3.5<回车></u>

```
1.5 3.5
sum is 5.000000
请按任意键继续. . .
```

这是一个很简单的函数调用，函数 add()的作用是求两个实数之和，得到的函数值也是实型。程序第 2 行：float add(float x，float y)；是对被调用的 add()函数进行声明。而 add()函数的定义写在了 main()函数的下方。

读一读

对函数的"定义"和"声明"不是一回事。"定义"是指对函数功能的确立，包括指定函数名、函数值类型、形参及其类型、函数体等，它是一个完整的、独立的函数单位。而"声明"的作用则是把函数的名字、函数类型以及形参的类型、个数和顺序通知编译系统，以便在调用该函数时系统按此进行对照检查（例如，函数名是否正确，实参与形参的类型和个数是否一致）。从程序中可以看到对函数的声明与函数定义中的第 1 行（函数首部）基本上是相同的。因此可以简单地照写已定义的函数的首部，再加一个分号，就成为对函数的"声明"。

其实，在函数声明中也可以不写形参名，而只写形参的类型，如 float add(float,float);。在 C 语言中，把以上形式的函数声明称为函数原型（function prototype）。使用函数原型是 C 语言的一个重要特点。它的作用主要是利用它在程序的编译阶段对调用函数的合法性进行全面检查。从例 7-3 中可以看到 main()函数的位置在 add()函数的前面，但如果没有对函数进行声明，当编译到包含函数调用的语句 c=add(a,b);时，编译系统不知道 add 是不是函数名，也无法判断实参（a 和 b）的类型和个数是否正确，因而无法进行正确性的检查。只有在运行时才会发现实参与形参的类型或个数不一致，出现运行错误。但是，在运行阶段发现错误并重新调试程序，是比较麻烦的，工作量也较大。

应当在编译阶段尽可能多地发现错误，并纠正错误。现在在函数调用之前用函数原型做

了函数声明。因此编译系统记下了所需调用的函数的有关信息，在对 c=add(a,b);进行编译时就"有章可循"了。编译系统根据函数的原型对函数的调用编译时是从上到下逐行进行的，对合法性进行全面的检查。和函数原型不匹配的函数调用会导致编译出错。它属于语法错误。用户根据屏幕显示的出错信息很容易发现和纠正错误。

2. 函数原型

函数原型的一般形式为：

格式1：函数类型 函数名(参数类型1,参数类型2,…)

格式2：函数类型 函数名(参数类型1 参数名1,参数类型2 参数名2,…)

第（1）种形式是基本的形式。为了便于阅读程序，也允许在函数原型中加上参数名，就成了第（2）种形式，但编译系统不检查参数名，因此参数名是什么都可以。上面程序中的声明也可以写成：

```
float add(float a,float b);      //参数名不用 x、y,而用 a、b
```

效果完全相同。

【说明】

应当保证函数原型与函数首部写法上的一致，即函数类型、函数名、参数个数、参数类型和参数顺序必须相同。函数调用时函数名、实参个数应与函数原型一致。实参类型必须与函数原型中的形参类型赋值兼容，按模块2介绍的赋值规则进行类型转换，如果不是赋值兼容，就按出错处理。

（1）以前的C版本的函数声明方式不是采用函数原型，而只声明函数名和函数类型。例如，在例7-3中也可以采用下面的函数声明形式：

```
float add();
```

不包括参数类型和参数个数。系统不检查参数类型和参数个数。新版本也兼容这种用法，但不提倡这种用法，因为它未进行全面的检查。

（2）实际上，如果在函数调用之前，没有对函数进行声明，则编译系统会把第一次遇到的该函数形式（函数定义或函数调用）作为函数的声明，并将函数类型默认为 int 型。

例如，求最大值在调用 max()函数之前没有进行函数声明，编译时首先遇到的函数形式是函数调用 max(a,b)，由于对原型的处理是不考虑参数名的，因此系统将 max()加上 int 作为的函数声明，即 int max();。不少 C 教材上说，如果函数类型为整型，可以在函数调用前不必进行函数声明，但是使用这种方法时，系统无法对参数的类型进行检查。若调用函数时参数使用不当，在编译时也不会报错。因此，为了程序清晰和安全，建议都加以声明。例如，在程序中最好加上以下函数声明：

```
int max(int,int);   或  int max(int x,int y);
```

（3）如果被调用函数的定义出现在主调函数之前，可以不必加以声明。因为编译系统已经先知道了已定义的函数类型，会根据函数首部提供的信息对函数的调用作正确性检查。

（4）如果已在所有函数定义之前，在函数的外部已做了函数声明，则在各个主调函数中不必对所调用的函数再作声明。

除了以上（2）（3）（4）所提到的 3 种情况外，都应该按上述介绍的方法对所调用函数进行声明，否则编译时就会出现错误。用函数原型来声明函数，还能减少编写程序时可能出现的错误。由于函数声明的位置与函数调用语句的位置比较近，因此在写程序时便于就近参照函数原型来书写函数调用，不易出错。

7.2.3　库函数介绍

C 语言的语句十分简单，如果要使用 C 语言的语句直接计算 sin 或 cos 函数，就需要编写较为复杂的程序，因为 C 语言的语句中没有提供直接计算 sin 或 cos 函数的语句。又如为了显示一段文字，在 C 语言中也找不到显示语句，只能使用库函数 printf。

C 语言的库函数并不是 C 语言本身的一部分，它是由编译程序根据一般用户的需要编制并提供用户使用的一组程序。C 的库函数极大地方便了用户，同时也补充了 C 语言本身的不足。事实上，在编写 C 语言程序时，应当尽可能多地使用库函数，这样既可以提高程序的运行效率，又可以提高编程的质量。

1．基本概念

函数库：函数库是由系统建立的具有一定功能的函数集合。库中存放函数的名称和对应的目标代码，以及连接过程中所需的重定位信息。用户也可以根据自己的需要建立自己的用户函数库。

库函数：存放在函数库中的函数。库函数具有明确的功能、入口调用参数和返回值。

连接程序：将编译程序生成的目标文件连接在一起生成一个可执行文件。

头文件：有时也称为包含文件。C 语言库函数与用户程序之间进行信息通信时要使用的数据和变量，在使用某一库函数时，都要在程序中嵌入（用#include）该函数对应的头文件。

由于 C 语言编译系统应提供的函数库目前尚无国际标准，不同版本的 C 语言具有不同的库函数，用户使用时应查阅有关版本的 C 的库函数参考手册。在附录 D 中给出了 C 语言的部分常用库函数。

2．C 库函数分类

C 库函数分为九大类，具体类别是：

（1）I/O 函数。包括各种控制台 I/O、缓冲型文件 I/O 和 UNIX 式非缓冲型文件 I/O 操作。

需要的包含文件：stdio.h。

例如，getchar、putchar、printf、scanf、fopen、fclose、fgetc、fgets、fprintf、fsacnf、fputc、fputs、fseek、fread、fwrite 等。

（2）字符串、内存和字符函数。包括对字符串进行各种操作和对字符进行操作的函数。

需要的包含文件：string.h、mem.h、ctype.h 或 string.h。

例如，用于检查字符的函数：isalnum、isalpha、isdigit、islower、isspace 等。用于字符串操作函数：strcat、strchr、strcmp、strcpy、strlen、strstr 等。

（3）数学函数。包括各种常用的三角函数、双曲线函数、指数和对数函数等。

需要的包含文件：math.h。

例如，sin、cos、exp（e 的 x 次方）、log、sqrt（开平方）、pow（x 的 y 次方）等。

（4）时间、日期和与系统有关的函数。对时间、日期的操作和设置计算机系统状态等。

需要的包含文件：time.h。

例如，time 返回系统的时间；asctime 返回以字符串形式表示的日期和时间。

（5）动态存储分配。包括"申请分配"和"释放"内存空间的函数。

需要的包含文件：alloc.h 或 stdlib.h。

（6）目录管理。包括磁盘目录建立、查询、改变等操作的函数。

（7）过程控制。包括最基本的过程控制函数。

（8）字符屏幕和图形功能。包括各种绘制点、线、圆、方和填色等的函数。

（9）其他函数。

在使用库函数时应了解以下四个方面的内容：

（1）函数的功能及所能完成的操作。

（2）参数的数目和顺序以及每个参数的意义及类型。

（3）返回值的意义及类型。

（4）需要使用的包含文件。

使用 C 库函数的优点有以下几个方面：

（1）经过实践严格测试

这是使用库函数的最重要原因之一，这些函数经过了多次严格的测试，并且易于使用。

（2）对函数进行了性能优化

由于这些函数是"标准库"函数，因此一群专门的开发人员会不断对其进行改进。在此过程中，他们能够创建为实现最佳性能而优化的最高效代码。

（3）节省大量开发时间

由于一般的函数，如打印到屏幕、计算平方根等，都已经编写，不必再次创建它们。

（4）函数可移植

随着现实世界中不断变化的需求，应用程序有望随时随地地运行。而且这些库函数可以在每台计算机上执行相同的操作，从而对用 C 语言编程的人有所帮助。

7.2.4　局部变量和全局变量

在 5.2.3 节中已经知道形参变量要等到函数被调用时才分配内存，调用结束后立即释放内存。这说明形参变量的作用域非常有限，只能在函数内部使用，离开该函数就无效了。所谓作用域（Scope），就是变量的有效范围。不仅对于形参变量，C 语言中所有的变量都有自己的作用域。决定变量作用域的是变量的定义位置。变量说明的方式不同，其作用域也不同，如图 7-4 所示。

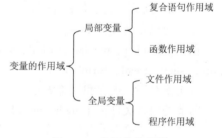

图 7-4　变量的作用域

变量的作用域：变量的有效范围或者变量的可见性，变量定义的位置决定了变量的作用域。变量从作用域（变量的有效范围，可见性）的角度可以分为：局部变量和全局变量。

1. 局部变量

局部变量也称为内部变量。C 语言中，在以下各位置定义的变量均属于局部变量。

（1）在函数体内定义的变量，在本函数范围内有效，作用域局限于函数体内。

（2）在复合语句内定义的变量，在本复合语句内有效，作用域局限于复合语句内。

（3）有参函数的形式参数也是局部变量，只在其所在的函数范围内有效。

局部变量是在函数内作定义说明的，其作用域仅限于函数内，离开该函数后再使用这种变量是非法的。例如：

【例 7-4】局部变量作用域示例。

```
#include <stdio.h>
void main()
{ int i=2,j=3,k;
  k=i+j;
  {
    int k=8;
    printf("%d\n",k);
  }
  printf("%d\n",k);
}
```

运行结果：

本程序在 main 中定义了 i、j、k 三个变量，其中 k 未赋初值。而在复合语句内又定义了一个变量 k，并赋初值为 8。应该注意这两个 k 不是同一个变量，在复合语句外由 main 定义的在 main()函数内 k 都起作用，而在复合语句内定义的 k 只在复合语句中起作用，因此程序第 6 行的 k 在复合语句内，其值应为 8，第 9 行的 k 是 main()函数内定义的 k 起作用，其值为 5，故输出 5。

> **注意**
>
> 主函数中定义的变量也只能在主函数中使用，不能在其他函数中使用；同样主函数中也不能使用其他函数中定义的变量，因为主函数也是一个函数，它与其他函数是平行关系，这一点是与其他语言不同的，应予以注意。
>
> 形参变量是属于被调函数的局部变量，实参变量是属于主调函数的局部变量。

2. 全局变量

全局变量也称为外部变量，它是在函数外部定义的变量。它不属于哪一个函数，它属于一个源程序文件。其作用域是整个源程序。在函数中使用全局变量，一般应作全局变量说明，只有在函数内经过说明的全局变量才能使用。

【例 7-5】输入长方体的长、宽、高（l、w、h）。求体积及 3 个面的面积 l*w、l*h、w*h。

```
#include <stdio.h>
int s1,s2,s3;     //s1,s2,s3 为全局变量
int vs(int a,int b,int c)
{ int v;
  v=a*b*c;
  s1=a*b;
  s2=b*c;
  s3=a*c;
  return v;
  }
void main()
{ int v,l,w,h;
  printf("\ninput length,width and height\n");
```

```
    scanf("%d%d%d",&l,&w,&h);
    v=vs(l,w,h);
    printf("\nv=%d,s1=%d,s2=%d,s3=%d\n",v,s1,s2,s3);
}
```

运行结果：2 3 4<回车>

```
input length,width and height
2 3 4
v=24,s1=6,s2=12,s3=8
请按任意键继续. . .
```

【例 7-6】全局变量与局部变量同名。

```
#include <stdio.h>
int n=10;          //全局变量
void func1()
{ int n=20;        //局部变量
  printf("func1 n: %d\n",n);
}
void func2(int n)
{
  printf("func2 n: %d\n",n);
}
void func3()
{
  printf("func3 n: %d\n",n);
}
void main()
{ int n=30;   //局部变量
  func1();
  func2(n);
  func3();
  {              //代码块由{}包围
  int n=40;   //局部变量
  printf("block n: %d\n",n);
}
printf("main n: %d\n",n);
}
```

运行结果：

```
func1 n: 20
func2 n: 30
func3 n: 10
block n: 40
main n: 30
请按任意键继续. . .
```

【说明】

（1）全局变量可以和局部变量同名，当局部变量有效时，同名全局变量不起作用。

（2）使用全局变量可以增加各个函数之间的数据传输渠道，在一个函数中改变一个全局变量的值，在另外的函数中就可以利用改变值的这个变量。但是，使用全局变量使函数的通用性降低，使程序的模块化、结构化变差，所以要慎用、少用全局变量。

3. 用 extern 声明外部变量

外部变量（即全局变量）是在函数的外部定义的，它的作用域从变量定义处开始到本程序文件的末尾。如果外部变量不在文件的开头定义，其有效的作用范围只限于定义处到文件终了。在引用全局变量时如果使用 extern 声明，可以扩大全局变量的作用域。例如，扩大到整个源文件（模块），对于多源文件（模块）可以扩大到其他源文件（模块）。

1）在一个文件内声明外部变量

如果外部变量不在文件的开头定义，其有效的作用范围只限于定义处到文件终了。如果在定义点之前的函数想引用该外部变量，则应该在引用之前用关键字 extern 对该变量作"外部变量声明"。表示该变量是一个已经定义的外部变量。有了此声明，就可以从"声明"处起，合法地使用该外部变量。例如：

【例 7-7】用 extern 声明外部变量，扩展程序文件中的作用域。

```
#include <stdio.h>
int get_max(int x,int y)    //定义max()函数
{
    int z;
    z = x>y ? x:y;
    return(z);
}
void main()
{
    extern int A,B;        //外部变量声明
    printf("max=%d\n",get_max(A,B));
}
int A=13,B=-8;          //定义外部变量
```

运行结果：

```
max=13
请按任意键继续. . .
```

在本程序文件的最后一行定义了外部变量 A、B，但由于外部变量定义的位置在函数 main 之后，因此本来在 main() 函数中不能引用外部变量 A 和 B。现在在 main() 函数的第 2 行用 extern 对 A 和 B 进行"外部变量声明"，表示 A 和 B 是已经定义的外部变量（但定义的位置在后面）。这样在 main() 函数中就可以合法地使用全局变量 A 和 B 了。如果不作 extern 声明，编译时出错，系统不会认为 A、B 是已定义的外部变量。一般做法是外部变量的定义放在引用它的所有函数之前，这样可以避免在函数中多加一个 extern 声明。

用 extern 声明外部变量时，类型名可以写也可以省写。例如，上例中的 extern int A;也可以写成：extern A;。

2）在多文件的程序中声明外部变量

一个 C 程序可以由一个或多个源程序文件组成。如果程序只由一个源文件组成，使用外部变量的方法前面已经介绍。如果程序由多个源程序文件组成，那么如何在一个文件中引用另一个文件中已定义的外部变量？如果一个程序包含两个文件，在两个文件中都要用到同一个外部变量 Num 不能分别在两个文件中各自定义一个外部变量 Num,否则在进行程序的连接时会出现"重复定义"的错误。

正确的做法是：在任一个文件中定义外部变量 Num，而在另一文件中用 extern 对 Num 作"外部变量声明"。即 extern Num; 在编译和连接时，系统会由此知道 Num 是一个已在别处定义的外部变量，并将在另一文件中定义的外部变量的作用域扩展到本文件，在本文件中可以合法地引用外部变量 Num。下面举一个简单的例子来说明这种引用。

【例 7-8】用 extern 将外部变量的作用域扩展到其他文件。

本程序的作用是给定 b 的值，输入 A 和 m，求 $A \times b$ 和 A^m 的值。

文件 file1.c 中的内容为：

```
#include <stdio.h>
int A;                    //定义外部变量
void main()
{
    int power(int);       //对调用函数作声明
    int b=3,c,d,m;
    printf("enter the number A and its power m: \n");
    scanf("%d,%d",&A,&m);
    c=A*b;
    printf("%d*%d = %d\n",A,b,c);
    d=power(m);
    printf("%d^%d = %d",A,m,d);
}
```

文件 file2.c 中的内容为：

```
extern A;                 //声明 A 为一个已定义的外部变量
int power(int n)
{
    int i,y=1;
    for(i=1;i<=n;i++)
    y*=A;
return(y);
}
```

运行结果：

```
enter the number A and its power m:
3,4
3*3=9
3^4=81
请按任意键继续. . .
```

可以看到，file2.c 文件中的开头有一个 extern 声明，它声明在本文件中出现的变量 A 是一个已经在其他文件中定义过的外部变量，本文件不必再次为它分配内存。本来外部变量 A 的作用域是 file1.c，但现在用 extern 声明将其作用域扩大到 file2.c 文件。假如程序有 5 个源文件，在一个文件中定义外部整型变量 A，其他 4 个文件都可以引用 A，但必须在每一个文件中都加上一个 extern A; 声明。在各文件经过编译后，将各目标文件连接成一个可执行的目标文件。但是用这样的全局变量应十分慎重，因为在执行一个文件中的函数时，可能会改变了该全局变量的值，它会影响到另一文件中的函数执行结果。

【说明】外部变量有以下几个特点：

（1）外部变量和全局变量是对同一类变量的两种不同角度的提法。全局变量是从它的作用域提出的，外部变量是从它的存储方式提出的，表示了它的生存期。

（2）当一个源程序由若干个源文件组成时，在一个源文件中定义的外部变量在其他的源文件中也有效。本例中的源程序由源文件 file1.c 和 file2.c 组成，file1.c 中定义的外部变量 A 在 file2.c 中也有效。

7.2.5　变量的存储类型

变量从空间上分为局部变量和全局变量。从变量存在的时间的长短（即变量生存期）来划分，变量还可以分为：动态存储变量和静态存储变量。变量的存储方式决定了变量的生存期。而 C 语言中变量的存储方式可以分为：动态存储方式和静态存储方式。结构如图 7-5 所示。

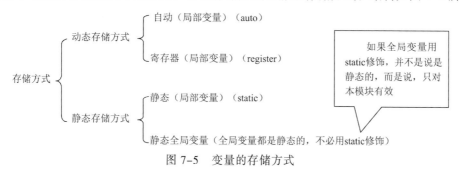

图 7-5　变量的存储方式

1. 静态存储方式与动态存储方式

动态存储方式：在程序运行期间根据需要为相关的变量动态分配存储空间的方式。C 语言中，变量的动态存储方式主要有自动型存储方式和寄存器型存储方式。

静态存储方式：在程序编译时就给相关的变量分配固定的存储空间（在程序运行的整个期间内都不变）的存储方式。C 语言中，使用静态存储方式的主要有静态存储的局部变量和全局变量。

用户存储空间可以分为三个部分：程序区、静态存储区、动态存储区。全局变量全部存放在静态存储区，在程序开始执行时给全局变量分配存储区，程序运行完毕就释放。在程序执行过程中它们占据固定的存储单元，而不动态地进行分配和释放。

动态存储区存放以下数据：

（1）函数形式参数。

（2）自动变量（未加 static 声明的局部变量）。

（3）函数调用时的现场保护和返回地址。

对以上这些数据，在函数开始调用时分配动态存储空间，函数结束时释放这些空间。

2. 用 auto 声明的局部变量

函数中的局部变量，如不专门声明为 static 存储类别，都是动态地分配存储空间的，数据存储在动态存储区中。函数中的形参和在函数中定义的变量（包括在复合语句中定义的变量），都属此类，在调用该函数时系统会给它们分配存储空间，在函数调用结束时就自动释放这些存储空间。这类局部变量称为自动变量。自动变量用关键字 auto 作存储类别的声明。

auto（局部）变量的定义格式：[auto] 类型说明 变量名；

其中，auto 为自动存储类别关键词，可以省略，缺省时系统默认 auto。

例如：

```
int f(int a)          //定义 f()函数,a 为参数
{
    auto int b,c=3;  //定义 b,c 自动变量
    …
}
```

a 是形参，b、c 是自动变量，对 c 赋初值 3。执行完 f 函数后，自动释放 a、b、c 所占的存储单元。

> **注意**
>
> 关键字 auto 可以省略，auto 不写则隐含定为 "自动存储类别"，属于动态存储方式。但是在 VC++ 2010 版本中定义 auto 不能和其他任何类型进行组合。auto num=1;表示把 num 自动转换成整型，归结为 auto 变量名=值（可以是基本数据类型）。auto 根据后面的值自动把该变量转换成相应的类型。大多数以普通声明方式声明的变量都是 auto 变量,它们不需要明确指定 auto 关键字，默认就是 auto。auto 变量在离开作用域是会被程序自动释放，不会发生内存溢出。

【例 7-9】使用 auto 定义变量的用法。

```
#include<stdio.h>
void main()
{
    int i,num;
    num=2;
    for(i=0;i<3;i++)
    {
        printf("The num equal %d\n", num);
        num++;
        {
            auto num=1;
            printf("The internal block num equal %d\n", num);
            num++;
        }
    }
}
```

运行结果：

```
The num equal 2
The internal block num equal 1
The num equal 3
The internal block num equal 1
The num equal 4
The internal block num equal 1
请按任意键继续. . .
```

【说明】

（1）auto 变量属于局部变量的范畴，作用域限于定义它的函数或复合语句内。

（2）auto 变量所在的函数或复合语句执行时，系统动态为相应的 auto 变量分配存储单元，当 auto 变量所在的函数或复合语句执行结束后，auto 变量失效，它所在的存储单元被系统释放，

所以原来的 auto 变量的值不能保留下来。若对同一函数再次调用时，系统会对相应的 auto 变量重新分配存储单元。

3．用 static 声明的局部变量

有时希望函数中的局部变量的值在函数调用结束后不消失而保留原值，这时就应该指定局部变量为"静态局部变量"，用关键字 static 进行声明。

静态局部变量的定义格式：

`<static>类型说明 变量名[=初始化值];`

其中，static 是静态存储方式关键词，不能省略。

例如，static int a=10,b; 在函数内定义。

【例 7-10】考察静态局部变量的值。

```c
#include <stdio.h>
f(int a)
{ auto b=1;
  static int c=3;                //定义静态局部变量c
  b=b+1;
  c=c+1;
  return(a+b+c);
}
void main()
{
    int a=1,i;
    for(i=0;i<3;i++)
    printf("%d ",f(a));
    printf("\n");
}
```

运行结果：

```
7 8 9
请按任意键继续. . .
```

在第一次调用 f() 函数时，a，b 的初值为 1，c 的初值为 3，在 f() 函数执行后得到：b = 2，c = 4，a+b+c = 7。由于 c 是静态局部变量，在函数调用结束后，它并不释放，仍保留 c = 4。在第二次调用 f() 函数时，a 和 b 的初值依然为 1，而 c 的初值为 4（上次调用结束时的值）。本次执行 f() 函数时得到：b=2,c=5,a+b+c=8。依照规律，第三次调用 f() 函数时，返回的结果 a+b+c=9。

可以将例 7-11 与例 7-9 进行对比，来明确 auto 局部变量和静态局部变量的区别。

【例 7-11】使用 static 定义变量的用法。

```c
#include <stdio.h>
void main()
{
    int i,num;
    num=2;
    for(i=0;i<3;i++)
    {
        printf("The num equal %d \n",num);
        num++;
        {
            static int num=1;
            printf("The internal block num equal %d\n",num);
```

```
        num++;
    }
  }
}
```

运行结果：

```
The num equal 2
The internal block num equal 1
The num equal 3
The internal block num equal 2
The num equal 4
The internal block num equal 3
请按任意键继续. . .
```

【说明】

（1）静态局部变量的存储空间是在程序编译时由系统分配的，且在程序运行的整个期间都固定不变。该类变量在其函数调用结束后仍然可以保留变量值。下次调用该函数，静态局部变量中仍保留上次调用结束时的值。

（2）静态局部变量的初值是在程序编译时一次性赋予的，在程序运行期间不再赋初值，以后若改变了值，保留最后一次改变后的值，直到程序运行结束。

4．用 register 声明的局部变量

register 变量是 C 语言使用较少的一种局部变量的存储方式。该方式将局部变量存储在 CPU 的寄存器中，寄存器比内存操作要快很多，所以可以将一些需要反复操作的局部变量存放在寄存器中。

寄存器 register（局部变量）的定义格式：

```
<register> 类型说明 变量名;
```

其中，register 为寄存器存储类别关键词，不能省略。

> **注意**
>
> CPU 的寄存器数量有限，如果定义了过多的 register 变量，系统会自动将其中的部分改为 auto 型变量。

【例 7-12】register 定义变量的方法。

```
#include <stdio.h>
void main()
{
    register int i;
    int tmp=0;
    for(i=1;i<=100;i++)
    tmp+=i;
    printf("The sum is %d\n",tmp);
}
```

运行结果：

```
The sum is 5050
请按任意键继续. . .
```

由于变量 i 在程序中使用频繁，占用空间小；可以用 register 变量。

【说明】

（1）只有局部自动变量和形式参数可以作为寄存器变量。

（2）一个计算机系统中的寄存器数目有限，不能定义任意多个寄存器变量。

（3）局部静态变量不能定义为寄存器变量。

7.2.6　预处理命令

在前面介绍 getchar()和 putchar()函数时，要在程序中使用这两个函数，必须在程序开始加上命令#include <stdio.h>，这个命令是预处理命令，预处理命令是由 ANSI C 统一规定的。预处理命令不是 C 语言的语句，不是 C 语言的组成部分，不能直接对其进行编译，必须在对程序进行编译之前，先处理这些命令，因而称其为预处理命令。

1．预处理命令概述

预处理也是 C 语言区别其他高级语言的特点，是指在系统对源程序进行编译之前，对程序中某些特殊的命令行的处理，预处理程序将根据源代码中的预处理命令修改程序，使用预处理功能，可以改善程序的设计环境，提高程序的通用性、可读性、可修改性、可调试性、可移植性和方便性，易于模块化。其处理过程如图 7-6 所示。

图 7-6　C 语言预处理过程

预处理命令的特点：

（1）预处理命令是一种特殊命令，为了区别一般的 C 语句，必须以#开头，结尾不加分号。

（2）预处理命令可以放在程序中的任何位置，其有效范围是从定义开始到文件结束。

C 语言的预处理功能主要有以下三种：

①宏定义。

②文件包含。

③条件编译。

这三种功能分别通过宏定义命令、文件包含命令和条件编译命令来实现，本书将介绍宏定义命令、文件包含命令。

2．宏定义

在 C 语言源程序中允许用一个标识符来表示一个字符串，称为"宏"。被定义为"宏"的标识符称为"宏名"。在编译预处理时，对程序中所有出现的"宏名"，都用宏定义中的字符串去代换，这称为"宏替换"或"宏展开"，宏定义是由源程序中的宏定义命令完成的。

宏是提供了一种机制，可以用来替换源程序中的字符串。从本质上说，就是替换，用一串字符串替换程序中指定的标识符。因此宏定义也称为宏替换，宏替换是由预处理程序自动完成的，简单来说宏定义，就是用一个标识符来表示一个字符串，如果在后面的代码中出现了该标识符，那么就全部替换成指定的字符串。在 C 语言中，"宏"分为有参数和无参数两种。

1）无参宏定义

无参宏定义是指用一个指定的标识符来代表一个字符串。

其定义的一般格式为：

```
#define 标识符 字符串
```

其中，标识符称为宏名，字符串称为宏替换体。

功能：编译之前，预处理程序将程序中该宏定义之后出现的所有宏名（标识符）用指定的字符串进行替换。在源程序通过编译之前，C 的编译程序先调用 C 预处理程序对宏定义进行检查，每发现一个标识符，就用相应的字符串替换，只有在完成了这个过程之后，才将源程序交给编译系统。

如在前面介绍的符号常量定义就属无参宏定义。例如：

```
#define PI  3.1425926535
```

它的作用是自该宏定义之后出现的所有 PI 用指定的 3.1415926535 进行替换。

又如下例：# define M (y*y+3*y) 在编写源程序时，用 (y*y+3*y) 表达式去置换所有的宏名 M，然后再进行编译。

【例 7-13】无参宏定义示例。

```
#include <stdio.h>
#define M (y*y+3*y)
void main()
{
    int s,y;
    printf("input a number:");
    scanf("%d",&y);
    s=3*M+4*M+5*M;
    printf("s=%d\n",s);
}
```

运行结果：

```
input a number: 2
s=120
请按任意键继续. . .
```

上例程序中首先进行宏定义，定义 M 表达式(y*y+3*y)，在 s= 3*M+4*M+5* M 中做了宏调用。在预处理时经宏展开后该语句变为：s=3*(y*y+3*y)+4(y*y+3*y)+5(y*y+3*y);但要注意的是，在宏定义中表达式(y*y+3*y)两边的括号不能少，否则只用 y*y+3*y 替换 M，结果完全不同。

【说明】

（1）无参宏定义仅仅是符号替换，不是赋值语句，因此不做语法检查。

（2）为了区别程序中其他的标识符，宏名的定义通常用大写字母。

（3）宏定义不是说明或语句，在行末不必加分号，如加上分号则连分号也一起置换。

（4）双引号中出现的宏名不替换。

例如：#define PI 3.14159
　　　printf("PI=%f", PI);

结果为：PI=3.14159

双引号中的 PI 不进行替换。

（5）宏定义必须写在函数之外，其作用域为宏定义命令起到源程序结束。如要终止其作用域可在程序中可以使用#undefine 命令。

（6）使用宏可以有以下好处：

① 输入源程序，可以节省许多操作。

② 经定义之后，可以使用多次，因此使用宏可以增强程序的易读性和可靠性。

③ 用宏系统不需要额外的开销，因为宏所代表的代码只在宏出现的地方展开，因此并不会引起程序的跳转。

（7）宏定义允许嵌套，在宏定义的字符串中可以使用已经定义的宏名。在宏展开时由预处理程序层层代换。例如：

```
#define PI 3.1415926
#define S PI*y*y        //PI 是已定义的宏名
printf("%f",s);         //本句最后变为: printf("%f",3.1415926*y*y);
```

2）带参宏定义

C 语言允许宏带有参数。在宏定义中的参数称为形式参数，在宏调用中的参数称为实际参数。对带参数的宏，在调用中，不仅要宏展开，而且要用实参去替换形参。

带参宏定义是指不仅用一个指定的标识符来代表一个字符串，而且还要进行参数的替换。

其定义的一般格式为：

```
#define 标识符(形参表) 字符串
```

功能：预处理程序将程序中出现的所有带实参的宏名（宏调用），展开成由实参组成的字符串。

带参宏定义进行宏替换时，可以像使用函数一样，通过实参与形参传递数据，增加程序的灵活性。

读一读

宏定义中的#运算符和##运算符。

① #运算符：出现在宏定义中的#运算符把跟在其后的参数转换成一个字符串。

宏定义中的#运算符告诉预处理程序，把源代码中任何传递给该宏的参数转换成一个字符串。

② ##运算符：##运算符用于把参数连接到一起。预处理程序把出现在##两侧的参数合并成一个符号。

【例7-14】预处理程序把出现在##两侧的参数合并成一个符号。

```
#define NUM(a,b,c) a##b##c
#define STR(a,b,c) a##b##c
#include <stdio.h>
void main()
{
    printf("%d\n",NUM(1,2,3));
    printf("%s\n",STR("XX","YY","ZZ"));
}
```

运行结果：

123
XXYYZZ
请按任意键继续. . .

【例7-15】带参数的宏替换。

```
#define S(a,b)  (a>b)?(a):(b)          //定义带参数的宏名 S
#include <stdio.h>
```

```
void main()
{
    int x,y;
    scanf("%d,%d",&x,&y);
    printf("max=%d\n",S(x,y));        //将 S(x,y)替换成 (x>y)?(x):(y)
}
```

运行结果：

```
6,8
max=8
请按任意键继续. . .
```

【例 7-16】求 1~10 平方之和并逐个输出。

```
/*方法一：使用函数*/
#include <stdio.h>
int FUN(int k);
void main()
{
    int i=1,s=0;
    while(i<=10)
        printf("%-4d",s=s+FUN(i++));
    printf("\n");
}
int FUN(int k)
{
    return(k*k);
}
```

运行结果：

```
1   5   14  30  55  91  140 204 285 385
请按任意键继续. . .
```

```
/*方法二：使用宏*/
#define FUN(a) a*a
#include<stdio.h>
void main()
{
    int k=1,s=0,temp;
    while(k<= 10)
    {
        temp = FUN(k);
        printf("%-4d",s=s+temp);
        k++;
    }
    printf("\n");
}
```

运行结果：

```
1   5   14  30  55  91  140 204 285 385
请按任意键继续. . .
```

【说明】

（1）宏名与括号之间不可以有空格。

（2）有些参数表达式必须加括号，否则，在实参表达式替换时，会出现错误。

例如：

```
#define S(x) x*x
```

在程序中，a 的值为 5，b 的值为 8，c=S(a+b) ，替换后的结果为 c=a+b*a+b，

代入 a 和 b 的值之后，c=5+8*5+8，值是 53，并不是希望的 c=(a+b)*(a+b)。

要得到 c=(a+b)*(a+b)表达式，应该定义的宏为#define S(x) (x)*(x)。

（3）带参数的宏与函数类似，都有形参与实参，有时功能两者效果是相同的，但两者是不相同的，其主要区别如下：

① 函数的形参与实参要求类型一致，而在带参宏定义中，形式参数不分配内存单元，因此不必作类型定义；而宏调用中的实参有具体的值，要用它们去代换形参，因此必须作类型说明。

② 函数中，形参和实参是两个不同的量，各有自己的作用域，调用时要把实参值赋予形参，进行"值传递"。而在带参宏中，只是符号代换，不存在值传递的问题。

③ 函数只有一个返回值，宏替换有可能有多个结果。

④ 函数影响运行时间，宏替换影响编译时间。

⑤ 使用宏有可能给程序带来意想不到的副作用。

3. 文件包含

所谓"文件包含"是指在一个 C 语言程序中可以将另一个 C 语言程序的全部内容包含进来，即将另一个 C 语言程序包含到本文件中。

C 语言用来实现"文件包含"的预处理命令是# include 命令。其一般格式有两种，分别为：

格式 1：

```
#include <文件名>
```

格式 2：

```
#include "文件名"
```

功能：用指定的文件名的内容代替预处理命令。

例如，调用系统库函数中的字符串处理函数，需在程序的开始使用 #include <string.h>，表明将 string.h 的内容嵌入当前程序中。

【说明】

文件包含说明：

（1）两种格式的区别。

按格式 1 定义时，预处理程序在标准目录下查找指定的文件，预定义的缺省路径通常是在 include 环境变量中指定的。编译程序将首先到 C:\COMPILER\INCLUDE 目录下查找文件；如果还未找到，则到当前目录下继续查找。

按格式 2 定义时，预处理程序首先在引用被包含文件的源文件所在的目录中查找指定的文件，如没找到，再按系统指定的标准目录查找。

为了提高预处理程序的搜索效率，通常对用户自定义的非标准文件使用格式 2，对使用系统库函数等标准文件使用格式 1。

（2）一个#include 命令只能包含一个文件。

（3）被包含的文件一定是文本文件，不可以是执行程序或目标程序。

（4）文件包含也可以嵌套，即 prog.c 中包含文件 file1.c，在 file1.c 中需包含文件 file2.c，

则在 prog.c 中应使用两个#include 命令，分别包含 file1.c 和 file2.c，而且 file2.c 应当写在 file1.c 的前面。即

```
#include <file2.c>
#include <file1.c>
```

　　文件包含在程序设计中非常重要，当用户定义了一些外部变量或宏，可以将这些定义放在一个文件中，例如 head.h，凡是需要使用这些定义的程序，只要用文件包含将 head.h 包含到该程序中，可以避免再一次对外部变量进行说明，以减少设计人员的重复劳动，既能减少工作量，又可避免出错。

7.3　任 务 实 施

●视 频

模块 7 任务实施

　　软件公司为某学校编写"学生资助信息管理系统"软件，系统首先显示欢迎界面。在欢迎界面下方显示用户登录，要求用户输入账号密码，根据用户输入的账号密码与数据库中管理员的账号密码是否一致来显示相应管理员界面的操作。

　　任务分析：

　　在学生资助管理系统中，系统开始运行通过 main()函数中调用 menu()函数提示用户输入账号密码，在核对账号是否正确后，系统判断管理员用户的级别来显示管理员的操作界面。

```
#include <stdio.h>
#include <string.h>
#include <stdlib.h>
#define USERNAME "1006"      // 将账号使用无参宏定义进行表示
#define PASSWORD "666"        // 将密码使用无参宏定义进行表示
void menu()  //系统启动登录界面
{
    char loguser[10],logpass[10];
    system("CLS");
    printf("********************************************\n");
    printf("*-----------欢迎登录学生资助信息管理系统------*\n");
    printf("********************************************\n");
    printf("请输入您的登录名: ");
    gets(loguser);
    printf("请输入您的密码: ");
    gets(logpass);
    if(strcmp(USERNAME,loguser)==0){
        if(strcmp(PASSWORD,logpass)==0){
            system("CLS");
            printf("         ---------系部管理员菜单----------\n");
            printf(" \n");
            printf("         ********************************\n");
            printf("         *    请输入您要操作的功能        *\n");
            printf("         ********************************\n");
            printf("         *       1:添加资助生信息         *\n");
            printf("         *       2:修改资助生信息         *\n");
            printf("         *       3:查询资助生信息         *\n");
```

```
            printf("            *        4:查询获奖学金学生信息    *\n");
            printf("            *        0:返        回            *\n");
            printf("            *************************************\n");
            printf("\n");
            printf("您的选择: \n");
        }
        else
        {
            printf("密码输入错误! \n");
            menu();    // 递归调用，当密码错误时再次进入登录页面
        }
    }
    else
    {
        printf("账号输入错误! \n");
        menu();    // 递归调用，当账号错误时再次进入登录页面
    }
}
/*主函数 main()
功能: 调用系统菜单函数 menu()显示系统主界面。*/
void main()
{
    menu();        /*调用菜单函数 menu()功能: 显示管理系统的主界面。*/
}
```

运行结果:

小　　结

本模块主要介绍了 C 语言程序的函数和预处理命令，具体要求掌握的内容如下:

1. 变量分类

变量的作用域是指变量在程序中有效范围，分为局部变量和全局变量。

变量的存储类型是指变量在内存中的存储方式，分为静态存储和动态存储，表示了变量的生存期。

自动变量 auto，寄存器变量 register，外部变量 extern，静态局部变量 static。

视　频
模块 7　小结

2．关于函数的递归调用

函数的调用允许嵌套和递归两种方式，在递归调用时应符合以下三个条件：

（1）可以把要处理的问题归纳成一个新问题，而新问题的解决方法与原问题的解决方法相同，只是其处理对象会有规律地递增或递减。

（2）可以应用这个转化过程使问题得到解决。

（3）必定要有一个明确的结束递归的条件，即让递归有一个出口。

3．变量的使用

本模块介绍了变量的数据类型、变量作用域和存储类型，如表 7-1 所示。

表 7-1　变量的数据类型、作用域和存储类型

定义关键字		变 量 名	含 义
存储类型说明	数据类型说明		
static	int	a	a 为静态内部变量或静态外部变量
auto	char	b	b 为自动变量，在函数内定义
register	int	c	c 为寄存器变量，在函数内定义
extern	int	d	d 是一个已被定义的外部变量

4．预编译命令

（1）预处理命令是一种特殊命令，为区别一般 C 语句，必须以#开头，结尾不加分号。

（2）预处理命令可以放在程序中的任何位置，其有效范围是从定义开始到文件结束。

在 C 程序中包含文件有以下两种方法：

（1）用符号"<"和">"将要包含的文件的文件名括起来。

（2）用双引号将要包含的文件的文件名括起来。

5．预处理命令

1）宏定义

①无参宏定义:无参宏定义是指用一个指定的标识符来代表一个字符串。

定义的一般格式：

```
#define 标识符 字符串
```

②带参宏定义:带有参数的宏定义,参数称为形式参数，在宏调用中的参数称为实际参数。对带参数的宏，在调用中，不仅要宏展开，而且要用实参去替换形参。

定义的一般格式：

```
#define 标识符(形参表) 字符串
```

2）文件包含

在一个 C 语言程序中可以将另一个 C 语言程序的全部内容包含进来,即将另一个 C 语言程序包含到本文件中。

文件包含一般格式有两种：

格式 1：

```
#include <文件名>
```

格式 2：

```
#include "文件名"
```

6. 库函数

函数库：函数库是由系统建立的具有一定功能的函数的集合。

库函数：存放在函数库中的函数。库函数具有明确的功能、入口调用参数和返回值。

连接程序：将编译程序生成的目标文件连接在一起生成一个可执行文件。

头文件：有时也称为包含文件。在使用某一库函数时，都要在程序中嵌入（用#include）该函数对应的头文件。

C语言库函数分类：（1）I/O函数。（2）字符串、内存和字符函数。（3）数学函数。（4）时间、日期和与系统有关的函数。（5）动态存储分配。（6）目录管理。（7）过程控制。（8）字符屏幕和图形功能。（9）其他函数。

在使用库函数时应了解以下4个方面的内容：① 函数的功能及所能完成的操作。② 参数的数目和顺序，以及每个参数的意义及类型。③ 返回值的意义及类型。④ 需要使用的包含文件。

实　　训

实训要求

1. 按照验证性实训任务要求，编程完成各验证性实训任务，并调试完成，记录下实训源程序和运行结果。

2. 在学完相关内容后，请大家课后试着设计编写源代码解决各设计性实训任务，并调试完成，记录下实训源程序和运行结果。

3. 对照实训时完成情况，将调试完成的源代码与运行结果填入实训报告中。

实训任务

● 验证性实训

实训1 函数的递归调用——用函数的嵌套调用计算 n 的阶乘。（源代码参考【例7-2】）

实训2 使用函数进行编程，输入长方体的长、宽、高（l、w、h）。求体积及3个面的面积 l*w、l*h、w*h。（源码参考【例7-5】）

实训3 有参宏定义——求 1～10 平方之和并逐个输出。（源代码参考【例7-16】）

● 设计性实训

实训1 以函数调用方式求 $s=1!+2!+3!+4!+5!$，阶乘由函数实现。

实训2 利用以下表达式用无参的宏定义实现计算三角形面积的 area，其中 a、b、c 为三角形的三条边。

$$s = \frac{a+b+c}{2}$$

$$area = \sqrt{s(s-a)(s-b)(s-c)}$$

实训3 定义一个有参的宏，判断输入的年份是否为闰年。

习　题

一、选择题

1. 已知一个函数的定义如下：

```
double fun(int x,double y)
{     }
```

则该函数正确的函数原型声明为（　　　）。

A. double fun (int x,double y)　　　　　B. fun (int x,double y)

C. double fun (int ,double);　　　　　D. fun(x,y);

2. 以下不正确的说法是（　　　）。

A. 全局变量，静态变量的初值是在编译时指定的

B. 静态变量如果没有指定初值，则其初值为 0

C. 局部变量如果没有指定初值，则其初值不确定

D. 函数中的静态变量在函数每次调用时，都会重新设置初值

3. 以下任何情况下计算平方数时都不会引起二义性的宏定义是（　　　）。

A. #define POWER(x) x*x　　　　　B. #define POWER(x) (x)*(x)

C. #define POWER(x) (x*x)　　　　　D. #define POWER(x) ((x)*(x))

4. 以下不正确的叙述是（　　　）。

A. C 语言的预处理功能是指完成宏替换和包含文件的调用

B. C 语言的预处理指令只能位于 C 源程序文件的首部

C. 凡是 C 源程序中行首以 "#" 标识的控制行都是预处理指令

D. C 语言的编译预处理就是对源程序进行初步的语法检查

二、填空题

1. 函数调用语句：fun((a,b),(c,d,e))实参个数为＿＿＿＿＿。

2. 在一个函数内部调用另一个函数的调用方式称为＿＿＿＿＿。在一个函数内部直接或间接调用该函数称为函数＿＿＿＿＿的调用方式。

3. C 语言变量按其作用域分为＿＿＿＿和＿＿＿＿。按其生存期分为＿＿＿＿和＿＿＿＿。

4. 已知函数定义:void dothat(int n,double x) { … }，其函数声明的两种写法为＿＿＿＿和＿＿＿＿。

5. C 语言变量的存储类别有＿＿＿＿、＿＿＿＿、＿＿＿＿和＿＿＿＿。

6. 凡在函数中未指定存储类别的局部变量，其默认的存储类别为＿＿＿＿。

7. 在一个 C 程序中，若要定义一个只允许本源程序文件中所有函数使用的全局变量，则该变量需要定义的存储类别为＿＿＿＿。

8. 下面程序的运行结果是＿＿＿＿。

```
#define A 4
#define B(x)  A*x/2
#include  <stdio.h>
void main()
```

```
{
  float c,a=4.5;
  c=B(a);
  printf("%5.1f\n",c);
}
```

9. 设有以下程序，为使之正确运行，请在横线中填入应包含的命令行。

_____

```
#include  <stdio.h>
void main()
{ int x=2,y=3;
  printf("%d\n",pow(x,y));
}
int pow(x,y){…}
```

三、程序阅读题

1. 写出下面程序的运行结果。

```
func(int a,int b)
{ static int m=0,i=2;
  i+=m+1;
  m=i+a+b;
  return(m);
}
#include  <stdio.h>
#include  <stdlib.h>
void main()
{ int k=4,m=1,p1,p2;
  p1=func(k,m);p2=func(k,m);
  printf("%d,%d\n",p1,p2);
system("pause");
}
```

2. 若输入的值是-125，写出下面程序的运行结果。

```
#include <math.h>
#include <stdio.h>
#include <stdlib.h>
void fun(int n)
{ int k,r;
    for(k=2;k<=(int)sqrt((float)n);k++)
{
  r=n%k;
        while(!r)
```

```
            {
                printf("%d",k); n=n/k;
                if(n>1)printf("*");
                r=n%k;
            }
        }
        if(n!=1)printf("%d\n",n);
    }
    void main()
    { int n ;
        scanf("%d",&n);
        printf("%d=",n);
        if(n<0) printf("-");
        n=(int)fabs((float)n); fun(n);
    system("pause");
    }
```

3. 写出下面程序的运行结果。

```
#define MAX 10
#include  <stdio.h>
int a[MAX],i;
void sub1()
{ for(i=0;i<MAX;i++) a[i]=i+i;
}
void sub2()
{ int a[MAX],i,max;
    max=5;
    for(i=0;i<MAX;i++) a[i]=i;
}
void sub3(int a[])
{ int i ;
  for(i=0;i<MAX;i++)
    printf("%d",a[i]);
    printf("\n");
}
void main()
{ sub1();sub3(a);sub2();sub3(a);
}
```

4. 写出下面程序的运行结果。

```
int i=0;
int fun1(int i)
```

```
{ i=(i%i)*(i*i)/(2*i)+4;
  printf("i=%d\n",i);
  return(i);
}
int fun2(int i)
{ i=i<=2 ? 5 : 0;
  return(i);
}
#include <stdio.h>
void main()
{ int i=5;
  fun2(i/2); printf("i=%d\n",i);
  fun2(i=i/2); printf("i=%d\n",i);
  fun2(i/2); printf("i=%d\n",i);
  fun1(i/2); printf("i=%d\n",i);
}
```

5. 写出下面程序的运行结果是_____。

```
#define MAX(a,b) (a>b?a:b)+1
#include <stdio.h>
void main(){
    int j=6,k=8,f;
    printf("%d\n",MAX(j,k));
}
```

6. 写出下面程序的运行结果是_____。

```
#include <stdio.h>
#define F(y) 3.84+y
#define PR(a) printf("%d",(int)(a))
#define PRINT(a) PR(a);putchar('\n')
void main()
{
    int x=2;
    PRINT(F(3)*x);
}
```

7. 写出下面程序的运行结果是_____。

```
#define DEBUG
#include <stdio.h>
void main()
{
    int a=14,b=15,c;
```

```
      c=a/b;
      #ifdef DEBUG
        printf("a=%d,b=%d,",a,b );
      #endif
      printf("c=%d\n",c);
   }
```

8. 写出下面程序的功能。

```
int func(int n)
{  int i,j,k;
   i=n/100;j=n/10-i*10;k=n%10;
   if((i*100+j*10+k)==i*i*i+j*j*j+k*k*k)
    return n;
    return 0;
}
#include  <stdio.h>
#include  <stdlib.h>
void main()
{  int n,k;
   for(n=100;n<1000; n++)
     if(k=func(n))
      printf("%d",k);
system("pause");
}
```

四、程序判断题

1. 下面 add 函数是求两个参数的和；判断下面程序的正误，如果错误请改正过来。

```
void add(int a,int b)
{ int c;
   c=a+b;
   return(c);
}
```

2. 下面函数 fun 的功能是：统计字符串 s 中各元音字母（即 A、E、I、O、U）的个数，注意：字母不分大小写；判断下面程序的正误，如果错误请改正过来。

```
void fun(char s[ ],int num[5])
{ int k;i=5;
   for(k=0;k<i;k++)
     num[i]=0;
   for(k=0;s[k];k++)
   {
      i=-1;
```

```
        switch ( s )
        {
            case 'a': case 'A': i=0;
            case 'e': case 'E': i=1;
            case 'i': case 'I': i=2;
            case 'o': case 'O': i=3;
            case 'u': case 'U': i=4;
        }
        if(i>=0)
          num[i]++;
    }
}
```

3. 函数 fun 的功能是：根据整型形参 m，计算如下公式的值：

$$y = 1 - \frac{1}{2 \times 2} - \frac{1}{3 \times 3} - \cdots - \frac{1}{m \times m}$$

判断下面程序的正误，如果错误请改正过来。

```
double fun(int m)
{ double y=0,d;
    int i;
for(i=100,i<=m,i+=100)
{
    d=(double)i*(double)i;
    y+=1.0/d;
    }
    return(y);
}
```

4. 下面函数 fun 的功能是：依次取出字符串中所有数字字符，形成新的字符串，并取代原字符串；判断下面程序的正误，如果错误请改正过来。

```
void fun(char s[])
{ int i,j;
    for(i=0,j=0;s[i]!='\0';i++)
        if(s[i]>='0'&&s[i]<='9')
            s[j]=s[i];
    s[j]="\0";
}
```

五、编程题

1. 用递归法计算 $n!$ 阶乘，可用下述公式表示：

$$n! = \begin{cases} 1 & , \quad n=0,1 \\ n(n-1)! & , \quad n \geqslant 2 \end{cases}$$

2. 利用递归函数调用方式，将所输入的 5 个字符，以相反顺序打印出来。

3. 定义一个带参数的宏，使两个参数的值互换。在主函数中输入两个数作为使用宏的实参，输出已交换后的两个值。

模块 8 按地址访问——指针

指针是 C 语言的精华部分，运用指针编程是 C 语言的重要特征之一。利用指针可以使程序简洁、紧凑、高效；可以描述各种复杂的数据结构；能很方便地处理数组和字符串；支持动态内存分配，能很好地利用内存资源，使其发挥最大的效率；得到多于一个的函数返回值等，这些对于系统软件的设计都是必不可少的。学习指针是学习 C 语言最重要的一环，能否正确理解和熟练使用指针是能否掌握 C 语言的一个重要标志。本模块主要介绍指针的定义与使用的相关内容。

学习要求：

- 理解指针概念及其应用；
- 理解并掌握指针变量的定义与初始化；
- 理解指针变量的使用与移动、定位；
- 了解动态内存分配和指针函数的返回值；
- 掌握使用指针编写程序。

8.1 任 务 导 入

学生资助信息管理系统中需要对学生成绩进行排序，排序中常要对不同学生的平均成绩进行交换以达到成绩的有序排列，为此需要设计一个函数 swap 实现两个数据交换。请设计一个 swap 函数实现两个数据交换。

8.2 知 识 准 备

【示例】排序是经常需要的一种操作，其中经常需要进行两个数据进行交换，单纯地实现两个数据交换很容易实现，现在需要通过主函数来调用一个实现数据交换的函数，此时通过被调用的数据交换函数有时就达不到要求。在这里通过设计一个函数 exchange 实现两个数据交换。请设计一个 exchange 函数实现两个数据交换，要求通过主函数获取两个数并调用 exchange 函数实现。

下面是不使用指针的程序。

程序一：

```
#include <stdio.h>
```

```
void exchange(int x,int y)
{ int temp;
   /*输出交换前 x,y 值*/
   printf("交换前: x0=%d,y0=%d\n",x,y);
   temp=x;
   x=y;
   y=temp;
   /*输出交换后的 x,y 值*/
   printf("交换后: x1=%d,y1=%d",x,y);
}
void main()
{ int a,b;
  scanf("%d,%d",&a,&b);
  printf("交换前: a=%d,b=%d\n",a,b);      /*输出交换前的 a,b 值*/
  exchange(a,b);                    /*通过调用交换函数 exchange()试图实现 a,b 值的交换*/
  printf("交换后: a=%d,b=%d\n",a,b);      /*输出交换后的 a,b 值*/
```

程序运行情况如下：

输入：<u>10,20</u><回车>

```
10,20
交换前: a=10,b=20
交换前: x0=10,y0=20
交换后: x1=20,y1=10
交换后: a=10,b=20
请按任意键继续.
```

从程序运行的结果来看，交换前 a、b 的值与交换后 a、b 的值完全相同，说明在主函数中调用 exchange 函数并没有实现 a 和 b 两个数的交换。原因是：调用 exchange 函数时的参数传递采用的是"值传递"，即是一个单向传递过程。虽然，在 exchange 函数中将 x 和 y 两个数进行了交换，但由于是单向传递，x 和 y 的值不能再次反传递给 a 和 b。因此，当主函数调用完 exchange 函数后，a 和 b 仍然保留原来的值，如图 8-1 所示（实际上，exchange 调用后 x、y 两变量已不存在，此处仅为标记 x、y 值进行了交换而已）。

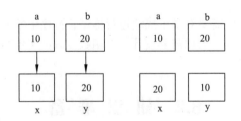

（a）调用 exchange 函数时　　（b）调用 exchange 函数后

图 8-1　调用 exchange 函数示意图

下面是使用指针作为函数的参数来完成数据交换的程序。

程序二：

```
#include <stdio.h>
void exchange(int*p1,int*p2)
{ int temp;
```

```
    temp=*p1;              /*取出指针变量 p1 所指内存单元的内容赋给整型变量 temp */
    *p1=*p2;               /*取指针变量 p2 所指内存单元内容赋给指针变量 p1 所指内存单元 */
    *p2=temp;              /*将 temp 的内容赋给指针变量 p2 所指的内存单元 */
}
void main()
{ int a,b;
  int *ptr_1,*ptr_2;       /*定义指向整型的指针变量 ptr_1 和 ptr_2 */
  scanf("%d,%d",&a,&b);
  printf("交换前: a=%d,b=%d\n",a,b);
  ptr_1=&a;                /*将 a 的地址取出来赋给指针变量 ptr_1 */
  ptr_2=&b;                /*将 b 的地址取出来赋给指针变量 ptr_2 */
  exchange(ptr_1,ptr_2);   /*使用指针变量 ptr_1 和 ptr_2 作为 exchange 函数的实参 */
  printf("交换后: a=%d,b=%d\n",a,b);
}
```

程序运行结果:

输入: 10,20<回车>

```
10,20
交换前: a=10,b=20
交换后: a=20,b=10
请按任意键继续. . .
```

　　从程序运行的结果来看，在主函数中调用 exchange 函数实现了 a 和 b 两个数的交换。在主函数中定义了两个指向整型的指针变量 ptr_1 和 ptr_2，并将它们分别指向了整型变量 a 和 b；然后将指针变量 ptr_1 和 ptr_2 作为 exchange 函数的实参，将变量 a 和 b 的地址传递给 exchange 函数的形参指针 p1 和 p2，亦使得 p1 和 p2 分别指向变量 a 和 b。在 exchange 函数中通过间接访问的方式来访问变量 a 和 b 的内容，实现变量 a、b 内容的交换，如图 8-2 所示。

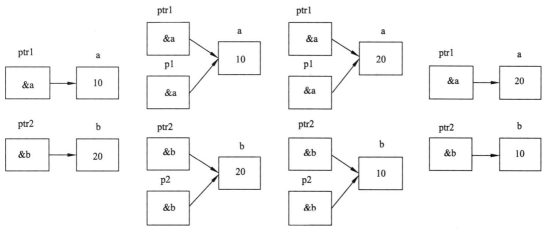

（a）调用 exchange 函数前　（b）调用 exchange 函数　（c）在 exchange 函数实现交换（d）调用 exchange 函数结束后

图 8-2　exchange 函数调用示意图

通过对比上面的两个程序，可以看出：为了使在被调函数中改变了的变量值能被主调函数所用，不能采用"程序一"的方法，把要改变值的变量作为参数的办法，也不能通过函数的返回值（因为函数返回值一次只能返回一个值）来实现，而应该采用"程序二"的方法，用指针变量作为函数的参数，在函数调用过程中使指针变量所指向的变量值发生变化，函数调用结束后，这些变量值的变化依然会被保留下来，这样就实现了"通过调用函数使变量的值发生改变，在主调函数（如 main 函数）中使用这些改变了的值"的目的。

8.2.1 指针的基本概念

在计算机中，所有运行的程序和数据都是存放在内存中。为了能正确地访问内存单元，须给每个内存单元一个编号，该编号称为该内存单元地址。

若在程序中做定义为：

```
Short int a=1,b=2;
float x=3.4,y=4.5;
double m=3.124;
char ch1='a',ch2='b';
```

先看一下编译系统是怎样为变量分配内存的。变量 a、b 是短整型变量，在内存各占 2 个字节；x、y 是单精度实型，各占 4 个字节；m 是双精度实型，占 8 个字节；ch1、ch2 是字符型，各占 1 个字节。由于计算机内存是按字节编址的，设变量的存放从内存 2A00 H 单元开始存放，则编译系统对变量在内存的存放情况如图 8-3 所示(此处只是为方便说明，实际内存单元分配时，除非是数组中各元素分配的单元是连续的，一般变量的分配的内存单元是在规定区域随机分配的，不一定就是如本例连续分配)。

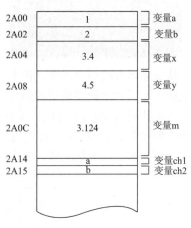

图 8-3　变量占用的内存单元与地址

变量在内存中按照数据类型的不同，占内存的大小也不同，都有具体的内存单元地址，如变量 a 在内存的地址是 2A00H，占据两个字节（2A00H、2A01H）后，变量 b 的内存地址就为 2A02H，变量 m 的内存地址为 2A0CH 等。

对内存中变量的访问，过去用 scanf("%d%d%f", &a,&b,&x)表示将数据输入到变量分配地址所在的内存单元。这种按变量地址存取变量值的方式称"直接访问"方式。因此，在访问变量时，首先应找到其在内存中的地址（&变量名），或者说，一个地址唯一指向一个内存变量，称该地址为变量的指针。如果将变量分配的内存地址值保存在特定变量中并存在内存特定区域以表示所存放的这些地址，这样特定变量就是指针变量，通过指针对所指向变量的访问方式称"间接访问"方式。

读一读

实际上，一个指针就是一个地址，是一个常量；而一个指针变量却可以被赋予不同的地址值（指针值），是变量。因此，变量的地址就是指针，专门用来存放指针的变量就是指针变量。

　　通常情况下，把指针变量简称指针。指针是特殊类型的变量，其存储的内容是变量的内存地址。指针变量的值不仅可以是变量的地址，也可以是其他类型数据的地址，比如在一个指针变量中可存放某个数组或某个函数的首地址。

　　在一个指针变量中存入一个数组或一个函数的首地址有何意义呢？

　　因为数组或函数都是连续存放的，通过访问指针变量取得了数组或函数的首地址，也就找到了该数组或函数。这样，凡是出现数组、函数的地方都可用一个指针变量来表示，只要该指针变量中被赋予数组或函数的首地址即可。这样做将会使程序的概念十分清楚，程序本身也精炼、高效。

　　在 C 语言中，一种数据类型或数据结构往往都占有一组连续的内存单元。用"地址"这个概念并不能很好地描述一种数据类型或数据结构，而"指针"虽然也是一个地址，但它可以是某个数据结构的首地址，它是"指向"一个数据结构的，因而概念更为清楚，表示更为明确、形象。这也是引入"指针"概念的一个重要原因。

　　设一组指针变量 pa、pb、px、py、pm、pch1、pch2，分别指向上述的变量 a、b、x、y、m、ch1、ch2，指针变量也被存放在内存中，二者的对应关系如图 8-4 所示。

　　在图 8-4 中，左侧所示的内存单元中存放的是指针变量的值，该值是指针变量所指变量的地址，通过该地址就可以对右部的变量进行访问。如指针变量 pa 的值为 2A00H，是变量 a 在内存的地址。因此，pa 就指向变量 a。

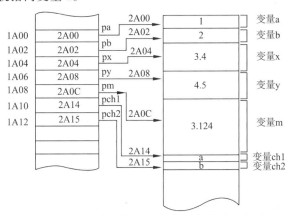

图 8-4　指针变量与变量在内存中的对应关系

8.2.2　变量的指针和指向变量的指针变量

　　如前所述，变量的指针是一个变量在内存中的地址，而专门用来存放一个变量的指针的变量就是指向这个变量的指针变量。

1. 指针变量的定义

　　指针变量与 C 语言的其他变量一样也遵循"先定义而后使用"的原则。指针变量定义的一般形式如下：

　　`类型说明符　*变量名;`

　　其中，*表示这里定义的是一个指针变量；变量名即为定义的指针变量名；类型说明符表示该指针变量所指向对象（变量、数组或函数等）的数据类型。

例如：

```
int *ptr1;   /* "ptr1"（而不是 "*ptr1"）是指向整型变量的指针变量，其值是某个整型
             变量的地址。
至于ptr1究竟指向哪一个整型数据是由ptr1被赋予的地址所决定的*/
float *ptr2;    /* "ptr2"是指向单精度型数据的指针变量*/
char *ptr3;     /* "ptr3"是指向字符型数据的指针变量*/
```

注意

一个指针变量只能指向定义时的同类型数据所在内存单元，如 ptr2 只能指向单精度数据所在的内存单元，不能时而指向一个单精度数据单元，时而又指向一个整型数据单元。

指针变量赋值的两种方法：

（1）指针变量初始化的方法。

```
int a,*p = &a;
/*定义一个整型变量a和指向整型变量的指针变量p，并将整型变量a的地址赋予指针变量p（或者
说将指针变量p指向整型变量a）*/
```

（2）赋值语句的方法。

```
int a,*p;   /*先定义一个整型变量a和指向整型变量的指针变量p*/
p=&a;       /*将整型变量a地址赋予指针变量p*/
```

读一读

用 p=&a 这种方法，被赋值的指针变量前不能再加 "*" 说明符，如写为 *p = &a 是错误的。

指针变量中存放的是定义时所注明类型的变量地址，因而不允许将任何非地址类型的数据赋给它。如 p = 2000;就属于不合法，这也是一种不能转换的错误，因为 2000 是整型常量（int），而 p 是指针变量（int *），因而编译时会出现 cannot convert 'int'to 'int *'的错误信息。

在 C 语言中，变量的地址是由编译系统分配的，对用户完全透明，因此要取得某个变量所在的内存地址必须使用取地址运算符 "&" 来取得变量的地址。

2．指针变量的引用

指针变量的引用形式如下：

```
*指针变量
```

其中，"*"是取内容运算符，是单目运算符，其结合性为右结合，用来表示指针变量所指向的数据对象。

读一读

指针引用时在取内容运算符 "*" 之后必须是指针变量。需要注意的是指针运算符 "*"和指针变量说明符 "*"不是一回事。指针变量说明中的 "*"是定义指针变量时的类型说明符，表示其后定义的变量是指针变量；而表达式中出现的 "*"则是取内容运算符，用来表示指针变量所指向的数据对象。

实际上，若定义了变量以及指向该变量的指针为：

```
int a,*p;
```

若 p=&a;则称 p 指向变量 a，或者说 p 具有了变量 a 的地址。

在程序中，进行 p=&a 赋值以后的程序处理中，凡是可以写&a 的地方，就可以替换成指针的表示 p，a 也可以替换成为*p。

想一想

C 语言中取地址运算符 "&" 和取内容运算符 "*" 可以说是互为逆运算的运算符。

如：若有定义：int a,* p=&a;　则有：&a 与 p 等价，*p 与 a 等价；相当于：&a 等价于 &*p 等价于 p，即 &*p 等价于 p；*p 等价于 *&a 等价于 a，即 *&a 等价于 a；

【例 8-1】 指针变量的引用。

```
#include <stdio.h>
void main()
{
    int n,*nptr;
    nptr=(int *)malloc(sizeof(int)); /*申请空间并让 nptr 指向该空间*/
    *nptr=10;
    n=20;
    printf("%d,%d\n",*nptr,n);
    nptr=&n;
    printf("%d,%d\n",*nptr,n);
    n=30;                            /*直接对变量 n 进行访问*/
    printf("%d,%d\n",*nptr,n);
    *nptr=40;                        /*通过指针变量 nptr 间接对变量 n 进行访问*/
    printf("%d,%d\n",*nptr,n);
}
```

运行结果：

```
10, 20
20, 20
30, 30
40, 40
请按任意键继续. . .
```

读一读

定义了指针变量 nptr 后，其指针变量的内容是不确定的，即其所指的地址是未知的，而 * nptr=10;语句是对指针变量所指的变量进行赋值，这种对不确定的变量赋值是很危险的，很有可能会造成程序的不稳定，甚至会造成死机，因而实际编程中必须避免这种使用，因而程序中用 malloc()申请内存空间并让 nptr 指向该空间。nptr=&n;语句亦使指针变量 nptr 有所指，指向整型变量 n，而变量 n 是经过定义的，系统会给变量 n 分配存储空间，因而在以后的程序中再使用指针变量 nptr 就安全了。

3. 指针变量作为函数参数

函数的参数可以是在前面学过的基本数据类型，也可以是指针类型。使用指针类型作函数的参数，调用函数的实参向函数形参传递的是变量的地址。这里实参所指单元的数据类型要与形参的指针所指向的对象数据类型一致。由于被调函数获得了所传递变量的地址，该地址单元区域的数据在被调函数调用结束后被物理地保留下来。

想一想

需要注意的是，C 语言中实参和形参之间的数据传递是单向的"值传递"方式，指针变量作函数参数也要遵循这规则。因此不能企图通过改变指针形参的值来改变指针实参的值，但可以通过改变作为形参的指针变量所指向的变量值来达到改变实参所指向的变量值目的（实际上，作为实参和形参的指针变量此时是指向同一个变量所在单元）。由于函数调用可以且只可得到一个返回值，而用指针变量作参数，可以通过调用函数得到多个变化了的值，这是运用指针变量作函数参数的好处。

【例 8-2】输入 3 个整数，按降序（从大到小的顺序）输出。要求使用变量的指针作函数调用的实参来实现。

```c
#include <stdio.h>
void exchange(int *ptr1,int *ptr2)
{
    int temp;
    temp=*ptr1,*ptr1=*ptr2,*ptr2=temp;
}

void main()
{
    int num1,num2,num3,*p1,*p2,*p3;
    p1=&num1;
    p2=&num2;
    p3=&num3;
    printf("Input the three numbers: ");
    scanf("%d,%d,%d",p1,p2,p3);  /*输入 3 个整数, &num1、&num2、&num3 分别用 p1、
p2、p3 代替*/
    printf("num1=%d,num2=%d,num3=%d\n",num1,num2,num3);
    if(num1<num2) exchange(p1,p2);        /*排序*/
    if(num1<num3) exchange(p1,p3);
    if(num2<num3) exchange(p2,p3);
    printf("Sorted the three numbers:%d,%d,%d\n",num1,num2,num3); /*输出排
序结果*/
}
```

运行结果：

Input the three numbers：33,72,24<回车>

```
Input the three numbers: 33, 72, 24
num1=33, num2=72, num3=24
Sorted the three numbers:72, 33, 24
请按任意键继续. . .
```

8.2.3　数组与指针

在 C 语言中，数组和指针有着紧密的联系，用指针表示数组元素非常方便。当一个数组被定义后，程序会按照其类型和长度在内存中为数组分配一段连续的地址空间，数组名就是这块连续内存单元的首地址。一个数组也是由各个数组元素（下标变量）组成的。每个数组元素按其类型不同占有几个连续的内存单元。一个数组元素的首地址是指它所占有的几个内存单元首地址。

指针变量是专门用于存放变量的地址，可以指向变量，当然也可存放数组的首地址或数组

元素的地址，这就是说，指针变量可以指向数组或数组元素，对数组和数组元素的引用，也同样可以使用指针变量来完成。

1. 指针与一维数组

假设定义一个一维数组，其数组名就是该数组存储空间的首地址。若再定义一个指针变量，并将数组的首地址传给这个指针变量，则该指针就指向了这个一维数组。对一维数组的引用，既可以用传统的数组元素的下标法，也可使用指向该数组的指针表示法。

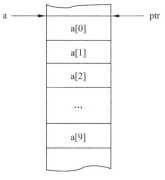

图 8-5　指针变量与数组

例如有以下语句：

```
int a[10],*ptr;      /*定义数组与指针变量*/
ptr=a;               /*也可写成: ptr=&a[0];*/
```

指针变量 ptr 就是指向数组 a 的指针变量，如图 8-5 所示。

那么,现在来看一下 C 语言中通过指针对数组的表示方法：

（1）ptr+n 或 a+n 表示数组元素 a[n]的地址，即&a[n]。

对整个 a 数组来说，共有 10 个元素，n 的取值范围为 0 ~ 9，则数组元素的地址就可以表示为 ptr+0 ~ ptr+9 或 a+0 ~ a+9，与&a[0] ~ &a[9] 保持一致。

（2）数组元素的地址表示方法：*(ptr+n)或*(a+n)就表示为数组的各个元素即等效于 a[n]。

（3）指向数组的指针变量也可用数组的下标形式表示为 ptr[n]，其效果相当于*(ptr+n)。

综上所述，当有指针变量（如 ptr）指向某个数组（如 a[]）时，访问该数组的各元素有两类四种方法：

①通过下标直接访问表示法：

数组下标法：用 a[i]形式访问数组元素。

指针下标法：用 ptr[i]形式访问数组元素。

②通过地址间接访问表示法：

指针法：用*(ptr+i)形式间接访问数组元素。

数组名法：用*(a+i)形式间接访问数组元素。

【例 8-3】输入/输出一维数组各元素。

①数组下标法。

```
#include <stdio.h>
void main()
{
    int i,a[10];
    for(i=0;i<=9;i++)
        scanf("%d",&a[i]);
    for(i=0;i<=9;i++)
        printf("%4d",a[i]);
    printf("\n");
}
```

运行结果：<u>10 11 12 13 14 15 16 17 18 19<回车></u>

```
10 11 12 13 14 15 16 17 18 19
   10   11   12   13   14   15   16   17   18   19
请按任意键继续. . .
```

②指针下标法。

```c
#include <stdio.h>
void main()
{
    int i,a[10],*ptr=a;
    for(i=0;i<=9;i++)
        scanf("%d",&ptr[i]);
    for(i=0;i<=9;i++)
        printf("%4d",ptr[i]);
    printf("\n");
}
```

③指针法。

```c
#include <stdio.h>
void main()
{
    int i,a[10],*ptr=a;
    for(i=0;i<=9;i++)
        scanf("%d",ptr+i);
    for(i=0;i<=9;i++)
        printf("%4d",*(ptr+i));
    printf("\n");
}
```

或

```c
#include <stdio.h>
void main()
{
    int i,a[10],*ptr=a;
    for(i=0;i<=9;i++)/*输入十进制数至指针变量所指单元，指针变量加1指向下一数组元素*/
        scanf("%d",ptr++);
    ptr=a;                 /*因前面程序使指针已移动，因而指针变量需重新指向数组首址*/
    for(i=0;i<=9;i++)
        printf("%4d",*ptr++);
    printf("\n");
}
```

读一读

程序中*ptr++ 所表示的含义要注意。

*ptr 表示指针所指向的变量；ptr++ 表示指针所指向的内存单元地址在当前地址基础上加 1 个该类型变量所占字节数，具体地说，若指向整型变量，则指针所指向的内存单元地址值在当前地址基础上加 4，若指向实型，则指针所指向的内存单元地址值在当前地址基础上加 4，依此类推。

想一想

printf（"%4d",*ptr++)中，*ptr++所起作用为先输出指针指向单元的变量值，然后指针变量加 1（亦即指针所指地址在当前地址基础上加一个整数所占字节数）。指针变量的值在循环结束后，已指向数组的尾部的后面，如本例中数组元素 a[9]的地址假设为 20000，整型占 4 字节，则循环结束时 ptr 的值就为 20004。请思考：如果将以上程序中的 ptr=a;语句去掉，再运行该程序会出现什么结果呢？

④数组名法。

```c
#include <stdio.h>
void main()
{
    int i,a[10],*ptr=a;
    for(i=0;i<=9;i++)
        scanf("%d",a+i);
    for(i=0;i<=9;i++)
        printf("%4d",*(a+i));
    printf("\n");
}
```

【例 8-4】指向数组的指针变量的应用举例——使用指针变量实现动态数组。

所谓动态数组是指在程序运行过程中，根据实际需要指定数组的大小。

在程序运行过程中，数组的大小不能改变的数组称为静态数组。静态数组的缺点是：对于事先无法准确估计数据量的情况，无法做到既满足处理需要，又不浪费内存空间。

在 C 语言中，可利用内存的申请和释放库函数，以及指向数组的指针变量可当数组名使用的特点，来实现动态数组。

动态数组的本质是：一个指向数组的指针变量。

程序代码如下：

```c
#include <malloc.h>        /*使用动态数组需要包含malloc.h 文件*/
#include <stdio.h>
void main()
{
    int *array=NULL,num,i;
    printf("Input the number of element:");
    scanf("%d",&num);                       /*输入动态数组元素个数*/
    array=(int *)malloc(sizeof(int)*num);   /*申请动态数组使用的内存空间*/
    if(array==NULL)                         /*如果内存申请失败: 提示,退出*/
    {
        printf("out of memory,press any key to quit!");
        exit(1);                            /*exit(1): 终止程序运行,返回操作系统*/
    }
    printf("Input %d elements:",num);/*提示输入 num 个数据*/
    for(i=0;i<num;i++)
        scanf("%d",&array[i]);
    printf("%d elements are:",num);    /*提示即将输出刚输入的 num 个数据*/
    for(i=0;i<num;i++)                  /*输出刚输入的 num 个数据*/
        printf("%d\t",array[i]);
    printf("\n");
```

```
        free(array);                    /*释放由 malloc()函数申请的内存块*/
}
```

运行结果：6 <回车>

11 12 13 14 15 16<回车>

```
Input  the  number  of  element:6
Input  6  elements:11 12 13 14 15 16
6  elements  are:11      12      13      14      15      16
请按任意键继续. . .
```

2. 数组名作为函数参数

若以数组名作为函数参数，实参向形参传送数组名实际上就是传送数组的地址，形参得到该地址后也指向同一数组。

实参数组和形参数组各元素之间并不存在"值传递"，在函数调用前形参数组没有被分配内存单元（也就是说没有占用内存单元），在函数调用时，形参数组获得内存，但并不是另外分配新的存储单元，而是以实参数组的首地址作为形参数组的首地址，这样实参数组与形参数组共占用同一段内存（实际上是同一个数组，只不过有实参数组和形参数组两个数组名而已）。

如果在函数调用过程中使形参数组的元素值发生变化实际上也就使实参数组的元素值发生了变化。函数调用结束后，实参数组各元素的内容已改变，那么在主调函数中便可以利用这些已改变的值。

用数组名作函数参数时，实参与形参的对应关系有以下四种情况，如表 8-1 所示。

表 8-1　实参与形参对应关系表

实　参	形　参	实　参	形　参
数组名	数组名	指针变量	指针变量
数组名	指针变量	指针变量	数组名

【例 8-5】用选择法对 10 个整数排序（从大到小排序）。

```c
#include <stdio.h>
void sort(int *x,int n)
{
    int i,j,k,t;
    for(i=0;i<n-1;i++)
    {
        k=i;
        for(j=i+1;j<n;j++)
        if(*(x+j)>*(x+k)) k=j;
        if(k!=i)
        {   t=*(x+i);*(x+i)=*(x+k);*(x+k)=t;  }
    }
}

void main()
{
    int *p,i,array[10];
    p=array;
```

```
for(i=0;i<10;i++)
    scanf("%d",p++);
p=array;
sort(p,10);
printf("排序后的数列: ");
for(p=array,i=0;i<10;i++)
{ printf("%4d\n",*p);  p++;}
printf("\n");
}
```

运行结果：<u>65 20 18 26 17 26 45 34 30 29<回车></u>

```
65 20 18 26 17 26 45 34 30 29
排序后的数列:   65  45  34  30  29  26  26  20  18  17
请按任意键继续...
```

3. 字符串与指针

1）字符串的表示形式

C 语言中对字符串常量是按字符数组处理的。字符数组的每个元素存放一个字符，且以字符串结束标志（'\0'）结尾。可以通过字符数组名（这个数组的首地址）来输入/输出一个字符串。也可以定义一个字符指针，用字符指针指向字符数组或字符串常量，通过指针引用字符数组或字符串中的各个字符。

字符串指针变量的定义说明与指向字符变量的指针变量说明是相同的，因此只能按对指针变量的赋值不同来区别。对字符指针可以赋予字符变量的地址、字符数组或字符串的首地址。例如：

```
char ch,*p=&ch;          /*表示 p 是一个指向字符变量 ch 的指针变量*/
char *str="C Language";  /*表示 str 是指向字符串的指针变量,并把字符串首地址赋予 str */
char a[20],*str=a;       /*表示 str 是指向字符串的指针变量,把字符数组 a 的首地址赋予 str */
```

【例 8-6】逆序输出字符串。

```
#include <stdio.h>
#include <string.h>
void main()
{
    char *p,*str="How do you do!";
    printf("%s\n",str);
    /*将 p 指针在 str(字符串首地址)基础上加字符串长度,以将 p 指针指向字符串尾部'\0'*/
    p=str+strlen(str);
    while(--p>=str)
        printf("%c",*p);
    printf("\n");
}
```

运行结果：

```
How do you do!
!od uoy od woH
请按任意键继续...
```

本例中 strlen(str)表示返回字符串 str 的长度，因而 p=str+strlen(str) 表示将字符串结束标志处的地址赋给字符指针变量 p，然后对字符指针 p 自减，循环实现字符串逆序输出。

2）使用字符串指针变量与字符数组的区别

用字符数组和字符指针变量都可实现字符串的存储和运算，但两者是有区别的，必须加以注意，切不可混淆。在使用时应注意以下几个问题。

（1）字符指针变量本身是一个存放地址的变量，它的值(即存放的地址)是可以改变的，而字符数组的数组名代表该数组的首地址，是常量，其值是不能改变的。

（2）赋初值所代表的意义不同。

对于字符指针变量：

```
char *ptr="Hello World";
```

等价于：

```
char *ptr;
ptr="Hello World";  /*本语句不是将字符串赋给 ptr，而是将 ptr 指针指向该字符串首地址*/
```

对于字符数组进行初始化时：

```
char str[]="Hello World";
```

不能写为：

```
char str[80];
str="Hello World";  /*数组是不能直接整体赋值的，要赋值只能通过 strcpy()函数来完成；
                      或者只能对字符数组的各元素逐个赋值*/
```

（3）定义数组时，编译系统为数组分配内存空间，有确定的地址值，而定义一个字符指针变量时，其所指地址是不确定的。

对于字符数组可以这样使用：

```
char str[80];
scanf("%s",str);
```

对于字符指针变量，应申请分配内存，取得确定地址，例如：

```
char *str;
str=(char *)malloc(80);
scanf("%s",str);
```

而下面的做法是很危险的，会使程序不稳定，随时可能出现死机现象。

```
char *str;
scanf("%s",str);   /*str 指针定义了，但没有明确的指向，因而是很危险的*/
```

在 C 语言中可以使用字符数组名作为实参，将字符数组的首地址传递给形参；也可以将指向字符串的指针变量作为实参，将指针传递给形参。以上两种方法，都可以通过被调函数改变主调函数中字符串的内容。

【例 8-7】用申请分配内存的方法实现两个字符串的连接，并且不能使用 strcat 函数。

```
#include <stdio.h>
#include <stdlib.h>
#include <malloc.h>
void catstr(char *d,char *s);

void main()
{
```

```
        char stra[80]="Can I",*dest,strb[20]=" help you?",*src=strb;
        if((dest=(char *)malloc(80))==NULL)
        {
            printf("no memory\n");
            exit(1);  /*表示发生错误后退出程序*/
        }
        dest=stra;      //交字符数组 stra 的首地址赋给指针 dest
        if(*dest!='\0')     catstr(dest,src);
        else      *dest=*src;
        puts(dest);
}

void catstr(char *d,char *s)
{
    /*移动指针，若指针所指向值不是字符串结束标志则循环，否则结束循环。将指针指向目标字符
串末尾*/
    while(*++d);
    /*源字符向目标字符赋值，移动指针，若所赋值不是字符串结束标志则循环，否则结束循环*/
    while(*s!='\0')
    {*d=*s;   d++;   s++;}
    *d='\0';
}
```

运行结果：

```
Can I help you?
请按任意键继续. . .
```

读一读

本例中定义一个字符指针变量 dest，使用标准函数 malloc() 申请分配 80 个字节的内存空间，用于存放两个字符串连接后的合并字符串。函数 catstr 的形参为两个字符指针变量。s 指向源字符串，d 指向目标字符串。此函数由两个循环组成，第一个循环的作用是用于跳过目的字符串原有的字符。第二个循环则是将源字符串中的字符连接到目的字符串的尾部。

如果将 catstr 函数改为下列形式，请思考会产生什么结果？

```
void catstr(char *d,char *s)
{
    while(*d++);
    while(*s!='\0')
    {*d=*s; d++;s++;}
    *d='\0';
}
```

*4．指向多维数组的指针和指针变量

用指针变量可以指向一维数组，也可以指向二维数组或多维数组。这里以二维数组为例介绍指向多维数组的指针变量。

1）二维数组的地址

定义一个二维数组：

```
static int a[3][4]={{2,4,6,8},{10,12,14,16},{18,20,22,24}};
```

表示二维数组有三行四列共 12 个元素，C 语言中的二维数组在内存中是按行存放，存放形式如图 8-6 所示。

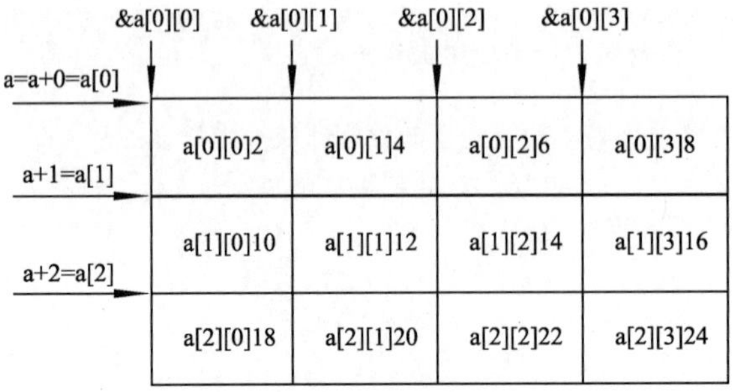

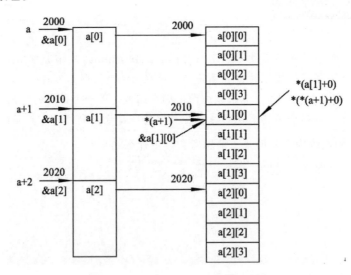

图 8-6 二维数组的地址

其中，a 是二维数组名，其中存放二维数组的首地址，&a[0][0]是数组 0 行 0 列的地址，它的值与 a 相同，a[0]怎么理解呢？因为在二维数组中不存在元素 a[0]，因此 a[0]应该理解成是第 0 行的首地址（即&a[0][0]），当然它的值也是与 a 相同。同理 a[n]就是第 n 行的首地址（即&a[n][0]）；&a[n][m]是数组元素 a[n][m]的地址。

既然二维数组每行的首地址都可以用 a[n]来表示，就可以把二维数组看成是由 n 行一维数组构成，将每行的首地址传递给指针变量，行中的其余元素均可以由指针来表示。从图 8-7 可理解为 a 为一个一维数组，包含 3 个元素，它们分别为 a[0]、a[1]、a[2]，各个元素又是一个有 4 个元素的一维数组。

图 8-7 二维数组的地址理解示意图

从图 8-7 中可以看出，a+1、&a[1]、a[1]、*(a+1)、&a[1][0]的值是相同的，均为 2010H。但可以看出它们实际上是分属于两个不同的层次。其中，a+1、&a[1]是指向行的地址，而 a[1]、*(a+1)、&a[1][0]是指向列的地址。由此可推出：

a+i、&a[i]表示第 i 行首地址，指向行；a[i]、*(a+i)、&a[i][0]表示第 i 行第 0 列元素地址，指向列。

另外，a[0]也可以看成是 a[0]+0，是一维数组 a[0]的 0 号元素的地址，而 a[0]+1 则是 a[0]的 1 号元素地址。a[i]+j 对应于 *i* 行 *j* 列数组元素的地址，由此可得出 a[i]+j 则是一维数组 a[i]的 *j* 号元素地址，它等于&a[i][j]。由 a[i]=*(a+i)得出 a[i]+j=*(a+i)+j，*(a+i)+j 是二维数组 a 的 *i* 行 *j* 列元素的地址，该元素的值可以表示为*(*(a+i)+j)。

2）指向二维数组的指针变量

（1）指向数组元素的指针变量。

【例 8-8】用指针变量输入输出二维数组元素的值。

```
#include <stdio.h>
void main()
{
    int a[3][4],*ptr;
    int i,j;
    ptr=a[0];
    for(i=0;i<3;i++)
        for(j=0;j<4;j++)
            scanf("%d",ptr++);            /*指针的表示方法*/
    ptr=a[0];
    for(i=0;i<3;i++)
    {
        for(j=0;j<4;j++)
            printf("%4d",*ptr++);
        printf("\n");
    }
}
```

输入：<u>11 22 33 44 55 66 77 88 99 100 110 120<回车></u>

运行结果：

```
11 22 33 44 55 66 77 88 99 100 110 120
  11  22  33  44
  55  66  77  88
  99 100 110 120
请按任意键继续. . .
```

读一读

需要注意的是，指向整型变量的指针变量 ptr 只能指向 a[i]、*(a+i)、&a[i][0]等指向列的地址，而不能指向 a+i、&a[i]等指向行的地址。

（2）指向二维数组的指针变量。

指向二维数组的指针变量的说明形式如下：

类型说明符　(*指针变量名)[长度]；

其中，"类型说明符"为所指数组的数据类型。"*"表示其后的变量是指针类型。"长度"表示二维数组分解为多个一维数组时，一维数组的长度，也即二维数组的列数。需要注意"(*指针变量名)"两边的括号不可少，否则表示的是指针数组（后面将介绍），意义就完全不同了。

【例 8-9】输出二维数组元素的值。

```
#include <stdio.h>
void main()
{
```

```
static int a[3][4]={{2,4,6,8},{10,12,14,16},{18,20,22,24}};
int  (*ptr)[4];             /*定义指向二维数组的指针变量 ptr*/
int i,j;
ptr=a;                      /*把二维数组的首地址赋给指针变量 ptr*/
for(i=0;i<3;i++)            /*用指针法输出各数组元素的值*/
{
    for(j=0;j<4;j++)
        printf("%4d",*(*(ptr+i)+j));
    printf("\n");
}
}
```

运行结果：

```
 2    4    6    8
10   12   14   16
18   20   22   24
请按任意键继续. . .
```

8.2.4 指针数组和指向指针的指针

1. 指针数组的概念

接下来定义一种特殊的数组，这类数组的元素中存放的全部是指针，分别用于指向某类的变量，以替代这些变量在程序中的使用，增加灵活性，这种数组被称为指针数组。

指针数组定义形式：

```
类型说明符  *数组名[数组长度];          /*类型说明符为指针值所指向的变量的类型*/
```

例如，char *str[4];，由于 [ ] 比 * 优先权高，所以首先是数组形式 str[4]，然后才是与 "*" 的结合。这样一来指针数组 str 的 4 个元素 str[0]、str[1]、str[2]、str[3] 都是指针，各自都可以指向字符类型的变量。

在使用中注意 char *str[4] 与 char (*str)[4] 之间的区别，前者表示每一个数组元素都是指针的数组，后者是一个指向数组的指针变量。

通常可用一个指针数组来指向一个二维数组，指针数组中的每个元素被赋予二维数组每一行的首地址。使用指针数组，对于处理不定长字符串更为方便、直观。

【例 8-10】使用指针数组指向字符串、指向一维数组以及指向二维数组。

```
#include <stdio.h>
void main()
{
    char *ptr1[4]={"Cat","Mouse","Dog","Sugar"};
                        /*指针数组 ptr1 的 4 个指针分别依次指向 4 个字符串*/
    int i,*ptr2[3],a[3]={1,2,3},b[3][2]={1,2,3,4,5,6};
    for(i=0;i<4;i++)
        printf("%s",ptr1[i]); /*依次输出 ptr1 数组 4 个指针指向的 4 个字符串*/
    printf("\n\n");
    for(i=0;i<3;i++)
        ptr2[i]=&a[i];       /*将整型一维数组 a 的 3 个元素的地址传递给指针数组 ptr2*/
    for(i=0;i<3;i++)         /*依次输出 ptr2 所指向的 3 个整型变量的值*/
        printf("%4d",*ptr2[i]);
    printf("\n\n");
```

```
    for(i=0;i<3;i++)
        ptr2[i]=b[i];        /*传递二维数组 b 的每行首地址给指针数组的 4 个指针*/
    for(i=0;i<3;i++)          /*按行输出*/
        printf("%4d%4d\n",*ptr2[i],*ptr2[i]+1);
}
```

运行结果：

【例 8-11】定义一个含有四个数组元素的字符指针数组，同时再定义一个二维字符数组其数组大小为 4×20，即 4 行 20 列，可存放四个字符串。若将各字符串的首地址传递给指针数组各元素，那么指针数组就成为名副其实的字符串数组。请使用冒泡法对这些字符串进行排序。

```
#include <stdio.h>
#include <stdlib.h>
#include <string.h>
void sort(char *ptr1[],int n);
void main()
{
    char *ptr[4],str[4][20];      /*定义指针数组、二维字符数组*/
    int i;
    system("cls");                /* VC 中可以用 system("cls");来完成清屏*/
    for(i=0;i<4;i++)
        gets(str[i]);             /*输入 4 个字符串*/
    printf("\n");
    for(i=0;i<4;i++)
        ptr[i]=str[i];            /*将二维字符数组各行的首地址传递给指针数组的各指针*/
    printf("original string:\n");
    for(i=0;i<4;i++)              /*按行输出原始各字符串*/
        printf("%s\n",ptr[i]);
    sort(ptr,4);
    printf("sorted string:\n");
    for(i=0;i<4;i++)              /*输出排序后的字符串*/
        puts(ptr[i]);
}

void sort(char *ptr1[],int n)
{
    char * temp;
    int i,j;
    for(i=0;i<n-1;i++)            /*冒泡排序*/
    for(j=0;j<n-i-1;j++)
    if(strcmp(ptr1[j],ptr1[j+1])>0)
    { temp=ptr1[j];
```

```
    ptr1[j]=ptr1[j+1];
    ptr1[j+1]=temp;
    }
}
```

输入：

<u>gggg</u><回车>

<u>1111</u><回车>

<u>3333</u><回车>

<u>dddd</u><回车>

运行结果：

```
gggg
1111
3333
dddd

original string:
gggg
1111
3333
dddd
sorted string:
1111
3333
dddd
gggg
请按任意键继续. .
```

*2．指向指针的指针

一个指针变量可以指向整型变量、实型变量、字符类型变量，当然也可以指向指针类型变量。如果一个指针变量存放的是另一个指针变量的地址，则称这个指针变量为指向指针的指针，也称双重指针。下面用一些图来描述这种双重指针，如图 8-8 所示。

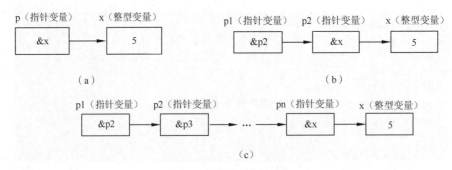

图 8-8　指向指针的指针

在图 8-8（a）中，整型变量 x 的地址是&x，将其传递给指针变量 p，则 p 指向 x；在图 8-8（b）中，整型变量 x 的地址是&x，将其传递给指针变量 p2，则 p2 指向 x，p2 是指针变量，同时，将 p2 的地址&p2 传递给 p1，则 p1 指向 p2。这里的 p1 就是讲到的指向指针变量的指针变量，即指针的指针。

同理，在图 8-8（c）中，形成了多级指针。前面已介绍，通过指针访问变量称为间接访问。由于指针变量直接指向变量，所以称为单级间接访问。而如果通过指向指针的指针变量来访问变量则构成了二级或多级间接访问。C 语言中，对间接访问的级数并未明确限制，但是间接访问级数太多时不易理解，也容易出错，因此，一般很少使用超过二级的间接访问。

指向指针的指针变量定义如下：

```
类型说明符　**指针变量名；
```

例如：`float　**ptr;`

其含义为定义一个指针变量 ptr，它指向另一个指针变量（该指针变量又指向一个实型变量）。由于指针运算符"*"是自右至左结合，所以上述定义相当于：

```
float *(*ptr);
```

下面看一下指向指针变量的指针变量怎样正确引用。

【例 8-12】使用指向指针的指针改写例 8-11 的程序。

```c
#include <stdio.h>
#include <stdlib.h>
#include <string.h>
void sort(char **ptr1,int n);
void main()
{
    char **ptr,str[4][20];   /*定义指针数组、二维字符数组*/
    int i;
    system("cls");
    for(i=0;i<4;i++)
        gets(str[i]);            /*输入 4 个字符串*/
    printf("\n");
    ptr=(char **)malloc(20);
    for(i=0;i<4;i++)
        *(ptr+i)=str[i];         /*将二维字符数组各行的首地址传递给指针数组的各指针*/
    printf("original string:\n");
    for(i=0;i<4;i++)             /*按行输出原始各字符串*/
        printf("%s\n",*(ptr+i));
    sort(ptr,4);
    printf("sorted string:\n");
    for(i=0;i<4;i++)             /*输出排序后的字符串*/
        puts(*(ptr+i));
}

void sort(char **ptr1,int n)
{
    char *temp;
    int i,j;
    for(i=0;i<n-1;i++)          /*冒泡排序*/
        for(j=0;j<n-i-1;j++)
        if(strcmp(*(ptr1+j),*(ptr1+j+1))>0)
        { temp=*(ptr1+j);
        *(ptr1+j)=*(ptr1+j+1);
        *(ptr1+j+1)=temp;
```

```
    }
}
```

运行结果：

```
gggg
1111
3333
dddd

original string:
gggg
1111
3333
dddd
sorted string:
1111
3333
dddd
gggg
请按任意键继续. . .
```

*8.2.5 返回指针值的函数

函数可以通过 return 语句返回一个单值的整型数、实型数或字符值，也可以返回含有多值的指针型数据，即指向多值的一个指针（即地址），这种返回指针值的函数也称指针型函数。

定义形式为：

```
类型说明符 *函数名(形参表)
{
    ...                 /*函数体*/
}
```

其中，函数名之前加了"*"号表明这是一个指针型函数，即返回值是一个指针。类型说明符表示了返回的指针值所指向的数据类型。

例如：

```
int *pfun(int x,int y)
{
    ... /*函数体*/
}
```

表示 pfun 是一个返回指针值的指针型函数，它返回的指针指向一个整型变量。

【例 8-13】利用指针型函数编写一个求子字符串函数。

```
#include <stdio.h>
#include <stdlib.h>
#include <string.h>
#include <malloc.h>
char *substr(char *dest,char *src,int begin,int len)    /*定义一个指针型函数
substr*/
{
    int srclen=strlen(src );      /*取源字符串长度*/
    if(begin>srclen||!srclen||begin<0||len<0)
    dest[0]='\0';  /*当取子串的开始位置超过源串的长度,或者源串长度为 0,或者开始位置
                    和子串长度为非法（小于 0）时,目标串置为空串*/
    else
```

```
    {
        if(!len||(begin+len)>srclen)
        len=srclen-begin+1;    /*当子串长度为 0 或开始位置加子串长度大于源串长度时,
                                调整子串的长度为从开始位置到源串结束的所有字符*/
        memmove(dest,src+begin-1,len);  /*调用库函数 memmove 将子串从源串中移到目
标串中*/
        dest[len]='\0';
    }
    return dest;             /*返回一个指向字符串的指针变量*/
}

void main()
{
    char *dest;
    char src[]="C Programming Language";
    if((dest=(char *)malloc(80))==NULL)
    {
        printf("no memory\n");
        exit(1);             /*表示发生错误后退出程序*/
    }
    printf("%s\n",substr(dest,src,15,4));
    printf("%s\n",substr(dest,src,15,0));
    free(dest);
}
```

运行结果:

```
Lang
Language
请按任意键继续. . .
```

读一读

本例定义了一个指针型函数 substr,在它的形参中定义一个目的串 dest 用于存储子串。在主调函数中,首先使用标准函数 malloc 申请分配 80 个字节的内存空间,用于存放目标子串。malloc 函数返回类型 void *,因而需强制类型转换(char *)malloc(),这样能保证与指针变量 dest 的类型相匹配。malloc 函数调用成功后将返回新分配的内存地址,如果没有足够的内存分配,就返回 NULL。一般情况下,用户需要使用 free 函数来释放分配的内存空间。用户在编程中一定要有这种申请分配内存的习惯,决不可任其越界,写到不确定的地址空间中。

应特别注意指向函数的指针和指针型函数这两者在写法和意义上的区别。如 int(*pf)()和 int *pf()是两个完全不同的量。int (*pf)()是一个变量声明,声明 pf 是一个指向函数入口的指针变量,该函数的返回值是整型量,(*pf)的两边的括号不能少。int *pf() 则不是变量声明而是函数声明,声明 pf 是一个指针型函数,其返回值是一个指向整型量的指针,*pf 两边没有括号。对于指针型函数定义,int *pf()只是函数头部分,一般还应该有函数体部分。

8.3　任 务 实 施

学生资助信息管理系统中需要对学生成绩进行排序，程序设计中对学生成绩进行比较，按从小到大排序，对符合从小到大的学生就调用函数 swap 交换数据，最后生成一个有序的数据序列。

程序分析：

在设计两个数组：stuname[5][8]和 score[5]分别存放学生姓名和对应的成绩（为了简便，以 5 位学生为例，每位学生的数据以下标来对应，即姓名在 stuname[k][8]中的学生对应的成绩存在 score[k]中，实际上此类数据用下一模块的结构体更好处理），主函数录入学生原始数据，然后显示；接着调用排序函数 sort()，排序中若不符合次序要求则交换（同时交换姓名和成绩），然后输出排序后数据。

```
#include<stdio.h>
#include<string.h>
void swap(float *a,float *b);      //交换成绩数据函数声明
void swaps(char *x,char *y);       //交换姓名数据函数声明
void sort(float *t,int m);         //排序函数声明
char stuname[5][8];                //学生姓名
float  score[5];                   //学生成绩
void main()
{
    int n,k;
    for(n=0;n<5;n++)
        scanf("%s%f",stuname[n],&score[n]);  //录入学生初始数据：姓名和成绩
    k=n;
        printf("before sort:\n");
    for(n=0;n<5;n++)
        printf("%s  %f\n",stuname[n],score[n]);  //学生初始数据显示
    sort(score,k);
    printf("after sort:\n");
    for(n=0;n<5;n++)
        printf("%s  %f\n",stuname[n],score[n]);  //排序后学生数据显示
}
void sort(float *t,int m)  //比较排序
{
    int i,j;
    for(i=0;i<m;i++)
    for(j=i+1;j<m;j++)
    {
        if(score[i] < score[j])    //一但不符合大小次序，则同时交换姓名和成绩
        {
            swap(&score[i],&score[j]);        //交换成绩
            swaps(stuname[i],stuname[j]);     //交换姓名
        }
    }
}
void swap(float *a,float *b)    /*交换成绩数据记录*/
```

```
{
    float temp;
    temp=*a;
    *a=*b;
    *b=temp;
}
void swaps(char *x,char *y)    /*交换姓名数据*/
{
    char tep[8];
    strcpy(tep,x);
    strcpy(x,y);
    strcpy(y,tep);
}
```

输入：

张三 76<回车>

李四 57<回车>

王五 69<回车>

沈大 85<回车>

朱玉 77<回车>

运行结果：

```
张三  76
李四  57
王五  69
沈大  85
朱玉  77
before sort:
张三    76.000000
李四    57.000000
王五    69.000000
沈大    85.000000
朱玉    77.000000
after sort:
沈大    85.000000
朱玉    77.000000
张三    76.000000
王五    69.000000
李四    57.000000
请按任意键继续.
```

小   结

本模块主要介绍了指针的概念，要求理解掌握指针的定义、引用和运算，具体内容如下：

视 频

模块 8 小结

1. 指针定义

下面以字符指针为例，对本模块主要内容进行小结，如表 8-2 所示。

表 8-2   指针主要内容（以字符指针为例）

定 义	含 义
char *p	p 为指向字符型数据（可以是字符型变量、字符数组、字符串常量）的指针变量
char *p[n];	定义指针数组 p，它由 n 个指向字符型数据的指针元素组成

续表

定　义	含　义
char (*p)[n];	p 为指向含 n 个元素的一维数组的指针变量
char *p();	p 为返回一个指针的函数，该指针指向字符型数据
char (*p)();	p 为指向函数的指针，该函数返回一个字符型值
char **p;	p 是一个指针变量，它指向一个指向字符型数据的指针变量

2. 指针引用

指针变量的引用格式：

```
*指针变量
```

其中，"*"是取内容运算符，是单目运算符，其结合性为右结合，用来表示指针变量所指向的数据对象。

3. 指针运算

指针变量的运算种类是有限的。它只能进行赋值运算和加减运算及关系运算。除此以外，还可以赋空（NULL）值。

- 指针变量的加减运算只能对指向数组的指针变量进行，对指向其他类型的指针变量作加减运算是无意义的。指针变量加或减一个整数 n 的意义是把指针指向的当前位置（指向某数组元素）向前或向后移动 n 个位置。只有指向同一数组的两个指针变量之间相减才有意义。两指针变量相减所得之差是两个指针所指数组元素之间相差的元素个数。
- 指向同一数组的两指针变量进行关系运算可表示它们所代表的地址之间的关系。

例如：

```
p1==p2      /*若成立,则表示 p1 和 p2 指向同一数组元素*/
p2>p1       /*若成立,则表示 p2 处于高地址位置*/
p2<p1       /*若成立,则表示 p2 处于低地址位置*/
```

- 对指针变量赋空值和不赋值是不同的。指针变量未赋值时，可以是任意值，是不能用的，否则将造成意外错误；而指针变量赋空值后，则可以使用，只是它不指向具体的变量而已。

实　训

实训要求

1. 对照教材中的例题，模仿编程完成各验证性实训任务，并调试完成，记录下实训源程序和运行结果。

2. 在学完相关内容后，请大家课后试着设计编写源代码解决各设计性实训任务，并调试完成，记录下实训源程序和运行结果。

3. 对照实训时完成情况，将调试完成的源代码与运行结果填入实训报告中。

实训任务

●验证性实训

实训 1：分别定义整型变量 i、单精度型变量 f 和字符型变量并初始化它们的值为 12、3.14、

'm'，然后再定义整型指针变量 p1、单精度型指针变量 p2、字符型指针变量 p3，并分别将 p1、p2、p3 指向 i、f、ch，并使用这 3 个指针变量输出相应类型的变量值。（源程序参考【例 8-1】）

实训 2：输入 3 个整数，用指针变量作为函数参数实现按由小到大的顺序输出。（源程序参考【例 8-2】）

实训 3：从键盘输入一个字符串给字符指针变量 p，要求通过指针变量操作并以 putchar() 函数来输出该字符串。（源程序参考【例 8-3】）

实训 4：在主函数中输入 6 个不等长的字符串。用另一个函数对它们排序，然后在主函数中输出这 6 个已排好序的字符串，要求用指针数组实现。（源程序参考【例 8-11】）

● **设计性实训**

实训 1：使用指针变量作函数调用的实参，升序输出两个整数。

实训 2：输入 10 个整数，将其中最小的数与第一个数对换，把最大的数与最后一个数对换。（要求用指针实现）

实训 3：写一个函数，求一个字符串的长度，在 main() 函数中输入字符串，并输出其长度。

实训 4：设计一个函数，实现将一字符串中的前后空格删去功能。要求返回删除前后空格后的字符串的指针值。

习　　题

一、选择题

1. 若有说明：int i,j=2, *p=&i;，则能完成 i=j 赋值功能的语句是（　　　）。

 A. i=*p;   B. *p=*&j;   C. i=&j;   D. i=**p;

2. 以下定义语句中，错误的是（　　　）。

 A. int a[]={1,2};   B. char *a[3];

 C. char s[10]="test";   D. int n=5,a[n];

3. 假定以下程序：

```
#include  <stdio.h>
void main(int argc, char *argv[]))
{ while(--argc>0) printf("%s",argv[argc]);
  printf("\n");
}
```

经编译和连接后生成可执行文件 PROG.EXE，如果在此可执行文件所在目录的 DOS 提示符下键入：PROG ABCDEFGH IJKL<回车>，则输出结果为（　　　）。

 A. ABCDEFG   B. IJIIL

 C. ABCDEFGHIJKL   D. IJKLABCDEFGH

4. 若定义了以下函数：

```
void f(…)
{ …
  *p=(double *)malloc(10*sizeof(double));
```

```
    ...
    }
```

p 是该函数的形参，要求通过 p 把动态分配存储单元的地址传回主调函数，则形参 p 的正确定义应当是（　　　）。

    A．double ＊p   B．float ＊＊p

    C．double ＊＊p   D．float ＊p

5．有如下说明：

```
int a[10]={1,2,3,4,5,6,7,8,9,10},*p=a;
```

    则数值为 9 的表达式是（　　　）。

    A．＊p+9   B．＊(p+8)   C．＊p+=9   D．p+8

6．有如下程序段：

```
int *p,a=10,b=1;
p=&a; a=*p+b;
```

    执行该程序段后，a 的值为（　　　）。

    A．12   B．11   C．10   D．编译出错

7．有以下函数：

```
char fun(char *p)
{ return p;}
```

    该函数的返回值是（　　　）。

    A．无确切的值   B．形参 p 中存放的地址值

    C．一个临时存储单元的地址   D．形参 p 自身的地址值

8．下列程序的运行结果是（　　　）。

    A．6 3   B．3 6   C．编译出错   D．0 0

```
#include <stdio.h>
void fun(int *a, int *b)
{ int *k;
  k=a;a=b;b=k;
}
void main()
{ int a=3,b=6,*x=&a,*y=&b;
  fun(x,y);
  printf("%d %d",a,b);
}
```

9．若有说明：char s1[4]＝"12"; char ＊ptr;则执行以下语句后的输出为（　　　）。

```
ptr=s1;
printf("%c\n", *(ptr+1));
```

    A．字符'2'   B．字符'1'

    C．字符'2'的地址   D．不确定

10. 若有以下定义，则对 a 数组元素的非法引用是 (　　　　)。

```
int a[2][3],(*pa)[3];pa=a;
```

A. *(a[0]+2)　　　　　　B. *pa[2]　　　　　C. pa[0][0]　　　　　D. *(pa[1]+2)

二、阅读下面程序，写出程序运行结果

1.
```
#include <stdio.h>
void main()
{
    char *ptr1,*ptr2;
    ptr1=ptr2= "abcde";
    while(*ptr2!='\0')
        putchar(*ptr2++);
    while(-- ptr2>=ptr1)
        putchar(*ptr2);
    putchar('\n');
}
```
运行结果为：＿＿＿＿＿＿＿。

2.
```
#include <stdio.h>
void main()
{
    int a[10]={11,12,13,14,15,16,17,18,19,20},n=10,i;
    sub(a,&n);
    for(i=0;i<n;i++)
        printf("%d",a[i]);
        printf("\n");
}
sub(int *s,int*n)
{
    int i,j=0;
    for (i=0;i<*n;i++)
        if (*(s+i)%2!=0)  s[j++]=s[i];
        *n=j;
}
```
运行结果为：＿＿＿＿＿＿＿。

3.
```
#include <stdio.h>
int a[]={1,5,7,9,11,13};
void main()
{
    int *p;
    p=a+3;
```

```
        printf("%d,%d\n",(*p),*p++);
        printf("%d,%d\n",*(p-2),*(a+4));
   }
```

运行结果为：_____。

4.
```
   #include <stdio.h>
   void fun(int *a,int *b)
   { int *k;
     k=a;a=b;b=k;
   }
   void main()
   { int a=3,b=6,*x=&a,*y=&b;
     fun(x,y);
     printf("%d %d",a,b);
   }
```

运行结果为：_____。

5.
```
   #include <stdio.h>
   void main()
   { char ch[2][5]={"6937","8254"},*p[2];
     int i,j,s=0;
     for(i=0;i<2;i++) p[i]=ch[i];
     for(i=0;i<2;i++)
     for(j=0;p[i][j]>'\0';j+=2)
     s=10*s+p[i][j]- '0';
     printf("%d\n",s);
   }
```

运行结果为：_____。

三、编程题（要求用指针完成）

1. 编一个程序，输入 10 个整数存入一维数组中，再按逆序重新存放后输出。

2. 在主函数中输入 6 个字符串，用另一个函数对它们按从小到大的顺序排序，然后在主函数中输出这 6 个已排好序的字符串。要求使用指针数组进行处理。

3. 编写一函数，能实现两个字符串的比较。不要用 C 语言提供的标准库函数 strcmp。要求在主函数中输入两个字符串并输出比较结果，相等时结果为 0，不等时结果为第一个不相等字符的 ASCII 码的差值。

4. 输入两个字符串，要求能将这两个字符串交叉连接。如字符串 string1 为 ABCD，字符串 string2 为 123456，则合并字符串为 A1B2C3D456。

模块 ⑨ 构造数据类型——结构体、共用体与枚举

前面已学习了一些基本数据类型（整型、实型、字符型）的相关知识以及数组（一维、二维）的定义和应用，这些数据类型的特点是：当变量声明为某种数据类型时，就限定该类型变量的存储特性和取值范围。对基本数据类型来说，既可以定义单个变量，也可以定义数组。数组是一种构造数据类型，但数组的全部元素都具有相同的数据类型。本模块将介绍两个构造数据类型——结构体和共用体，其成员可具有不同类型。还将介绍枚举和用户自定义类型的概念及应用。

学习要求：

- 理解结构体及变量、结构体数组，掌握结构体及变量、结构体数组定义及正确使用；
- 理解共用体变量的定义及正确使用；
- 熟悉 malloc、calloc、free、realloc 函数的正确应用；
- 理解枚举类型变量的定义，掌握枚举类型变量的正确使用；
- 了解类型定义符 typedef 的正确使用；
- 掌握应用结构体类型编写 C 程序。

9.1 任 务 导 入

某高校现在要求登记学生资助情况，需要填写学生信息登记表，填写的数据包括学生学号、系部、专业、姓名、成绩总分、课程门数、成绩平均分、家庭住址等信息。

9.2 知 识 准 备

9.2.1 结构体

1. 结构体类型的定义

结构体类型是根据实际相关数据的具体情况，由用户自行定义的一种数据类型。

定义结构体类型的一般形式为：

```
struct  结构体类型名
{ 类型标识符  成员 1;
  类型标识符  成员 2;
  …
  类型标识符  成员 n;
};
```

例如，现要求设计一张学生信息登记表，要求有学号（stunum[]）、系别(dep[])、专业代码 (major[])、姓名(stuname[])、性别（sex）,年龄（age），成绩平均分（score）、家庭住址（aaddress[]）等信息，如图 9-1 所示。

	stunum	dep	major	stuname	sex	age	score	address
students	20030140	护理系	01	周奔	女	18	580	安徽铜陵市

图 9-1 学生信息登记表

则可以定义一个学生结构体如下：

```
struct students          /*先定义结构体类型 struct  students */
{ char stunum[10];       /*学生学号/
  char dep[8];           /*学生系部*/
  char major[3];         /*学生专业*/
  char stuname[10];      /*学生姓名*/
  char sex;              /*学生性别*/
  int age;               /*学生年龄*/
  float  score;          /*成绩总分*/
  char address[30];      /*家庭住址*/
};                       /*定义结构体类型，以 ";" 结束定义*/
```

各个成员可以是基本类型，也可以是结构体类型，即结构体类型定义允许嵌套。有的结构体可能包含很多成员，有些成员本身也可能很复杂。

> **注意**
> 结构体类型定义的右大括号后一定要以 ";" 结束。

2. 结构体类型变量定义

定义一个整型变量 i 为 int i，这里 int 只表示 C 语言整型数据类型，它代表该类型数据的存储大小及运算规则，但 int 本身不允许进行运算，只有当数据类型后跟变量名，某种数据类型才有了实体,才有被分配内存空间的可能，变量才可以进行运算，只有 i 才有可能被分配内存空间。同样，定义结构体类型仅是对一种事务的说明，说明结构体所包含的各个成员及其数据类型，是构建了一个新的数据类型，它并不被分配内存空间，故 C 语言的结构体类型定义就像 int 一样，需要以此结构体类型定义结构体的变量，才能对该结构体类型变量进行操作，结构体变量才有可能被分配内存空间，其被分配内存空间大小为各个成员所占内存空间之和。

结构体类型变量的定义与前面学过的变量定义是一样的，只是由于结构体类型需要针对问题事先自行定义，因而结构体类型变量的定义形式更加灵活性，有三种定义形式：

1）先定义结构体类型，再定义结构体类型变量

例如：

```
struct students          /*先定义结构体类型 struct  students */
{ char stunum[10];       /*学生学号/
  char dep[8];           /*学生系部*/
  char major[3];         /*学生专业*/
  char stuname[10];      /*学生姓名*/
  char sex;              /*学生性别*/
  int age;               /*学生年龄*/
  float  score;          /*成绩总分*/
  char address[30];      /*家庭住址*/
};                       /*定义结构体类型，以";"结束定义*/
struct students  stu,stu1; /*用已定义结构体类型 struct students 来定义结构体变量
stu、stu1*/
```

其中，struct 是 C 语言的保留字，表明是结构体类型，students 是结构体类型名，是 9.1.1 节中已定义的结构体，stu、stu1 是定义的结构体类型变量。

2）定义结构体类型同时定义结构体类型变量

```
struct students          /*定义结构体类型 struct  students */
{ char stunum[10];       /*学生学号/
  char dep[8];           /*学生系部*/
  char major[3];         /*学生专业*/
  char stuname[10];      /*学生姓名*/
  char sex;              /*学生性别*/
  int age;               /*学生年龄*/
  float  score;          /*成绩总分*/
  char address[30];      /*家庭住址*/
} stu,stu1;              /*定义结构体类型后直接定义该类型变量 stu 并以";"结束*/
```

3）直接定义无结构体类型名的结构体类型变量

```
struct                   /*定义无类型名的结构体类 */
{ char stunum[10];       /*学生学号/
  char dep[8];           /*学生系部*/
  char major[3];         /*学生专业*/
  char stuname[10];      /*学生姓名*/
  char sex;              /*学生性别*/
  int age;               /*学生年龄*/
  float  score;          /*成绩总分*/
  char address[30];      /*家庭住址*/
} stu,stu1;              /*定义结构体类型后直接定义该类型变量 stu 以";"结束*/
```

该定义方法由于无该结构体类型名，除直接定义外，不能在程序后面再定义该结构体类型变量。

3．结构体变量成员的引用方法

定义了结构体类型和结构体类型变量，如何正确地引用该结构体类型变量的成员呢？C 语言规定结构体变量成员引用的格式为：

结构体类型　变量名.成员名

例如，stu.age 表示结构体变量 stu 中的 age 成员，该成员在结构体定义中定义为整型变量，这样可以对该成员进行赋值、算术运算等操作。

以下例子都是合法的：

```
stu.score=580.0
++Stu.age
stu1.score= stu.score
strcpy(Stu.address,"安徽铜陵市");
strcpy(stu1.address,stu.address);
stu1=stu /*C语言允许将一个结构体变量直接赋值给另一个具有相同结构体类型的结构体变量*/
```

读一读

如果成员本身又是一个结构体类型，则要用若干个成员运算（.），一级一级地找到最低的一级成员。C 语言中只能对最低级的成员进行赋值、存取以及运算。

例如，以下为某学生学籍管理的程序片段：

```
struct  score      //定义课程结构体类型
{ float  chinese;
  float  math;
  float  english;
};
struct   student    //定义学生结构体类型
{ int    number;
  char   name[9];
  char   sex;
  int    age;
  char   address[30];
  struct score  achie;    //achie是struct score类型
}Na,Nb,Nc;              //定义学生结构体变量Na,Nb,Nc,可用来存储三位同学信息
Na.achie.chinese=70.0;  //给存储某学生信息的结构体变量Na的课程中的语文课程赋成绩
Na.achie.math=86.0;     //给存储某学生信息的结构体变量Na的课程中的数学课程赋成绩
Nc.achie.english=97.0;  //给存储某学生信息的结构体变量Na的课程中的英语课程赋成绩
Na.achie.english=Nc.achie.english; //将一学生（NC）英语成绩赋给另一学生（Na）英
语课程
Nb.achie=Na.achie;      //将一学生（Na）所有信息赋给另一同类型变量（Nb）
scanf("%f",&Nc.achie.chinese); //从键盘录入一个数值给变量（Nc）作为这位同学的语文
成绩
scanf("%d",&Na.age);    //从键盘录入一个数值给变量（Na.age）作为这位同学的年龄
scanf("%s",&Nb.address); //从键盘录入一个字符串给变量（Nb.address）作为这位同学的
住址
```

4．结构体变量的初始化

对结构体变量的初始化，其方法与对数组初始化相似，可以在定义结构体变量时进行初始化，可以对外部存储类型的结构体变量、静态存储类型结构体变量初始化，也可以对自动结构

体变量初始化。

1）对外部存储类型的结构体变量进行初始化

```
struct students
{ char stunum[10];          //学生学号
  char dep[8];              //学生系部
  char major[3];            //学生专业
  char stuname[10];         //学生姓名
  char sex;                 //学生性别
  int age;                  //学生年龄
  float  score;             //成绩总分
  char address[30];         //家庭住址
} stu={"20030140","护理系","01","周奔",'F',18,580,"安徽铜陵市"};
void main()
{
  ……
}
```

2）对静态存储类型的结构体变量进行初始化

```
void main()
{
   struct students
   { char stunum[10];          //学生学号
     char dep[8];              //学生系部
     char major[3];            //学生专业
     char stuname[10];         //学生姓名
     char sex;                 //学生性别
     int age;                  //学生年龄
     float  score;             //成绩总分
     char address[30];         //家庭住址
   }stu={"20030140","护理系","01","周奔",'F',18,580,"安徽铜陵市"};
   ……
}
```

3）在函数执行时用赋值语句对各成员分别赋值

```
……
void main()
{ struct students stu={"20030140","护理系","01","周奔",'F',18,580,"安徽铜陵市"};
  struct students stu1={"20160205","信息系","02","陈东",'m',18,520,"安徽芜湖市"};
  ……
}
```

9.2.2　结构体数组

如果一个商场销售衣服商品，每件衣服的基本信息都相同，对这样的数据处理，就必须用数组来表示，而每一个数组元素都是一个结构体变量，都含有结构体的各个成员项，这就是结构体数组。结构体数组的每个数组元素在内存中的地址是按照数组元素下标的顺序连续的。

与结构体变量说明类似，也可以通过三种形式说明结构体数组。定义结构体数组的一般形式为：

```
struct  结构体名 结构体数组名[整型常量表达式];
```

例如：

```
struct students  stud[30];  //结构体类型 struct students 定义见9.1.1节
```

定义一个结构体数组 stud，共有30个元素，stud[0] ~ stud[29]。每个元素都含有结构体 students 类型的各个成员项。

结构体数组在说明时，可以对数组的部分或全部元素赋初值，即对数组元素的各个成员项初始化。初始化的方法与对二维数组进行初始化的形式相似，例如：

```
struct students  stud[]={{…},{…},{…}};
```

【例9-1】学生信息管理系统中计算机应用技术专业4个班，其中某学年资助情况如表9-1所示，其中班级资助总额由人均资助额与受资助人数中计算得出，现需要统计本专业的实际资助总额，请设计程序实现。(资助标准按班级人数人均3 000元)

表9-1　登记表

班级名称 classname	教室 classroom	班级人数 cou	受资助人数 num	人均资助额（元） ave	班级资助总额（元） Sum
ca-1	F302	56	32	5 250	0
ca-2	F304	42	28	4 500	0
ca-3	F305	46	30	4 600	0
ca-4	F308	38	25	4 560	0

程序代码如下：

```
#include <stdio.h>
struct stu_inf
{ char classname[12];    //班级名称
  char classroom[10];    //教室
  int  cou;              //班级人数
  int  num;              //资助人数
  int  ave;              //人均资助额
  int  sum;              //班级资助总额
}clas[4];

void main()
{ struct stu_inf clas[4]={{"ca-1","F302",56,32,5250,0},{"ca-2","F303",
42,28,4500,0}, {"ca-3","F305",46,30,4600,0},{"ca-4","F308",38,25,4560,0}};
                                            //定义结构体数组并初始化
    int total,i;
    for(i=0;i<4;i++)
    {clas[i].sum= clas[i].ave* clas[i].cou*3000;/*分别计算各班级资助总额*/
      printf("%s 班级资助总额是: %d\n",clas[i].classname,clas[i].sum);
    }
    total=clas[0].sum+ clas[1].sum + clas[2].sum+ clas[3].sum;
    printf("\n 本专业资助总额是: ");
    printf("total=%d 元\n",total);
}
```

运行结果：

```
ca-1班级资助总额是：882000000
ca-2班级资助总额是：567000000
ca-3班级资助总额是：634800000
ca-4班级资助总额是：519840000

本专业资助总额是：total=-1691327296元
请按任意键继续. . .
```

9.2.3　结构体指针变量

指向结构体变量的指针变量称为结构体指针变量。结构体指针变量的值是所指向的结构体变量的首地址。结构体指针变量必须先说明，再指向同类型的对象再通过指针引用所指对象的各个成员项。

1. 指向结构体变量的指针

一般形式：

```
struct  结构体名  *结构体指针变量名;
```

例如：

```
struct  students  *p1,*p2 ;  /*结构体类型 struct students 的定义见 9.1.1 节*/
```

此处定义的指针变量 p1、p2，分别可指向该结构体类型变量。

说明结构体指针变量后，必须让结构体指针变量指向同类型的结构体变量或结构体数组；然后才能通过该指针变量引用所指对象的成员项;结构体指针变量主要用在对结构体数组操作。

```
struct students
{ char stunum[10];        //学生学号
  char dep[8];            //学生系部
  char major[3];          //专业代码
  char stuname[10];       //学生姓名
  char sex;               //学生性别
  int age;                //学生年龄
  float  score;           //成绩总分
  char address[30];       //家庭住址
}stu,st[5];        /*定义结构体类型,说明结构体变量 stu,结构体数组 st[4]*/
struct students  *p1,*p2;    /*说明指向结构体的指针:p1,p2*/
p1=&stu;               /*p1 指向结构体变量 stu*/
p2=st;                 /*p2 指向结构体数组 St*/
```

通过结构体指针变量访问所指向变量或数组元素的成员项有以下两种方式。

方式 1：(*结构体指针变量名).成员项名

例如：(*p1).age，即 stu.age

想一想

上例中的()是不能省略的，如果省略了圆括号，结果又是怎样？如果缺省了圆括号，由于"."优先级比"*"高，表达式的含义将变为*（p1.age)，即求 p1.age 作为地址所指向的内容，显然与语法不符。

方式 2：结构体指针变量->成员项名

例如：p2->score;，即 st[0].score。

其中，"->"运算符，表示取结构体指针变量所指向的结构体变量或结构体数组元素的成员项。

实际上，以下 3 条语句功能是等价的：

```
stu.age=17;
(*p1).age=17;
p1->age=17;
```

【例 9-2】指向结构体变量的指针变量的使用。

程序代码如下：

```
#include <stdio.h>
void main()
{ struct students
  { char stunum[10];      //学生学号
    char dep[8];          //学生系部
    char major[3];        //专业代码
    char stuname[10];     //学生姓名
    char sex;             //学生性别
    int age;              //学生年龄
    float  score;         //成绩总分
    char address[30];     //家庭住址
  };
  struct students stu;
  struct students *p1;
  p1=&stu;
  p2->age=452;
  printf("%d\n",p1->age);
  printf("%d\n",p1->age++);
  printf("%d\n",++p1->age);
}
```

想一想

应注意 p1->age++ 和 ++p1->age 所表示的意思。其中，p1->age++ 是指先得到 p1 指向的结构体变量中成员 age 的值，用完该值后使成员 age 的值加 1；++p1->age 是指先将 p1 指向的结构体变量中成员 age 的值加 1，然后使用成员 age 的现值。

2．指向结构体数组的指针

使用结构体数组，可通过数组下标来访问结构体数组中各结构体数组元素，也可以通过指向结构体数组的指针来访问结构体数组中各结构体数组元素，这样用更方便。

例如：

```
struct students st[4],*p;          /*定义结构体数组及指向结构体类型的指针*/
```

若 p=st，此时指针 p 就指向了结构体数组 st。p 是指向一维结构体数组的指针，对数组元素的引用可采用三种方法。

1）地址法

st+i 和 p+i 均表示数组第 *i* 个元素的地址，数组元素各成员的引用形式为：(st+i) ->stuname、(st+i)->age 和 (p+i)-> stuname、(p+i)->age 等。st+i 和 p+i 与 &st[i] 意义相同。

2）指针法

若 p 指向数组的某一个元素，则 p++ 就指向其后续元素。

3）指针的数组表示法

若 p=g，说指针 p 指向数组 g，p[i]表示数组的第 i 个元素，其效果与 g[i]等同。对数组成员的引用可描述为：p[i].stuname、p[i].age 等。

【例 9-3】指向结构体数组的指针变量的使用。

程序代码如下：

```
#include <stdio.h>
void main()
{ int i;
  struct students
  { char stunum[10];       //学生学号
    char dep[8];           //学生系部
    char major[3];         //专业代码
    char stuname[10];      //学生姓名
    char sex;              //学生性别
    int age;               //学生年龄
    float  score;          //成绩总分
    char address[30];      //家庭住址
  }*p,st[4]={{"20030140"," 护理系 ","01"," 周奔 ",'F',18,580.," 安徽铜陵市"},{"20160205","信息系","02"," 陈东",'M',18,520.,"安徽芜湖市"},{"21030130","护理系","01"," 张小瑜",'F',18,590.," 安徽蚌埠市"},{"21060101","信息系","02"," 王伟",'M',19,490.,"安徽合肥市"}};
    /*定义结构体数组并初始化*/
    p=st;
    for(i=0;i<4;i++)                    /*采用地址法输出数组元素的各成员*/
        printf("%10s%10s%10s%4s%2c%3d%14f%12s\n",(p+i)->stunum,(p+i)->stuname,(p+i)->dep,
(p+i)->major,(p+i)->sex, (p+i)->age, (p+i)->score,(p+i)->address);
    printf("\n");
    for(i=0;i<4;i++)                    /*采用指针的数组描述法输出数组元素的各成员*/
        printf("%10s%10s%10s%4s%2c%3d%14f%12s\n",st[i].stunum,st[i].stuname,st[i].dep,
st[i].major,st[i].sex, st[i].age, st[i].score,st[i].address);
}
```

运行结果：

*9.2.4　结构体指针变量作为函数参数

C 语言中允许一个完整的结构体变量作为参数传递，虽然合法，但要将全部成员值逐个传递，特别是成员为数组时将会使传递的时间和空间开销很大，严重地降低了程序的效率。在这种情况下，较好的办法是使用指针变量。以指向结构体变量（或数组）的指针做实参，将结构体变量（或数组）的地址传给形参，这样，被调函数可以非常方便地处理主调函数中的结构体变量（或数组），可以对它们的成员项进行修改或运算。

【例 9-4】 将例 9-1 改用结构体指针变量作为函数参数实现。

程序代码如下：

```
#include <stdio.h>
struct stu_inf              //定义结构体类型 stu_inf
{ char classname[12];      //班级名称
  char classroom[10];      //教室
  int  cou;                //班级人数
  int  num;                //资助人数
  int  ave;                //人均资助额
  int  sum;                //班级资助总额
}clas[4] ={{"ca-1","F302",56,32,5250,0},{"ca-2","F303",42,28,4500,0},
           {"ca-3","F305",46,30,4600,0},{"ca-4","F308",38,25,4560,0}};
                                      /*定义结构体数组并初始化*/
void fun(struct stu_inf  *q)          //定义结构体指针 q
{ int total,i;
  for(i=0;i<4;i++)
  { clas[i].sum= clas[i].ave* clas[i].cou*3000;
    printf("%s 班级资助总额是: %d\n",clas[i].classname,clas[i].sum);
  }
  total=clas[0].sum+ clas[1].sum + clas[2].sum+ clas[3].sum;
  printf("\n 本专业资助总额是: ");
  printf("total=%d 元\n",total);
}
void main()
{fun(clas);              //结构体数组作实参传递给结构体指针变量 q
}
```

运行结果：

9.2.5　动态存储分配

动态存储分配是程序在运行时按需要分配内存的方法。例如，程序可能要使用动态数据结构，如链表这类动态数据结构，根据需求来增减存储单元。动态分配函数的核心是 malloc()和 free()。每次调用 malloc()函数时，均按需要分配剩余空内存的一部分；每次调用 free()函数时，则向系统返还内存。动态分配函数的原型在<stdio.h>中。

标准 C 定义了四种动态分配函数，它们可以用于所有编译程序。这四种函数是：malloc()、calloc()、free()和 realloc()。实际上，许多 C 编译系统实现时，还增加了一些其他函数。用户在使用时可查阅有关手册。

1. malloc()函数

函数的原型声明为：void *malloc(unsigned size);

函数功能：分配大小为 size 字节（最大 65 535）的内存单元，并返回所分配内存单元的首地址，该地址是 void 指针类型。分配内存可能成功，也可能失败。成功时，则返回所分配内存单元的首地址；失败时，则返回 NULL（空）指针。

例如，利用 malloc 函数分配一个整型单元，并赋值为 5。

```
int *p;
…
p=(int *)malloc(sizeof(int));    /*分配一个 int 型所占字节的内存单元，返回 void 类型
                                    地址，经强制类型转换后变成了 int 类型地址。*/
*p=5;
```

使用 malloc 函数分配的内存空间，在使用前必须核实返回的指针不为空，否则将导致系统瘫痪。例如：

```
…
if((p=malloc(sizeof(struct student)))==NULL)
 /*分配一个 struct student 类型所占字节的内存单元赋给指针变量 p, 若失败则返回 NULL,则
执行以下内容退出。*/
{printf("内存空间不足\n");
  exit(1);
}
…
```

2．calloc()函数

函数的原型声明为：void *calloc(unsigned n , unsigned size);

函数功能：分配 n 个大小为 size 字节的连续内存单元。如果分配成功，返回所分配内存单元的首地址，类型为 void，分配内存中的所有位被初始化为 0；如果分配失败，返回 NULL（空）指针。

使用返回指针前，也必须先检查它是否为空指针。

例如，为有 100 个的浮点型数据分配内存：

```
float *p;
…
p=(float *)calloc(100,sizeof (float));
if(!p)      //若 calloc 分配内存失败，则返回 NULL
{ printf("内存空间不足\n");
  exit(1);
}
…
```

3．free()函数

函数的原型声明为：void free(void *p);

函数功能：释放 p 指向的由 malloc 函数、calloc 函数或 realloc 函数分配的内存空间。函数无返回值。释放后的空间可以再次被使用。

用无效指针调用 free 函数可能摧毁内存管理机制，使系统瘫痪。如果传递一个空指针，则 free 函数不做操作。

4．realloc()函数

函数的原型声明为：void *realloc(void *p,unsigned size);

函数功能：将先前分配的并由 p 指向的内存的大小改变为 size 字节大小。size 的值可以大

于或小于原有值。指向内存块的指针被返回，新内存块中包含旧块（最多为 size 字节）中的内容。如果 size 为零，则释放 p 指向的内存。如果内存空间不够 size 字节，则返回空指针，且原块不变。

【例 9-5】以下程序先分配 17 个字节，然后把字符串 This is 16 chars 复制到分配的内存中，随后用 realloc 函数把内存区大小变成 18 个字节，以便在结尾处加一个句点。

程序代码如下：

```
#include <stdio.h>
#include <string.h>
void main()
{ char *p1,*p2;
  p1=(char *)malloc(17);    //分配 17 个字节内在单元，并由 p1 指向它
  if(!p1)                   //分配失败则退出
  { printf("Allocation Error\n");
    exit(1);
  }
  strcpy(p1,"This is 16 chars");    //复制字符串至 p1 所指的内存单元区域
  puts(p1);
  p2=(char *)realloc(p1,18);//p1 指向内存单元改为分配 18 个字节，并由 p2 指向它
  if(!p2)                          //重新分配失败则退出
  { printf("Allocation Error\n");
    exit(1);
  }
  strcat(p2,".");     //将 p2 所指向的内存单元后加句点
  puts(p2);           //输出 p2 所指向的内存单元内容输出
  free(p2);           //将 p2 所指向的内存单元释放
  free(p1);           //将 p1 所指向的内存单元释放
}
```

运行结果：

```
This is 16 chars
This is 16 chars.
```

*9.2.6 共用体类型

共用体是一种由不同数据类型构造出的构造类型。与结构体类型类似，共用体也包含成员项，但与结构体不同的是，结构体的每个成员项都有独立的内存空间，而共用体类型的每个成员项存放在同一段内存单元中。

例如，把一个字符型变量 ch、一个短整型变量 i、一个实型变量 f 放在同一个地址开始的内存单元中。这样这 3 个变量在内存中所占字节数虽然不同，但都是从同一地址开始存放的，也就是说，它们共享了这段内存区域，如图 9-2 所示。共用体类型在使用中采用覆盖技术，将几个变量互相覆盖，在某一时刻仅有其中一个成员项占用这段内存区域，也只有在这段时间

图 9-2 共用体类型示意图

内该变量存在实体。用户在使用中只考虑如何引用，不需要考虑如何进行覆盖、何时某一成员项在该段共享的内存区域中。

1．共用体类型的定义

共用体类型的定义形式为：

```
union 共用体名
{
类型说明符  成员项1;
类型说明符  成员项2;
…
类型说明符  成员项n;
};
```

例如：

```
union  share
{ short int i ;
char  c ;
float  f ;
};
```

2．共用体类型变量的定义

与结构体变量定义一样，共用体类型变量的定义形式有三种形式，分别为：

（1）先定义共用体类型后定义共用体变量。

```
union 共用体名
{ 类型说明符  成员项1;
  类型说明符  成员项2;
  …
  类型说明符  成员项n;
};
union  share  变量列表;
```

例如：

```
union  share
{ short int i ;
  char  c ;
  float  f ;
};
union  share  v1,v2,v3;
```

（2）同时定义共用体类型和共用体变量。

```
union 共用体名
{ 类型说明符  成员项1;
  类型说明符  成员项2;
  …
  类型说明符  成员项n;
}变量列表;
```

例如：

```
union  share
{ short int i ;
  char  c ;
  float  f ;
```

```
}v1,v2,v3;
```

（3）直接定义共用体类型和共用体变量。

```
union
{ 类型说明符  成员项1;
  类型说明符  成员项2;
  …
  类型说明符  成员项n;
}变量列表;
```

例如：

```
union
{ short int i ;
  char  c ;
  float  f ;
}v1,v2,v3;
```

3. 共用体变量的引用

共用体变量同结构体变量一样不能直接引用,只能引用共用体变量中某个成员，其用法与结构体相同,可以通过变量引用，也可以通过指针引用,引用的格式有三种,具体形式如下：

```
共用体变量名.成员名
共用体指针变量名->成员名
（*共用体指针变量名）.成员名
```

例如：

```
union share v1,*t=&v1;
v1.i=2;
t->f=5.25;
(*t).c='x';
```

【说明】

使用共用体类型时要注意以下几点：

（1）共用体变量定义与结构体变量定义非常相似，但它们有本质上的区别：结构体变量所占内存的长度是各成员所占的内存长度之和，每个成员分别占有独立的存储空间（"居者有其屋"）；而共用体变量的各个成员共享一段内存空间，共用体变量所占的内存大小则是各成员中占用内存空间最大的那个成员大小（"居者共享一间最大屋"）。

（2）共用体变量中起作用的成员是最后存放的成员值，在存入一新成员后原有的成员就失去作用。

（3）由于共用体变量所有成员共享内存空间，因此变量中所有成员的首地址相同，且该变量的地址也就是该地址。例如，&v1==&v1.i==&v1.c==&v1.f。

（4）不能对共用体变量赋值，也不能通过引用共用体变量名来得到其成员的值，也不能在定义共用体变量时对它进行初始化。

（5）不能把共用体变量作为函数参数，也不能使函数返回共用体变量，但可以使用指向共用体变量的指针。

【例9-6】共用体变量的使用。

```
#include <stdio.h>
union share
{ int i;
```

```
int j;
float f;
}sh;
void main()
{sh.f=10.5;
sh.i=20;
sh.j=30;
printf("%.1f,%d,%d\n",sh.f,sh.i,sh.j);
sh.f=1387.5;
sh.j=30;
sh.i=20;
printf("%d,%d,%.1f\n",sh.i,sh.j,sh.f);
sh.j=200;
sh.i=20;
sh.f=1357.5;
printf("%d,%d,%.1f\n",sh.i,sh.j,sh.f);
}
```

运行结果：请读者自行分析得到的结果。

```
10.5,30,30
20,20,1384.0
-20480,-20480,1357.5
```

9.2.7　枚举类型

在实际应用中有些变量的取值会被限定在一个有限的范围内，例如，一天有 24 个小时，一个星期内有 7 天，一年有 12 个月等。如果把这些量定义为整型、字符型或其他类型并不是十分妥当的。为此，C 语言提供了一种称为"枚举"的类型。在"枚举"类型的定义中列举出所有可能的取值，被说明为该"枚举"类型的变量取值不能超出定义（列举）的范围。枚举类型仍是一种基本数据类型。

枚举类型定义的一般形式为：

```
enum 枚举类型名{枚举元素表}枚举变量表;
```

例如：

```
enum week {Sun,Mon,Tue,Wed,Thu,Fri,Sat}first,second ;
/*定义该枚举类型名为 day,枚举元素共有 7 个,即一周中的 7 天,first 和 second 为枚举变量,
它们的值只能取 Sun 到 Sat 之一*/
first=Wed;
second=Fri;
if(first==Sat)printf("双休日到了\n");
```

枚举元素表反映了该枚举类型的变量所取值的集合。枚举元素如果不给值，自动取 $0 \sim n-1$ 整数值（n 是枚举元素的个数），如例中的 Sun 是 0，Mon 是 1，…，Sat 是 6；在定义枚举元素表时，可以对某个枚举元素赋值，其后元素的值将按顺序自动加一递增。例如：

```
enum week{Sun=1,Mon,Tue,Wed=8,Thu,Fri,Sat};
```

现在例中的 Sun 是 1，Mon 是 2，Tue 是 3，Wed 是 8，Thu 是 9，Fri 是 10，Sat 是 11。

与结构体和共用体类似，枚举变量也可用不同的方式说明，即先定义后声明，同时定义声明或直接声明。

（1）先定义后声明。

```
enum week{Sun,Mon,Tue,Wed,Thu,Fri,Sat};
```

```
enum week day1,day2,day3;
```
（2）同时定义声明。
```
enum week{Sun,Mon,Tue,Wed,Thu,Fri,Sat} day1,day2,day3;
```
（3）直接声明。
```
enum {Sun,Mon,Tue,Wed,Thu,Fri,Sat} day1,day2,day3;
```
　　day1、day2、day3 是 3 个 enum week 类型的枚举变量，每个枚举变量只能取该类型中的一个元素的值。

　　在引用枚举变量时应注意以下规则：

　　（1）枚举元素是常量，不是变量。不能在程序中用赋值语句再对它赋值。例如，对枚举类型 week 的元素再做 mon=2;赋值是错误的。

　　（2）只能把枚举元素名赋给枚举变量，不能把枚举元素的数值直接赋给枚举变量。例如，day1=mon;是正确的，而 day1=1 是错误的。如果要赋枚举元素的值可以通过强制类型转换，例如，day1=(enum week)1 赋值。

　　（3）枚举元素可以用来作判断，其比较的规则是：按其在定义时的顺序号比较大小。

　　【例 9-7】口袋中有红、黄、蓝、白、黑 5 种颜色的球若干个。每次从口袋中取出 3 个球，问得到 3 种不同色的球的可能取法，打印出每种组合的 3 种颜色。

　　分析：球只能是 5 种颜色之一，而且要判断各球是否同色，应该用枚举类型变量处理。

　　设取出的球为 x、y、z。根据题意，x、y、z 分别是 5 种色球之一，并要求 x≠y≠z。本例中采用穷举法，即一种可能一种可能地试，看是否符合条件。

　　程序代码如下：

```
#include <stdio.h>
void main()
{ enum color{red,yellow,blue,white,black};
  enum color p;
  int  x,y,z,count=0,i;              /*count 变量用来记录符合条件的组数*/
  for(x=red;x<=black;x++)
    for(y=red;y<=black;y++)
        if(x!=y)
        { for(z=red;z<=black;z++)
          if(z!=x&&z!=y)
          { count++;
            printf("No.%-4d",count);
            for(i=1;i<=3;i++)        /*循环 3 次分别用来输出符合条件的 x,y,z*/
            {
                switch(i)
                {case 1:p=(color)x;break;
                 case 2:p=(color)y;break;
                 case 3:p=(color)z;break;
                }
                switch(p)            /*不能直接输出 red，而应该输出字符串"red"*/
                { case red:printf("%-10s","red");break;
                  case yellow:printf("%-10s","yellow");break;
                  case blue:printf("%-10s","blue");break;
                  case white:printf("%-10s","white");break;
```

```
                        case black:printf("%-10s","black");break;
                    }
                }
            printf("\n");
        }
    }
    printf("\ntotal:%5d\n",count);
}
```

运行结果：

9.2.8　类型定义符 typedef

在声明数据的类型时，可以使用整型、字符型、单精度实型、双精度实型、枚举型等基本类型，也可以使用数组、结构体、共用体等构造类型，还可以使用指针类型和空类型等。但在定义结构体和共用体等构造类型时，程序会显得比较臃肿，因此，在 C 语言中还允许由用户自己定义类型说明符，也就是说允许由用户为数据类型取"别名"。用户可以通过 typedef 给已经存在的系统类型或用户构造的类型重新命名。一般形式如下：

```
typedef 原类型名 用户自定义类型名;
```

例如：

1. 基本类型的自定义

```
typedef int INTEGER;        /*用 INTEGER 代替 int 类型*/
INTEGER i,j=100;            /*等同于 int i,j=100;*/
for(i=0;j<=j;i++)
…
```

2. 数组类型的自定义

```
typedef float ARRAY[10];    /*将数组类型和数组变量分离开来*/
ARRAY a,b;                  /*等同于 float a[10],b[10];*/
int i;
for(i=0;i<10;i++)
{a[i]=i;b[i]=a[i];}
…
```

3. 指针类型的自定义

```
typedef char * PTR; /*将指针类型和指针变量分开*/
```

```
PTR p1;                    /*等同于 char *p1;*/
PTR *p2;                   /*等同于 char **p2;*/
PTR p3[10];                /*等同于 char *p3[10];*/
...
```

4. 结构体类型的自定义

```
typedef struct
{
  int year;
  int month;
  int day;
}DATEFMT;                  /*用 DATEFMT 代替原结构体类型*/
DATEFMT nationalday;
DATEFMT Sunday[12];
...
```

5. 枚举类型的自定义

```
typedef enum {TRUE,FALSE}LOGICAL;   /*用 LOGICAL 代替原枚举类型*/
LOGICAL s;
...
```

6. 指向函数的指针的自定义

```
typedef int (*FP)();                        /*用 FP 代替指向函数的指针*/
FP func;
...
```

在用户自定义类型中，用户自定义的类型名一般用大写表示，以便于区别。在使用 typedef 时应注意不得与#define 相混淆。#define 只是在预编译处理时做简单的字符串替换，而 typedef 是在编译时处理的，用定义变量的方法来定义一个别名。

【例 9-8】输出数据类型的存储长度。

程序代码如下：

```
#include <stdio.h>
void main()
{ typedef struct
  {int i;
  float f;
  }STRU;
  typedef union
  {int i;
   float f;
  }UNION;
  typedef enum{Sun,Mon,Tue,Wed,Thu,Fri,Sat}WEEK;
  printf("%d,%d\n",sizeof(int),sizeof(float));
  printf("%d,%d,%d\n",sizeof(STRU),sizeof(UNION),sizeof(WEEK));
}
```

运行结果：

```
4,4
8,4,4
请按任意键继续. . .
```

9.3 任 务 实 施

视 频
模块 9 任务
实施

某高校现在要求登记学生资助情况，需要填写学生信息登记表，填写的数据包括学生学号、系部、专业、姓名、成绩总分、课程门数、成绩平均分、家庭住址、家庭年收入、家庭人口数、家庭人均年收入、资助金额等信息。

程序代码如下：

```c
#include<stdio.h>
#include <string.h>
#include <conio.h>
#include <windows.h>
#define NUM 5         //定义符号常量
/*学生信息*/
struct students         //定义学生结构体 students
{ char stunum[10];      //学生学号
  char dep[3];          //学生系部
  char major[3];        //学生专业
  char stuname[10];     //学生姓名
  float  score;         //成绩总分
  int  score_num;       //课程门数
  float aver;           //成绩平均分
  char address[30];     //家庭住址
  float  income;        //家庭年收入
  int  person;          //家庭人口数
  float  inper;         //家庭人均年收入
  float  zzhje;         //资助金额
}stu[NUM];              //定义学生结构体数组 stu[]

void main()
{ system("mode con cols=140 lines=40");   //设置窗口大小
  system("CLS");   //清屏
  int i, stu_num=1;
  char k='y';
  while(1)
  { for(i=0;i<NUM;i++)
    { if(NUM-stu_num>0)
      { printf("将开始添加受助学生信息，请按条目依次输入相关信息数据！\n");
        printf("------------------------------------------\n");
        printf("*学号:");
        gets(stu[i].stunum);
        printf("*系部:");
        gets(stu[i].dep);
        printf("*专业:");
        gets(stu[i].major);
        printf("*姓名:");
        gets(stu[i].stuname);
        printf("*成绩总分:");
        scanf("%f",&stu[i].score );
        printf("*课程门数:");
        scanf("%d",&stu[i].score_num);
        stu[i].aver =stu[i].score /stu[i].score_num;
```

```
        getchar();
        printf("*家庭住址:");
        gets(stu[i].address);
        printf("*家庭年收入:");
        scanf("%f",&stu[i].income);
        printf("*家庭人口数:");
        scanf("%d",&stu[i].person);
        stu[i].inper=stu[i].income /stu[i].person ;
        if(stu[i].inper<1000) stu[i].zzhje =3000;
        else if(stu[i].inper<2000) stu[i].zzhje=2000;
        else stu[i].zzhje=1500;
        printf("-------------------------------------------------\n");
        stu_num++;
        printf("添加成功! 继续添加受资助学生信息吗?(Y/N)");
        getchar();
        scanf("%c",&k);
        getchar();
        if(k=='y'||k=='Y')
            continue;
        else
            break;
        }
        else
        { printf("已达学生信息库的最大容量,无法继续添加,请按任意键返回! \n");
            break;
        }
    }
    break;
    }
    printf("\n");
    printf("-------------------------------------------------\n");
    printf("学号    系部   专业     姓名      总分     课程数     平均分        家庭住
址    家庭年收入  家庭人口数   人均年收入  资助金额\n");
    for(i=0;i<NUM;i++)
    printf("%-7s%5s%5s%9s%7.2f%4d%10.2f%25s%12.1f%10d    %14.1f%12.2f\n",
stu[i].stunum,stu[i].dep,stu[i].major,stu[i].stuname,stu[i].score,stu[i].sco
re_num,stu[i].aver,stu[i].address,stu[i].income,stu[i].person,stu[i].inper,s
tu[i].zzhje);
    }
```

分别输入：
学号：2201005
系部：02
专业：05
姓名：张三
成绩总分：215
课程门数：3
家庭住址：铜陵市义安区井湖 4*302
家庭年收入：112500
家庭人口数：3

学号：2202008
系部：01
专业：03
姓名：李小四
成绩总分：235
课程门数：3
家庭住址：合肥市庐阳区三一小区 4*307
家庭年收入：163500
家庭人口数：3
运行结果：

小　结

本模块主要介绍了结构体、共用体、枚举的概念。具体介绍了结构体的定义、引用和初始化，还介绍了共用体的定义与引用，以及枚举的定义与引用，具体内容如下：

视频
模块 9 小结

1. 结构体类型的定义

```
struct    结构体名
{ 类型标识符  成员1;
   …
   类型标识符  成员n;
   };
```

2. 结构体类型变量的定义

（1）先定义结构体类型，再定义结构体变量。

```
struct student Na, Nb, Nc;
```

（2）定义结构体类型同时定义结构体类型变量。

```
struct  students
 { int   number;
```

```
    char    name[9];
    int     age;
    char    address[30] ;
}Na,Nb,Nc;
```

（3）直接定义无结构体名的结构体类型变量。

```
struct
{ int     number;
  char    name[9];
  int     age;
  char    address[30];
}Na,Nb,Nc;
```

3. 结构体变量成员的引用方法

结构体类型变量名.成员名

4. 结构体变量的初始化

（1）对外部存储类型的结构体变量进行初始化。

（2）对静态存储类型的结构体变量进行初始化。

（3）在函数执行时用赋值语句对各成员分别赋值。

5. 结构体数组的定义

struct   结构体名 结构体数组名[整型常量表达式];

6. 结构体指针变量的定义和使用

struct   结构体名 * 结构体指针变量名;

7. 动态存储分配函数

malloc()、calloc()、free()和 realloc()函数。

8. 共用体类型及其变量的定义

```
union 共用体名
{
类型说明符   成员项1;
    ...
类型说明符   成员项n;
}变量列表;
```

9. 枚举类型及其变量的定义

enum   枚举类型名{枚举元素表}枚举变量表;

10. 类型定义符 typedef

typedef   原类型名   用户自定义类型名;

11. 结构体和共用体的比较

结构体和共用体是两种构造数据类型，是用户定义新数据类型的重要手段。它们有很多相似之处，都是由若干成员组成。成员可以具有不同的数据类型。成员的引用方法相同，都可以用三种方式做变量声明。

结构体类型定义允许嵌套，也可以用共用体作为成员，形成结构体和共用体的嵌套。

在结构体中，各成员都占有自己的内存空间，它们是同时存在的，一个结构体变量的总长度等于所有成员长度之和；在共用体中，所有成员共享同一段内存空间，在某一时刻，只能由一个成员存在，所有成员不能同时占用存在，共用体变量的长度等于最长成员的长度。

结构体变量可以作为函数参数，函数也可返回指向结构体的指针变量。而共用体变量不能作为函数参数，函数也不能返回指向共用体的指针变量，但可以使用共用体变量的指针和共用体数组。

12. 成员运算符

"."是成员运算符，可用它表示成员项。对结构体指针类型，可用"->"运算符来引用成员。

13. 枚举类型

枚举类型适用于取值有限的数据，用关键字 enum 定义，它是一个用标识符表示的整数的集合。除非指定了起始值，否则枚举常量的起始值从 0 开始，其后的每一个值依次加 1。

14. typedef

typedef 用来建立新的类型名，而不是建立一种新的类型。它所建立的名字是以前已经定义好的类型的别名。

实　　训

实训要求

1. 对照教材中的例题，模仿编程完成各验证性实训任务，并调试完成，记录下实训源程序和运行结果。

2. 对照实训时完成情况，将调试完成的源代码与运行结果填入实训报告中。

实训任务

●验证性实训

实训 1　试着定义一个学生结构体，学生结构体中包括学生的学号、姓名、性别、年龄、成绩和宿舍号，并加以初始化。（源程序参考【例 9-3】）

实训 2　试着定义一个学生结构体、一个分数结构体，其中，分数结构体嵌套在学生结构体中，要求编写一个函数 fun，采用结构体变量、结构体指针变量作为函数参数，分别输出每个学生的详细信息及考试成绩。（源程序参考 9.2.1 节示例）

●设计性实训

实训 1　利用两个结构体变量求解复数的积$(5+3i) \times (2+6i)$。

实训 2　定义一个结构体变量（包括年、月、日），计算该日在本年中是第几天(注意闰年问题，要求编写一个函数 days，由主函数将年、月、日传递给 days 函数，计算后将日数传回主函数并输出。

习　题

一、选择题

1. 若有如下声明（已知 int 类型占两个字节），则叙述正确的是（　　）。
```
struct st
{  int a;
   int b[2];
}a;
```
A. 结构体变量 a 与结构体成员 a 同名，定义是非法的
B. 程序只在执行到该定义时才为结构体 st 分配存储单元
C. 程序运行时为结构体 st 分配 6 个字节的存储单元
D. 类型名 struct st 可以通过 extern 关键字提前引用（即引用在前，说明在后）

2. 若有以下结构体定义：
```
struct example
{  int x;
   int y;
}v2;
```
则正确的引用或定义是（　　）。
A. example.x=10　　　　　　　　　B. example v2.x=10;
C. struct v2; v2.x=10;　　　　　　　D. struct example v2={10};

3. 已知：
```
struct
{  int i ;
   char c;
   float a;
}ex;
```
则 sizeof(ex)的值是（　　）。
A. 4　　　　　　　B. 5　　　　　　　C. 6　　　　　　　D. 7

4. 下面程序的运行结果是（　　）。
```
#include <stdio.h>
void main()
{
    struct sample
    {int x;
    int y;}a[2]={1,2,3,4};
    printf("%d\n",a[0].x+a[0].y*a[1].y);
}
```
A. 7　　　　　　　B. 9　　　　　　　C. 13　　　　　　　D. 16

5. 已知:
   ```
   union
   { int i ;
     float a;
     char c ;
   }ex;
   ```
   则 sizeof(ex)的值是 (   )。
   A. 4   B. 5   C. 6   D. 7

6. 有如下定义:
   ```
   struct person{char name[9]; int age;};
   struct person class[10]={"Johu",17,"Paul", 19"Mary",18, "Adam", 16,};
   ```
   根据上述定义, 能输出字母 M 的语句是 (   )。
   A. printf("%c\n",class[3].name);   B. printf("%c\n",class[3].name[1]);
   C. printf("%c\n",class[2].name[1]);   D. printf("%^c\n",class[2].name[0]);

7. 设有定义语句:
   ```
   enum team{ my,your=4,his,her=his+10};
   ```
   则 printf("%d,%d,%d,%d\n",my,your,his,her);的输出是 (   )。
   A. 0, 1, 2, 3   B. 0, 4, 0, 10
   C. 0, 4, 5, 15   D. 1, 4, 5, 15

8. 若有如下定义, 则 printf("%d\n",sizeof(them));的输出是 (   )。
   ```
   typedef union
   { long x[2];
     int y[4];
     char z[8];
   }MYTYPE;
   MYTYPE them;
   ```
   A. 32   B. 16   C. 8   D. 24

二、阅读下面程序，写出程序运行结果

1.
```
#include <stdio.h>
struct HAR
{ int x,y;
  struct HAR *p;
 }h[2];
void main()
{ h[0].x=1;
  h[0].y=2;
  h[1].x=3;
  h[1].y=4;
  h[0].p=&h[1].p;
```

```
        printf("%d %d \n",(h[0].p)->x,(h[1].p)->y);
    }
```

运行结果为：_____

2.
```
#include <stdio.h>
union myun
{ struct
  {
    int x,y,z;
  }u;
  int k;
}a;
Void main()
{
    a.u.x=4;
    a.u.y=5;
    a.u.z=6;
    a.k=0;
    printf("%d\n",a.u.x);
}
```

运行结果为：_____

3.
```
#include <stdio.h>
struct st
{
    int x;
    int *y;
}*p;
int dt[4]={10,20,30,40};
struct st aa[4]={50,&dt[0],60,&dt[0],60,&dt[0],60,&dt[0],};
void main()
{   p=aa;
    printf("%d\n",++(p->x));
}
```

运行结果为：_____

4.
```
#include <stdio.h>
struct stu
{
    int x,*y;
}*p;
int a[]={15,20,25,30};
```

```
struct stu aa[]={35,&a[0],40,&a[1],45,&a[2],50,&a[3]};
void main()
{
  p=aa;
  printf("%d",++p->x);
  printf("%d",(++p)->x);
  printf("%d\n",++(p->x));
}
```

运行结果为: _____

三、编程题

已知一个班有 45 个人，本学期有两门课程的成绩，求：

（1）求总分最高的同学的姓名和学号。

（2）求课程 1 和课程 2 的平均成绩，并求出两门课程都低于平均成绩的学生姓名和学号。

（3）对编号 1 的课程从高到低排序（注意，其他成员项应保持对应关系）。

要求：要定义结构，第一成员项为学生姓名，第二成员项为学号，另外两个成员项为两门课成绩。（1）（2）（3）分别用函数完成。

模块⑩ 数据输出保存——文件

在前面的程序设计中，介绍了输入和输出，即从标准输入设备——键盘输入，由标准输出设备——显示器或打印机输出。不仅如此，C 语言程序也常把磁盘文件作为信息载体，用于保存中间结果或最终数据，这时的输入和输出是针对文件系统的。本模块将学习如何操作文件系统。

学习要求

- 理解并掌握文件读写和关闭；
- 掌握文件指针的定位操作；
- 了解文件出错检查；
- 掌握利用文件存储数据并应用数据。

10.1 任 务 导 入

学生资助信息管理系统中对受助学生的操作不可能一次性完成，同时为了方便后期能更方便地对受助学生的信息进行查询及管理操作，希望能够将所有学生的数据输出保存成文件。在系统中，使用 txt 文本文档作为学生信息保存文件格式。那么接下来，就来学习如何创建文件保存数据，如何打开文件写入数据及读取数据。

10.2 知 识 准 备

为了完成将程序中的数据输出保存成文件,以解决在应用系统中调用查看先前的数据，先来看一个示例。

【示例】在学生资助信息管理系统中读入某一受助学生信息，查看该生的平均成绩。

对于这个问题，我们可以定义一个如下的结构体数组来处理学生信息：

```
/*学生信息*/
struct students
{
  char stunum[10];      /*学生学号*/
  char dep[3];          /*学生系部*/
```

```
    char major[3];              /*学生专业*/
    char stuname[10];           /*学生姓名*/
    float  score;               /*成绩总分*/
    int  score_num;             /*课程门数*/
    float aver;                 /*成绩平均分*/
    char address[30];           /*家庭住址*/
    float  income;              /*家庭年收入*/
    int  person;                /*家庭人口数*/
    float  inper;               /*家庭人均年收入*/
}stu[1000];
```

若每次通过键盘输入学生信息数据，很显然要花费很多时间且容易产生输入错误。而学生信息一般都有原始的数据文件，可以直接利用已有的数据文件，并且把处理好的数据再存放在数据文件中，这样程序运行一次以后，就可以反复使用数据文件中的数据。

操作系统是以文件为单位对数据进行管理的，实际工作中更多的是与磁盘文件交互数据，因此掌握文件的基本操作才能真正写出满足实际工作需要、高效的应用程序。

10.2.1　C 文件概述

所谓"文件"是指一组相关数据的有序集合。这个数据集有一个名称，称为文件名。实际上在前面的各模块中已经多次使用了文件，例如源程序文件、目标文件、可执行文件、库文件（头文件）等。文件通常是驻留在外部介质（如磁盘等）上的，在使用时才调入内存中来。从不同的角度可对文件作不同的分类。

从用户的角度看，文件可分为普通文件和设备文件两类。

普通文件是指驻留在磁盘或其他外部介质上的一个有序数据集，可以是源文件、目标文件、可执行程序；也可以是一组待输入处理的原始数据，或者是一组输出的结果。

设备文件是指与主机相连的各种外部设备，如显示器、打印机、键盘等。在操作系统中，把外部设备也看作是一个文件来进行管理，把它们的输入、输出等同于对磁盘文件的读和写。

从文件编码的方式来看，文件可分为 ASCII 码文件和二进制码文件两种。

ASCII 文件也称文本文件，这种文件在磁盘中存放时每个字符对应一个字节，用于存放对应的 ASCII 码。例如，源程序文件就是 ASCII 文件，但该类文件一般占用外存空间较多，而且要花费转换时间。

二进制文件在内存中的存储形式与外存上的存储形式是一致的，都是二进制码。用二进制形式输出数据，可以节省外存空间和转换时间，但一个字节不对应一个字符，不能直接输出字符形式，需要转换。一般中间结果数据需要暂时保存在外存上以后又需要输入到内存的，常用二进制文件保存。

C 系统在处理这些文件时，并不区分类型，都看成是字符（字节）流，按字节进行处理。输入/输出字符流的开始和结束只由程序控制而不受物理符号（如回车符）的控制。因此也把这种文件称作"流式文件"。

10.2.2　文件指针

本模块讨论流式文件的打开、关闭、读、写、定位等各种操作。在 C 语言中用一个指针变量指向一个文件，这个指针称为文件指针。通过文件指针就可对它所指向的文件进行各种操作。

定义文件指针的一般形式：

```
FILE *指针变量标识符;
```

其中，FILE 应为大写，它实际上是由系统定义的一个结构，该结构中含有文件名、文件状态和文件当前位置等信息。在编写源程序时一般不必关心 FILE 结构的细节。

在操作文件以前，应先定义文件指针变量，例如：

```
FILE *fp1,*fp2;
```

按照上面的定义，fp1 和 fp2 均为指向结构体类型的指针变量，可以分别指向一个可操作的文件。换句话说，一个文件对应一个文件指针变量，今后对该文件的访问，就转化为对文件指针变量的操作。

在 C 语言中，文件操作都是由库函数来完成的。在本模块内将介绍主要的文件操作函数。

10.2.3　文件的打开与关闭

文件在进行读写操作之前要先打开，使用完毕后要关闭。

1. 文件的打开函数 fopen

ANSI C 提供了打开文件的函数—— fopen 函数。fopen 函数的调用方式通常为：

```
FILE *fp;
fp=fopen(文件名,文件使用方式)
```

函数原型在 stdio.h 文件中，fopen 函数打开一个"文件名"所指的外部文件，fopen 函数返回指向以"文件名"为文件的指针，并赋予 fp。

对文件的操作模式由文件使用方式决定，文件使用方式也是字符串，表 10-1 给出了文件使用方式的取值表。

表 10-1　文件使用方式的取值表

文件的使用方式	含　义	文件的使用方式	含　义
r（只读）	打开一个文本文件只读	r+（读写）	打开一个可读/写的文本文件
w（只写）	打开一个文本文件只写	w+（读写）	创建一个新的可读/写的文本文件
a（追加）	打开一个文本文件在尾部追加	a+（读写）	打开一个可读/写的文本文件
rb（只读）	打开一个只读的二进制文件	rb+（读写）	打开一个可读/写的二进制文件
wb（只写）	打开一个只写的二进制文件	wb+（读写）	创建一个新的可读/写的二进制文件
ab（追加）	对二进制文件追加	ab+（读写）	打开一个可读/写的二进制文件

如表 10-1 所示，文件的操作方式有文本文件和二进制文件两种，例如：

```
FILE *fp;
fp=fopen("d:\\a1.txt","r");
```

这里打开了 d:盘根目录下文件名为 a1.txt 的文件，打开方式 r 表示只读；fopen 函数返回指向 d:\a1.txt 的文件指针，然后赋值给 fp，fp 指向此文件，即 fp 与此文件关联；文件名要注意：

文件名包含文件名.扩展名，路径要用"\\"表示。

　　文件打开方式包含下面几类表示打开方式的关键词，不同类的可以组合。

　　"r、w、a"分别为：读、写、追加；"b、t"分别为：二进制文件，文本文件。未标注时，系统默认为文本方式，即没有 b 就是以文本方式打开文件。

　　打开文件的正确方法如下例所示：

```
FILE *fp;
if((fp=fopen("test.txt","w"))==NULL)
{
    printf("cannot open file \n");
    exit(0);
}
```

　　这种方法能发现打开文件时的错误。在开始写文件之前检查诸如文件是否有写保护，磁盘是否已写满等，因为函数会返回一个空指针 NULL，NULL 值在 stdio.h 中定义为 0。

　　事实上打开文件是要向编译系统说明 3 个信息：

　　（1）需要访问的外部文件是哪一个。

　　（2）打开文件后要执行读或写，即选择操作方式。

　　（3）确定哪一个文件指针指向该文件。

　　对打开文件所选择的操作方式来说，一经说明不能改变，除非关闭文件后重新打开。是只读就不能对其写操作，对已存在的文件如以新文件方式打开，则信息必丢失，使用时需谨慎选择。

【说明】

　　文件打开方式（使用方式）的几点说明：

　　（1）文件打开一定要按前面提到的方法检测 fopen 函数的返回值。因为有可能文件不能正常打开。不能正常打开时 fopen 函数返回 NULL。

　　（2）r 方式：只能从文件读入数据而不能向文件写入数据。该方式要求打开的文件已经存在，否则出错。

　　（3）w 方式：只能向文件写入数据（输出）而不能从文件读入数据。如果文件不存在，创建该文件，如果文件存在，原来文件将被删除，然后重新创建文件（相当覆盖原来文件），如果要保留原有数据，请看下面的 a 方式。

　　（4）a 方式：在文件末尾添加数据，而不删除原来文件。该方式要求欲打开的文件已经存在。打开时，文件指针移到文件末尾。

　　（5）"+"（r+、w+、a+）方式：均为可读写。但是 r+、a+要求文件已经存在，w+无此要求；r+打开文件时文件指针指向文件开头，a+打开文件时文件原来的文件不被删除，指针指向文件末尾；w+方式则新建立一个文件，先向此文件写数据，然后可以读此文件中的数据。

　　（6）"b、t"方式：分别以二进制、文本方式打开文件。默认是文本方式，t 可以省略。读文本文件时，将"回车/换行"转换为一个"换行"；写文本文件时，将"换行"转换为"回车/换行"。二进制文件不进行这种转换，内存中的数据形式与外存文件中的数据形式完全一致。

　　（7）程序开始运行时，系统自动打开三个标准文件：标准输入、标准输出、标准出错输出。一般这三个文件对应于终端（键盘、显示器）。这三个文件不需要手工打开，就可以使用。标准文件：标准输入，标准输出，标准出错输出对应的文件指针是 stdin、stdout 和 stderr，这三个文件指针是由系统自动定义的。例如，程序中指定要从 stdin 所指的文件输入数据，就是指从终端键盘输入数据。

2．文件的关闭函数 fclose

文件一旦使用完毕，应用关闭文件函数把文件关闭。关闭操作使文件指针变量不再指向该文件，此后不能再通过该指针对文件进行读写操作，除非再次打开文件，使该指针变量重新指向该文件。及时关闭不再使用的文件，可以防止文件被误用，以及避免发生文件的数据丢失等错误。

fclose 函数调用的一般形式：

```
fclose(fp)
```

fclose 函数关闭与文件指针 fp 相连接的文件，并把它的缓冲区内容全部写出。在 fclose 函数调用以后，fp 将与此文件无关，同时原自动分配的缓冲区也失去定位。fclose 函数关闭文件操作成功后，函数返回 0；失败则返回 EOF。

【例 10-1】打开和关闭一个可读可写的二进制文件。

程序代码如下：

```
#include <stdlib.h>
#include <stdio.h>
int main( )
{
    FILE *fp;
    if((fp=fopen("test.dat","rb"))==NULL)    /*打开文件*/
    {
        printf("cannot open file\n");
        exit(0);
    }
    ……                                       /*此处省略了写入对文件执行读写的代码*/
    if(fclose(fp))
        printf("file close error!\n");        /*关闭文件*/
}
```

10.2.4　文件的读写

当文件按指定的工作方式打开以后，就可以执行对文件的读和写操作了。针对文件的不同性质，可采用不同的读写方式：文本文件，可按字符读写或按字符串读写；二进制文件，可进行成块的读写或格式化的读写。

1．字符读写函数 fgetc 和 fputc

C 提供 fgetc 和 fputc 函数对文本文件进行字符的读写，其函数的原型存于 stdio.h 头文件中。

1）读字符函数 fgetc()

一般格式为：

```
ch=fgetc(fp)
```

fgetc 函数从 fp 指向的文件当前位置返回一个字符，赋予字符变量 ch，然后将文件指针 fp 移到下一个字符处，如果已到文件尾，函数返回 EOF，此时表示本次操作结束，若读写文件完成，则应关闭文件。

2）写字符函数 fputc()

一般格式为：

```
fputc(ch,fp)
```

fputc 函数完成将字符 ch 的值写入 fp 所指向文件的当前位置处，然后将文件指针后移一位。fputc 函数的返回值是所写入字符的值，出错时返回 EOF。

3）fget 函数与 fputc 函数应用举例

【例 10-2】从键盘输入字符，存到磁盘文件 test1.txt 中。

程序代码如下：

```
#include <stdio.h>
#include <stdlib.h>
int main()
{
    FILE *fp;
    char ch;
    if((fp=fopen("test1.txt","w"))==NULL)        /*以只写方式打开文件*/
    {
        printf("cannot open file!\n");
        exit(0);
    }
    while((ch=getchar())!='\n')                  /*回车时结束输入字符*/
        fputc(ch,fp);                            /*写入文件一个字符*/
    fclose(fp);
}
```

程序通过从键盘输入字符串，以回车结束输入，写入指定的流文件 test.txt。文件以文本文件只写方式打开。程序执行结束后，可以通过 DOS 提供的 type 命令来列表显示文件 test1.txt 的内容。

运行程序：I love china!<回车>

`I love china!`

在 DOS 操作系统环境下，利用 type 命令显示 test1.txt 文件如下：

c:\c10> type test1.txt<回车>

`I love china!`

2．字符串读写函数 fgets 和 fputs

C 提供的这两个读写字符串的函数原型在 stdio.h 头文件中。

1）字符串读函数 fgets()

fgets 函数一般格式为：

```
fgets(str,n,fp)
```

fgets 函数从 fp 指向的文件中读取至多 *n*–1 个字符，然后在最后加一个'\0'的字符，并把它们放入 str 指向的字符数组中。该函数读取所限定的字符数直到遇见回车符或 EOF（文件结束符）为止。fgets 函数的返回值为 str 的首地址。fgets 函数一次最多只能读出 127 个字符。

2）字符串写函数 fputs()

fputs 函数一般格式为：

```
fputs(str,fp)
```

　　fputs 函数将 str 指向的字符串写入文件指针 fp 指向的文件。操作成功时，函数返回 0 值，失败返回非 0 值。

　　【例 10-3】向磁盘文本文件 test2.txt 写入字符串。

　　程序代码如下：

```c
#include <stdio.h>
#include <stdlib.h>
#include <string.h>
int main()
{   FILE *fp;
    char str[128];
    if((fp=fopen("test2.txt","w"))==NULL)      /*打开只写的文本文件*/
    {
        printf("cannot open file!");
        exit(0);
    }
    while((strlen(gets(str)))!=0)               /*若串长度为 0,则结束*/
    {
        fputs(str,fp);                          /*写入串*/
        fputs("\n",fp);                         /*写入回车符*/
    }
    fclose(fp);                                 /*关闭文件*/
}
```

　　运行该程序，从键盘输入长度不超过 127 个字符的字符串，写入文件。如字符串长为 0，即空字符串，程序结束。

　　运行结果：

Hello! <回车>

How do you do<回车>

Good-bye!<回车>

<回车>

运行结束后，利用 DOS 的 type 命令列表文件：

C:\c10>type test2.txt<回车>

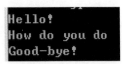

　　这里所输入的空字符串，实际为一单独的回车符，其原因是 gets 函数判断串的结束是以回车作标志的。

　　【例 10-4】从文本文件 test2.txt 中读出字符串，再写入另一个文件 test3.txt。

　　程序代码如下：

```c
#include <stdio.h>
#include <stdlib.h>
#include <string.h>
int main()
{
    FILE *fp1,*fp2;
    char str[128];
```

```
    if((fp1=fopen("test2.txt","r"))==NULL)  /* 以只读方式打开文件 2 */
    {
        printf("cannot open file\n");
        exit(0);
    }
    if((fp2=fopen("test3.txt","w"))==NULL)  /*以只写方式打开文件 3 */
    {
        printf("cannot open file\n");
        exit(0);
    }
    while((strlen(fgets(str,128,fp1)))>0)      /*从文件 2 读字符串*/
    {
        fputs(str,fp2);                        /*将字符串写入文件 3 */
        printf("%s",str);                      /*在屏幕显示*/
    }
    fclose(fp1);
    fclose(fp2);
}
```

　　程序操作两个文件，需定义两个文件变量指针，因此在操作文件以前，应将两个文件以需要的工作方式同时打开（不分先后），读写完成后，再关闭文件。设计过程是按写入文件的同时显示在屏幕上，故程序运行结束后，两个文本文件内容是一样的，并将文件内容显示在屏幕上。

3. 数据块读写函数 fread 和 fwrite

　　除了前面介绍的几种读写文件的方法，对于复杂的数据类型，C 语言提供成块的读写方式来操作文件，使数组或结构体等类型的数据可以进行一次性读写。成块读写文件函数的调用形式如下：

　　fread 函数调用形式：

```
int fread(char *buf,int size,int count,FILE *fp)
```

　　fwrite 函数调用形式：

```
int fwrite(char *buf,int size,int count,FILE *fp)
```

　　fread 函数从 fp 指向的流文件读取 count（字段块数）个字段，每个字段块为 size 个字符长，并把它们放到 buf（缓冲区）指向的字符数组中。

　　fread 函数返回实际已读取的字段数。若函数调用时要求读取的字段块数超过文件存放的字段块数，则出错或已到文件尾，实际在操作时应注意检测。

　　fwrite 函数从 buf 指向的字符数组中，把 count 个字段块写到 fp 所指向的文件中，每个字段块为 size 个字符长，函数操作成功时返回所写字段数。

　　成块的文件读写，在创建文件时只能以二进制文件格式创建。

　　【例 10-5】向磁盘写入格式化数据，再从该文件读出显示到屏幕。

　　程序代码如下：

```
#include <stdio.h>
#include <stdlib.h>
int main()
{
    FILE *fp1;
    int i;
    struct stu                              /*定义结构体*/
    {
        char name[15];
```

```
        char num[6];
        float score[2];
    }student;
    if((fp1=fopen("test.txt","wb"))==NULL)   /*以二进制只写方式打开文件*/
    {
        printf("cannot open file");
        exit(0);
    }
    printf("input data:\n");
    for(i=0;i<2;i++)
    {
        scanf("%s%s%f%f",student.name,student.num,&student.score[0],
            &student.score[1]);                  /* 输入一记录*/
        fwrite(&student,sizeof(student),1,fp1); /* 成块写入文件*/
    }
    fclose(fp1);
    if((fp1=fopen("test.txt","rb"))==NULL)      /*重新以二进制只读打开文件*/
    {
        printf("cannot open file");
        exit(0);
    }
    printf("output from file:\n");
    for (i=0;i<2;i++)
    {
        fread(&student,sizeof(student),1,fp1);   /* 从文件成块读*/
        printf("%s%s%7.2f%7.2f\n",student.name,student.num,
        student.score[0],student.score[1]);      /* 显示到屏幕*/
    }
    fclose(fp1);
}
```

运行结果：

input data:

xiaowan j001 87.5 98.4<回车>

xiaoli j002 99.5 89.6<回车>

```
input data:
xiaowan j001 87.5 98.4
xiaoli j002 99.5 89.6
output from file:
xiaowanj001  87.50  98.40
xiaolij002  99.50  89.60
```

通常，对于输入数据的格式较为复杂，可采取将各种格式的数据当作字符串输入，然后将字符串转换为所需的格式。C 提供的函数有：

```
int atoi(char *ptr)
float atof(char *ptr)
long int atol(char *ptr)
```

它们分别将字符串转换为整型、实型和长整型。使用时请将头文件 stdlib.h 写在程序的前面。

【例 10-6】将输入的不同格式数据以字符串输入，然后将其转换后进行文件的成块读写。

程序代码如下：

```
#include <stdio.h>
#include <stdlib.h>
```

```c
#include <string.h>
int main()
{
    FILE *fp1;
    char temp[6];
    int i;
    struct stu                                      /*定义结构体类型*/
    {
        char name[15];                              /*姓名*/
        char num[6];                                /*学号*/
        float score[2];                             /*二科成绩*/
    }student;
    if((fp1=fopen("test.txt","wb"))==NULL)          /*打开文件*/
    {
        printf("cannot open file");
        exit(0);
    }
    for(i=0;i<2;i++)
    {
        printf("input name:");
        gets(student.name);                         /*输入姓名*/
        printf("input num:");
        gets(student.num);                          /*输入学号*/
        printf("input score1:");
        gets(temp);                                 /*输入成绩*/
        student.score[0]=atof(temp);
        printf("input score2:");
        gets(temp);
        student.score[1]=atof(temp);
        fwrite(&student,sizeof(student),1,fp1);  /*成块写入到文件*/
    }
    fclose(fp1);
    if((fp1=fopen("test.txt","rb"))==NULL)
    {
        printf("cannot open file");
        exit(0);
    }
    printf("---------------------\n");
    printf("%-15s%-7s%-7s%-7s\n","name","num","score1","score2");
    printf("---------------------\n");
    for (i=0;i<2;i++)
    {
        fread(&student,sizeof(student),1,fp1);
        printf("%-15s%-7s%7.2f%7.2f\n",student.name,student.num,
        student.score[0],student.score[1]);
    }
    fclose(fp1);
}
```

运行结果:

input name:li-ying<回车>

input num: j0123<回车>

input score1:98.65<回车>

input score2:89.6<回车>

input name:li‑li<回车>

input num: j0124<回车>

input score1:68.65<回车>

input score2:86.6<回车>

```
input name:li-ying
input num:j0123
input score1:98.65
input score2:89.6
input name:li-li
input num:j0124
input score1:68.65
input score2:86.6
--------------------------
name          num      score1 score2

li-ying       j0123    98.65  89.60
li-li         j0124    68.65  86.60
```

4. 格式化读写函数 fscanf 和 fprintf

前面的程序设计中，介绍过利用 scanf 函数和 printf 函数从键盘格式化输入及在显示器上进行格式化输出，fscanf 函数和 fprintf 函数的格式化读写对象不是终端而是磁盘文件。其函数调用方式：

fscanf 函数调用格式：

```
fscanf(fp,格式字符串,输入列表)
```

fprintf 函数调用格式：

```
fprintf(fp,格式字符串,输出列表)
```

其中，fp 为文件指针，其余两个参数与 scanf 函数和 printf 函数中的参数用法完全相同。

例如：

```
fscanf(fp, "%d,%f",&i,&t);
```

它的作用是从 fp 指向的磁盘文件中按"%d,%f"格式读入 ASCII 字符，并分别给变量 i 与 t 赋值。如果磁盘文件上有以下字符：

```
3,5.4
```

则将磁盘文件中的 3 赋给变量 i，5.4 赋给变量 t。

同样，用下面的 fprintf 函数可以将变量的值输出到 fp 指向的磁盘文件上：

```
fprintf(fp,"%d,%7.2f",i,t);
```

如果 i=3，t=5.4，则输出到 fp 指向的磁盘文件上的是以下字符串：

```
3,  5.40
```

用 fscanf 函数和 fprintf 函数对磁盘文件读写，使用方便，容易理解，但由于在输入时要将 ASCII 码转换为二进制形式，在输出时又要将二进制形式转换成字符，花费时间比较多。因此，在内存与磁盘频繁交换数据的情况下，最好不用 fscanf 函数和 fprintf 函数，而用 fread 函数和 fwrite 函数。

【例 10-7】将格式化的数据写入文本文件，再从该文件中以格式化方法读出显示到屏幕上，其格式化数据是两个学生记录，包括姓名、学号、两科成绩。

程序代码如下：

```
#include <stdio.h>
```

```
#include <stdlib.h>
int main()
{
    FILE *fp;
    int i;
    struct stu
    {
        char name[15];
        char num[6];
        float score[2];
    }student;
    if((fp=fopen("test.txt","w"))==NULL)          /*以文本只写方式打开文件*/
    {
        printf("cannot open file");
        exit(0);
    }
    printf("input data:\n");
    for(i=0;i<2;i++)
    {
        scanf("%s%s%f%f",student.name,student.num,&student.score[0], &student.
score[1]);
            /*从键盘输入*/
        fprintf(fp,"%s %s %7.2f %7.2f\n",student.name,student.num, student.
score[0],student.score[1]);
            /* 写入文件*/
    }
    fclose(fp);                                   /*关闭文件*/
    if((fp=fopen("test.txt","r"))==NULL)
    {                                             /*以文本只读方式重新打开文件*/
        printf("cannot open file");
        exit(0);
    }
    printf("output from file:\n");
    while(fscanf(fp,"%s%s%f%f\n",student.name,student.num,&student.score[0],student.score[1])!=EOF)
            /*从文件读入*/
        printf("%s%s%7.2f%7.2f\n",student.name,student.num,student.score[0],student.score[1]);
                        /* 显示到屏幕*/
    fclose(fp);                                   /*关闭文件*/
}
```

　　程序中定义了一个文件变量指针，两次以不同方式打开同一文件，写入和读出格式化数据。有一点很重要，那就是用什么格式写入文件，就一定用什么格式从文件读，否则，读出的数据与格式控制符不一致，就造成数据出错。

　　运行结果：

input data:

　　xiaowan j001 87.5 98.4<回车>

　　xiaoli j002 99.5 89.6<回车>

列表文件的内容显示为：

C:\>c10\type test.txt<回车>

```
xiaowan j001   87.50   98.40
xiaoli j002   99.50   89.60
```

此程序所访问的文件也可以定为二进制文件，若打开文件的方式为：

```
if((fp=fopen("test1.txt","wb"))==NULL)      /*以二进制只写方式打开文件*/
{
    printf("cannot open file");
    exit(0);
}
```

其效果完全相同。

10.2.5　文件的随机读写

　　C 文件中有一个位置指针，指向当前读写的位置，顺序读写一个文件时，每次读写完成一次后，该位置指针自动移动指向下一个位置。为了能够改变读写的顺序，C 语言提供了几个函数，强制使位置指针指向指定的位置，这样就可以完成文件的随机读写。

1．位置指针复位函数 rewind

rewind 函数调用格式：

```
rewind(fp);
```

该函数将 fp 所指向的文件的位置指针重新返回到文件的开头。

返回值：无。

【例 10-8】有一个磁盘文件，先把它的内容显示到屏幕上，再把它复制到另一个文件中。

程序代码如下：

```
#include <stdio.h>
void main()
{
    FILE *fp1,*fp2;
    fp1=fopen("file1.c","r");
    fp2=fopen("file2.c","w");
    while(!feof(fp1))
       putchar(fgetc(fp1));
    rewind(fp1);                    /* 位置指针复位 */
    while(!feof(fp1))
       fputc(fgetc(fp1),fp2);
    fclose(fp1);
    fclose(fp2);
}
```

2．位置指针随机定位函数 fseek

　　所谓随机读写是指读写完一个字符（字节）后，并不一定要读写其后续的字符（字节），而是可以读写文件中任意所需的数据。用 fseek 函数可以改变文件中的位置指针。

fseek 函数调用格式：

```
fseek(fp,位移量，起始点)
```

fseek 函数从 fp 所指向的文件中，以起始点开始将位置指针向前（＋）或向后（－）移动"位移量"个字节的距离。

返回值：正确，返回 0；错误，返回非 0 值。

其中，文件的起始点可以由常量标识，也可以由数字标识，如表 10-2 所示。

表 10-2 文件位置描述符

起 始 点	常量名标识	数 字 表 示
文件开始	SEEK_SET	0
文件当前位置	SEEK_CUR	1
文件末尾	SEEK_END	2

位移量是指以"起始点"为基点，向前（文件尾方向）或向后（文件头方向）移动的字节数。位置量是长整型的数值，这样当位移量超过 64 KB 时也不至于出现错误。如：

```
fseek(fp,100L,0);             /*以文件头为基点,向前移动 100 个字节的距离*/
fseek(fp,-4L,1);              /*以当前位置为基点,向后移动 4 个字节的距离*/
fseek(fp,-10L,SEEK_END);      /*以文件尾为基点,向后移动 10 个字节的距离*/
```

【例 10-9】在磁盘文件 student.dat 中有 10 个学生记录，将第 1、3、5、7、9 号记录取出显示到屏幕上。

程序代码如下：

```
#define N 10
#include <stdio.h>
#include <stdlib.h>
typedef struct
{
    char num[6],name[10],sex;
    int age,score;
}STU;
void savestu();
int main()
{
    int i;
    STU s[N];
    FILE *fp;
    savestu();                    /*调用该函数,创建磁盘文件: student.dat*/
    if((fp=fopen("student.dat","rb"))==NULL)
    {
        printf("Cannot open this file!\n");
        exit(0);
    }
    for(i=0;i<N;i+=2)
    {
        fseek(fp,i*sizeof(STU),0);
        fread(s+i,sizeof(STU),1,fp);
        printf("%s\t%s\t%c\t%d\t%d\n",s[i].num,s[i].name,s[i].sex,s[i].age,s[i].score);
    }
    fclose(fp);
}
```

```
void savestu()                      /*键盘输入学生记录，创建磁盘文件: student.dat*/
{ STU s[N];
    FILE *fp;
    int i;
    if((fp=fopen("student.dat","wb"))==NULL)
    /*以二进制只写方式打开*/
    { printf("Cannot create this file!\n");
       exit(0);
    }
    printf("Input %d student record: Num\tName\tSex\tAge\tScore\n",N);
    for(i=0;i<N;i++)
    {
        scanf("%s%s% c%d%d",s[i].num,s[i].name,&s[i].sex,&s[i].age,&s[i].score);
        fwrite(s+i,sizeof(STU),1,fp);
    }
    fclose(fp);
}
```

3. 检测当前位置指针的位置函数 ftell

ftell 函数调用格式：

```
ftell(fp);
```

功能：检测流式文件中当前位置指针的位置距离文件头有多少个字节的距离。

返回值：成功则返回实际位移量（长整型），否则返回-1L。例如：

```
i=ftell(fp);
if(i=-1L) printf("Error\n");
```

利用这个函数，也可以测试一个文件所占的字节数。如：

```
fseek(fp,0L,2);                     /*将文件位置指针移到文件末尾*/
volume=ftell(fp);                   /*测试文件尾到文件头的位移量*/
```

4. 文件随机读写应用举例

【例 10-10】写入 5 个学生记录，记录内容为学生姓名、学号、两科成绩。写入成功后，随机读取第 3 条记录，并用第 2 条记录替换。

程序代码如下：

```
#include <stdio.h>
#include <stdlib.h>
#define n 5
struct stu                          /*定义学生记录结构*/
{
    char name[15];
    char num[6];
    float score[2];
}student[n];
int main()
{
    FILE *fp1;                      /*定义文件指针*/
    char temp[6];
    int i,j;
    if((fp1=fopen("test.txt","wb"))==NULL)  /*以二进制只写方式打开文件*/
```

```
{
printf("cannot open file");
exit(0);
}
for( i=0;i<n;i++)
    {
    printf("input name:");                    /*输入姓名*/
    gets(student[i].name);
    printf("input num:");
    gets(student[i].num);                     /*输入学号*/
    printf("input score1:");
    gets(temp);                               /*输入一科成绩*/
    student[i].score[0]=atof(temp);
    printf("input score2:");
    gets(temp);                               /*输入第二科成绩*/
    student[i].score[1]=atof(temp);
    fwrite(&student[i],sizeof(struct stu),1,fp1); /*成块写入*/
}
fclose(fp1);                                  /*关闭*/
if((fp1=fopen("test.txt","rb+"))==NULL)       /*以可读写方式打开文件*/
{
    printf("cannot open file");
    exit(0);
}
printf("--------------------\n");
printf("%-15s%-7s%-7s%-7s\n","name","num","score1","score2");
printf("--------------------\n");
for(i=0;i<n;i++)                              /*显示全部文件内容*/
{
    fread(&student[i],sizeof(struct stu),1,fp1);
    printf("%-15s%-7s%7.2f%7.2f\n",student[i].name,student[i].num,
    student[i].score[0],student[i].score[1]);
}
/*以下进行文件的随机读写*/
fseek(fp1,2*sizeof(struct stu),0);            /*定位文件指针指向第三条记录*/
fwrite(&student[1],sizeof(struct stu),1,fp1);
/*在第3条记录处写入第二条记录*/
rewind(fp1);                                  /*移动文件指针到文件头*/
printf("--------------------\n");
printf("%-15s%-7s%-7s%-7s\n","name","num","score1","score2");
printf("--------------------\n");
for(i=0;i<n;i++)                              /*重新输出文件内容*/
{
    fread(&student[i],sizeof(struct stu),1,fp1);
    printf("%-15s%-7s%7.2f%7.2f\n",student[i].name,student[i].num,
    student[i].score[0],student[i].score[1]);
```

```
        }
        fclose(fp1);              /*关闭文件*/
}
```

运行结果：

input name:li-ying<回车>

input num: j0123<回车>

input score1:98.65<回车>

input score2:89.6<回车>

input name:li-li<回车>

input num: j0124<回车>

input score1:68.65<回车>

input score2:86.6<回车>

input name:li-ping<回车>

input num: j0125<回车>

input score1:88.5<回车>

input score2:84.6<回车>

input name:Wang-xian<回车>

input num: j0126<回车>

input score1:98<回车>

input score2:94<回车>

input name:Ma-ling<回车>

input num: j0127<回车>

input score1:66.5<回车>

input score2:80.6<回车>

程序的第二次输出，即随机访问后，文件中会有两条相同的记录。

10.2.6　文件检测函数

C 语言中常用的文件检测函数有以下几个：

1. 文件结束检测函数 feof

feof 函数调用格式：

```
feof(fp);
```

功能：判断文件是否处于文件结束位置。

返回值：如文件结束，则返回值为 1，否则为 0。

2. 读写文件出错检测函数 ferror

ferror 函数调用格式：

```
ferror(fp);
```

功能：检查文件在用各种输入输出函数进行读写时是否出错。

返回值：如 ferror 函数返回值为 0 表示未出错，否则表示有错。

3. 文件出错标志和文件结束标志置 0 函数 clearerr

clearerr 函数调用格式：

```
clearerr(文件指针);
```

功能：本函数用于清除出错标志和文件结束标志，使它们为 0 值。

返回值：无。

在读写文件时出现错误标志，其标志会一直保留，直到对同一文件调用 clearerr()、rewind() 或任何其他一个输入/输出函数。

10.2.7 程序举例

【例 10-11】从文件 stulist 中读出指定学号的学生记录，显示在屏幕上，提示用户是否需要修改，若用户提示修改则由用户输入新内容并写入到原文件中去。假定学生记录按学号从小到大排序，学生学号范围为 0 ~ 50。

程序代码如下：

```
#include <stdio.h>
#include <stdlib.h>
struct student_type
{
    char name[10];
    int num;
    int age;
    float mark;
}stu;
int main()
{
    int i;
    char ch;
    FILE *fp;
    if((fp=fopen("stulist","rb+"))==NULL)
    {
        printf("cannot open file");
        exit(0);
    }
    printf("\nplase input student_id:");
    scanf("%d",&i);                        /*输入被找学生学号*/
    while(i<50&&i>=0)                       /*查找该学生记录并决定是否修改*/
    {
        fseek(fp,i*sizeof(struct student_type),0);  /*移动指针*/
        fread(&stu,sizeof(struct student_type),1,fp);
        printf("%10s%6d%6d%6d",stu.name,stu.num,stu.age,stu.mark);
        printf("\Chang or not?(Y/N)");
        flushall();                        /*清空输入输出缓冲区*/
        scanf("%c",&ch);
        if(ch=='Y'||ch=='y')               /*修改指定的学生记录*/
        {
            printf("\nplase input new data:\n");
            scanf("%s%d%d%f",stu.name,&stu.num,&stu.age,&stu.mark);
            fseek(fp,i*sizeof(struct student_type),0);
```

```
            fread(&stu,sizeof(struct student_type),1,fp);
        }
        printf("\Chang new student_id?(Y/N)");
        scanf("%c",&ch);
        if(ch=='Y'||ch=='y')
        {
            printf("\nplase input next studentid:\n");
            scanf("%d",&i);
        }
        else break;
    }
    fclose(fp);
}
```

【例 10-12】 假设文件 A.DAT 和 B.DAT 中的字符已经按降序排列，编写一个程序将两个文件合并成文件 C.DAT，C.DAT 中的字符也是按降序排列的。

程序代码如下：

```
#include <stdio.h>
#include <stdlib.h>
int main()
{
    FILE *fpa,*fpb,*fpc;
    int flag1=1,flag2=2;
    char a,b,c;
    fpa=fopen("A.DAT","r");
    fpb=fopen("B.DAT","r");
    fpc=fopen("C.DAT","w");
    if(!fpa||!fpb||!fpc)
    {
        printf("cannot open file");
        exit(0);
    }
    if(!feof(fpa)&&!feof(fpb))       /*读入第一个字符*/
    { a=fgetc(fpa);b=fgetc(fpb); }
    do                               /*将A.DAT与B.DAT中字符按降序依次填入C.DAT*/
    {
        if(a>b)
        {fputc(a,fpc);a=fgetc(fpa);}
        else
        {fputc(b,fpc);b=fgetc(fpb);}
    }while(!feof(fpa)&&!feof(fpb));
    if(feof(fpa))                    /*如果文件A已读完,将B剩余的字符关C*/
    while(!feof(fpb))
    { fputc(b,fpc);b=fgetc(fpb); }
    if(feof(fpb))                    /*如果文件B已读完,将A剩余的字符送C*/
    while(!feof(fpa))
    { fputc(a,fpc);a=fgetc(fpa);}
    fclose(fpa);
    fclose(fpb);
    fclose(fpc);
}
```

10.3　任务实施

　　学生资助信息管理系统中对受助学生的操作不可能一次性完成，同时为了方便后期能更方便地对受助学生的信息进行查询及管理操作，希望能够将所有学生的数据输出保存成文件。在系统中，使用 txt 文本文件作为学生信息保存文件格式。那么接下来，就来学习如何创建文件保存数据，如何打开文件写入数据及读取数据。

　　分析：任务要求为在学生资助信息管理系统中录入受助学生信息，并将学生信息存储在 stu.txt 文件中。（为测试方便，最多录入 5 名学生的信息）定义用于存储学生信息的结构类型 students，通过 fopen 函数 w+ 模式创建 stu.txt 文件，通过 fwrite 函数将用户输入的一个学生信息写入文件。为了查看文件数据是否写入成功，程序中添加 Printstu 函数模块，通过 fopen 函数 r 模式进入 stu.txt 文件读取学生信息，并输出，方便对比查看。

　　程序代码如下：

```
#include "stdio.h"
#include "string.h"
/*学生信息*/
struct students
{char stunum[10];          /*学生学号*/
    char dep[3];           /*学生系部*/
    char major[3];         /*学生专业*/
    char stuname[10];      /*学生姓名*/
    floatscore;            /*成绩总分*/
    intscore_num;          /*课程门数*/
    float aver;            /*成绩平均分*/
    char address[30];      /*家庭住址*/
    float income;          /*家庭年收入*/
    int person;            /*家庭人口数*/
    float  inper;          /*家庭人均年收入*/
} stu_add;

void Printstu()
{
    FILE *fp=NULL;
    struct students stu_out;
    int i,m,n;
    fp=fopen("stu.txt","r");
    if( fp == NULL ) //打开文件失败，返回错误信息
        printf("open file for read error\n");
    else
    {
        fseek(fp,0L,2);  //定位 fp 至文件尾
        m=ftell(fp);     //求出文件长度
        n=m/sizeof(struct students);
        fseek(fp,0L,0);
    }
    printf("序号 学号    系部 专业 姓名    成绩总分 课程门数 平均分 家庭住址
```

```
年收入    人口数   人均年收入\n");
        printf("--------------------------------------------------------\n");
        for(i=0;i<n;i++)
        {
            fread(&stu_out,sizeof(struct students),1,fp ); //读文件中数据到结构体变量
            printf("%-5d%-10s%-8s%-5s%-10s%-9.2f%-9d%-7.2f%-30s ￥ %-10.2f%-8d
￥ %-14.2f\n",i+1,stu_out.stunum ,stu_out.dep,stu_out.major ,stu_out.stuname
,stu_out.score ,stu_out.score_num ,stu_out.aver ,stu_out.address ,stu_out.in
come ,stu_out.person ,stu_out.inper );
        }
        printf("--------------------------------------------------------\n");
        fclose(fp);
    }
    void main()
    {
        int i=0,j=0;
        char k;
        FILE *fp;
        fp=fopen("stu.txt","w+");
        printf("请注意一次最多 5 名学生信息! \n");
        printf("--------------------------------------------------\n");
        for(;i<5;i++)
        {
            printf("请依据提示输入第%d 位学生的信息: \n",i+1);
            printf("*学号:");
            gets(stu_add.stunum);
            strncpy(stu_add.dep ,stu_add.stunum+2,2);/*从学号中提取系部编号*/
            strncpy(stu_add.major ,stu_add.stunum+4,2);/*从学号中提取专业编号*/
            printf("*姓名:");
            gets(stu_add.stuname );
            printf("*家庭住址:");
            gets(stu_add.address );
            printf("*成绩总分:");
            scanf("%f",&stu_add.score );
            printf("*课程门数:");
            scanf("%d",&stu_add.score_num);
            stu_add.aver =stu_add.score /stu_add.score_num;        /*计算平均分*/
            printf("*家庭年收入:");
            scanf("%f",&stu_add.income );
            printf("*家庭人口数:");
            scanf("%d",&stu_add.person);
            stu_add.inper=stu_add.income /stu_add.person ;    /*计算人均年收入*/
            printf("--------------------------------------------------\n");
            fwrite(&stu_add,sizeof(struct students),1,fp);      /*将记录写入文件*/
            printf("继续输入吗(Y/N)?");
            getchar();
            scanf("%c",&k);
            getchar();
            if(k =='Y' || k =='y')   continue;
```

```
        else  {i++;  break;}
    }
    if(i>0)   printf("学生信息添加成功\n");
    fclose(fp);
    printf("\n\n 文件中添加的学生信息显示如下: \n");
    Printstu();
}
```

运行结果:

小　结

本模块主要介绍了文件的概念和使用，具体介绍了文件打开、关闭、读文件和写文件，同时介绍了文件指针的定位控制，具体内容如下:

1. C 文件

所谓"文件"是指一组相关数据的有序集合。这个数据集有一个名称，称为文件名。

从文件编码的方式来看，文件可分为 ASCII 码文件和二进制码文件两种。

2. 文件指针

定义文件指针的一般形式为:

```
FILE* 指针变量标识符；
```

3. 文件的打开与关闭

（1）文件的打开（fopen 函数）。fopen 函数的调用方式通常为:

```
FILE *fp;
fp=fopen(文件名,文件使用方式)
```

（2）文件关闭函数（fclose 函数）。fclose 函数调用的一般形式是:

```
fclose(fp);
```

4. 文件的读写

（1）字符读写函数 fgetc 和 fputc。

① 读字符函数 fgetc()。

格式:

```
ch=fgetc(fp);
```

② 写字符函数 fputc()。

格式：

```
fputc(ch,fp);
```

（2）字符串读写函数 fgets 和 fputs。

① 字符串读函数 fgets()。

格式：

```
fgets(str,n,fp);
```

②字符串写函数 fputs()。

格式：

```
fputs(str,fp);
```

（3）数据块读写函数 fread 和 fwtrite。

成块读写文件函数的调用形式为：

```
int fread(char *buf,int size,int count,FILE *fp)
int fwrite(char *buf,int size,int count,FILE *fp)
```

（4）格式化读写函数 fscanf 和 fprintf。

格式化读写函数的调用形式为：

```
fscanf(fp,格式字符串,输出表列)
fprintf(fp,格式字符串,输出表列)
```

5．文件的随机读写

（1）位置指针复位函数 rewind()。

调用格式：rewind(fp)。返回值：无。

（2）位置指针随机定位函数 fseek()。

调用格式：fseek（fp,位移量，起始点）。返回值：正确，返回 0；错误，返回非 0 值。

调用格式：ftell（fp）。返回值：成功则返回实际位移量（长整型），否则返回 –1L。

6．文件检测函数

（1）文件结束检测函数 feof()。

格式：

```
feof(fp);
```

（2）读写文件出错检测函数 ferror()。

格式：

```
ferror(fp);
```

（3）文件出错标志和文件结束标志置 0 函数 clearerr()。

格式：

```
clearerr(文件指针)
```

实　　训

 实训要求

1. 对照教材中的例题，模仿编程完成各验证性实训任务，并调试完成，记录下实训源程序和运行结果。

2. 在学完相关内容后，请大家课后试着设计编写源代码解决各设计性实训任务，并调试完成，记录下实训源程序和运行结果。

3. 对照实训时完成情况，将调试完成的源代码与运行结果填入实训报告中。

 **实训内容**

● **验证性实训**

实训 1 从键盘上输入一个字符串，将其中的小写字母全部转换成大写字母，然后输出到一个磁盘文件中保存。输入的字符以"!"结束。（源程序参考【例 10-3】）

实训 2 在磁盘文件 student.dat 中有 10 个学生记录，将第 2、4、6、8、10 号记录取出显示到屏幕上。（源程序参考【例 10-9】）

实训 3 有 5 个学生，每个学生有 3 门课的成绩，从键盘上输入学生数据（包括学号、姓名、三门课的成绩）。计算出每个同学的平均成绩，将学生信息存放在磁盘文件中。（源程序参考【例 10-10】）

● **设计性实训**

实训 1 编写一个函数，实现两个文本文件的复制。

实训 2 编写程序，将一个文本文件的内容连接到另外一个文本文件中。

实训 3 从键盘输入一个学号，若该学号学生在上面验证性实训任务 3 的学生成绩表文件 stuscore 中，则删除该学生的数据。

习　　题

一、选择题

1. 系统的标准输入文件是指（　　　）。

　　A. 键盘　　　　　　B. 显示器　　　　　　C. 软盘　　　　　D. 硬盘

2. 若要用 fopen 函数打开一个新的二进制文件，该文件要既能读也能写，则文件使用方式字符串应是（　　　）。

　　A. "ab+"　　　　　B. "wb+"　　　　　　C. "rb+"　　　　　D. "ab"

3. 若以 a+方式打开一个已存在的文件，则以下叙述正确的是（　　　）。

　　A. 文件打开时，原有文件内容不删除，位置指针移到文件末尾，可作添加和读写操作

　　B. 文件打开时，原有文件内容不删除，位置指针移到文件开头，可作重写和读操作

　　C. 文件打开时，原有文件内容被删除，只可作写操作

　　D. 以上各种说法皆不正确

4. 若希望向文件末尾添加新的数据则应以（　　　）打开文件。

　　A. "r"方式　　　　B. "w"方式　　　　　C. "a"方式　　　　D. "rb"方式

5. fscanf 函数的正确调用形式是（　　　）。

　　A. fscanf(fp,格式字符串,输出表列)

  B. fscanf(格式字符串,输出表列,fp);

  C. fscanf(格式字符串,文件指针,输出表列);

  D. fscanf(文件指针,格式字符串,输入表列);

6. fgetc 函数的作用是从指定文件读入一个字符，该文件的打开方式必须是（　　　）。

  A. 只写   B. 追加   C. 读或读写 D. 答案 b 和 c 都正确

7. 函数调用语句：fseek(fp,-20L,2);的含义是（　　　）。

  A. 将文件位置指针移到距离文件头 20 个字节处

  B. 将文件位置指针从当前位置向后移动 20 个字节

  C. 将文件位置指针从文件末尾处后退 20 个字节

  D. 将文件位置指针移到离当前位置 20 个字节处

8. rewind 函数的作用是（　　　）。

  A. 重新打开文件   B. 使文件位置指针重新回到文件末

  C. 使文件位置指针重新回到文件的开始 D. 返回文件长度值

9. 在执行 fopen 函数时，ferror 函数的初值是（　　　）。

  A. TURE   B. -1   C. 1   D. 0

二、填空题

1. 打开文件时：

 （1）若要新建一个磁盘文本文件，打开方式应选用＿＿＿＿＿＿＿＿。

 （2）若要读出一个磁盘二进制文件，打开方式应选用＿＿＿＿＿＿＿＿。

 （3）若要对一个磁盘二进制文件的已有内容即可读又可追加新的内容应选用＿＿＿＿＿＿＿＿。

2. 设有以下结构体类型：

```
struct t
{
    char name[8];
    int num;
    float s[4];
}student[50];
```

  并且结构体数组 student 中的元素都已有值，若要将这些元素写到 fp 指向的文件中，请将以下 fwrite 语句补充完整：

```
fwrite(student,_____,1,fp);
```

3. 从键盘输入一个字符串和一个十进制整数，将它们写到一个文件中去，然后再将它们从文件中读出来显示在屏幕上，请填空。

```
#include <stdio.h>
#include <stdlib.h>
int main()
{
    char s[80];
    int  a;
    FILE  *fp;
```

```
        if((fp=fopen("abc.txt","w+"))==NULL)
        {
            puts("file can't open!\n");
            exit(0);
        }
        scanf("%s%d",s, &a);
        fprintf(_____,"%s\t%d",s,a);
        fprintf(stdout,"%s\t%d\n",s,a);
        fclose(fp);
        system("pause");
    }
```

4. 下面是一个实现两个文本文件的连接的程序，请填空。

```
#include <stdio.h>
#include <stdlib.h>
#define BUFSIZE 256
int main()
{
    int i;char buff[BUFSIZE];
    FILE  *fp1,*fp2;
    if((fp1==fopen("file1.txt",_____))==NULL)
    {
        printf("can't open file!\n");
        exit(0);
    }
    if((fp2=fopen("file2.txt",_____))==NULL)
    {
        printf("can't open file!\n");
        exit(0);
    }
    while(fgets(buff,BUFSIZE,fp2)!=NULL)
        fputs(_____);
    fclose(fpl);fclose(fp2);
}
```

5. 以下程序的功能是用"追加"的方式打开 gg.txt 后，查看文件指针的位置，然后向文件中写入"data"后，再查看文件指针的位置。其中 ftell(*FILE)返回 long 型的文件指针位置，请填空。程序执行前 gg.txt 内容为：sample。

```
#include <stdio.h>
void main()
{
```

```
_____;
long position;
fp=fopen_____;
position=ftell(fp);
printf("position=%d\n",position);
fprintf_____   ;
position=ftell(fp);
printf("position=%d\n",position);
fclose(fp);
}
```

三、编程题

1. 创建一个名为 d1.dat 的文件，写入两个值 20、30，再从该文件中读出两值，输出在屏幕上。

2. 从 ASCII 文件 A.dat 中读入字符，将其中的小写字母单独输入到文件 B.dat 中。

3. 建立某班学生的成绩表（每个学生 4 门课）数据文件 stuscore，然后计算出每个学生的总分、平均成绩，再写回成绩表文件中，最终打印查看全部学生的成绩信息。

模块⑪ 综合实训——学生资助信息管理系统

已经学完了 C 语言全部基本知识，接下来将在前 10 个模块的基础上，利用这些知识来设计一个应用系统——学生资助信息管理系统，通过该应用系统的开发与调试，加强对 C 语言知识的巩固提高，也为后续课程学习和应用系统开发打下一定的基础。

学习要求：

- 理解软件开发的基本流程；
- 掌握 C 语言知识在解决实际问题中的应用；
- 熟悉应用系统分析与调试；
- 学会对实际应用问题的分析和 C 应用程序开发、调试。

11.1 项 目 概 述

11.1.1 项目要求

某学院要建立学生资助信息管理系统，要求学院及系部两级管理员能够进行全院（全系）受助学生信息的添加、删除、修改、查询等操作，并能根据系部分配比例通过成绩排序选拔奖学金获得学生，并对这些学生的信息进行查看。其中学生信息要求能够添加学号、姓名、系部、专业、课程成绩（10 门以内）等信息（为了便于教学，本系统设计时已添加 30 名学生数据），学生信息查询能够按学号查询，学生信息修改要求能够选择修改学生的某个（某些）数据，排序操作将按系部按平均成绩将学生记录进行降序排列，以便按比例挑选出获得奖学金的学生等操作。

11.1.2 需求分析

本应用系统程序将用到文件系统，students.txt 文件作为资助管理系统的受助学生数据源，managers.txt 文件用来存储学院及系部两级管理员的数据。

　　程序运行后系部（院级）管理员通过各自的菜单中添加学生信息模块录入各系受助学生数据存入结构体数组，数据最终保存在 studets.txt 文件中；管理员通过菜单中的其他模块对受助学生的添加、修改、查询、排序也都是基于该文件进行，删除受助学生数据的操作只有院级管理员能够执行。

　　另外创建 scholarship.txt 文件用来存储全院获得奖学金的受助学生数据，sch_temp.txt 文件用于暂时存储各系挑选奖学金学生过程中的成绩排序结果。

　　系统各级管理员在程序中可以进行录入和查看、排序等多项工作，通过键盘式选择菜单实现功能选择来完成不同的操作。

11.2　总　体　设　计

　　根据上面的分析，可以将这个系统按功能分为如下 12 个模块：主菜单模块、学院管理员菜单模块、系部管理员菜单模块、添加系部管理员模块、删除系部管理员模块、修改系部管理员信息模块、查询系部管理员信息模块、添加资助生信息模块、查询资助生信息模块、修改资助生信息模块、查询获奖学金学生信息模块、删除资助生信息模块。

　　本系统要求以管理员身份登录，管理员分为院级管理员和系部管理员，权限各不相同：系部管理员只能添加、修改、查询受助学生（包括获奖学金学生）的信息，无法删除学生信息。登录系统后显示两级子菜单供选择，选择不同功能则调用相应的功能模块的菜单。

　　系统模块划分情况如图 11-1 所示。

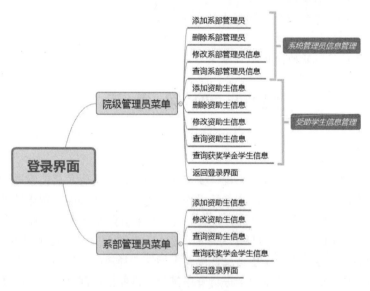

图 11-1　系统模块划分情况

　　每项主要功能模块以函数的形式实现，系统中的一些数据处理功能也以单独的函数形式实现；系统管理员信息、资助生信息均保存在结构体类型的数组中。

　　系统管理员结构体类型定义如下：

```
/*管理员信息*/
```

```
struct managers
{   char mgnum[10];      //管理员账号
    char mgname[20];     //管理员姓名
    char pass[10];       //管理员密码
    char grade[2];       //管理员等级，a-院级管理员，b-系部管理员
    char dep[3];         //管理员系别
}
```

受资助学生结构体类型定义如下：

```
/*学生信息*/
struct students
{   char stunum[10];     //学生学号
    char dep[3];         //学生系部
    char major[3];       //学生专业
    char stuname[10];    //学生姓名
    float score;         //成绩总分
    int score_num;       //课程门数
    float aver;          //成绩平均分
    char address[30];    //家庭住址
    float income;        //家庭年收入
    int person;          //家庭人口数
    float inper;         //家庭人均年收入
    float zzhje;         //资助金额
}
```

● 系统登录界面：

以登录名和密码完成登录，本系统默认的系统管理员登录名/密码为：1000/123，系部管理员预设了有四个，对应的登录名/密码分别为：1001/111、1003/333、1005/555 和 1006/666。

● 院级管理员菜单模块：

若以院级管理员账号登录后，可打开院级管理员菜单。院级管理管理员可以同时管理系统管理员信息及受助学生信息。

输入 1—4 来选择某项功能时将调用相应的函数对系统管理员信息进行操作，输入 5-9 来选择某项功能时将调用相应的函数对受助学生信息进行操作，选择"0"将退出本模块，返回系统登录界面。

● 系部管理员菜单模块：

若以系部管理员账号登录后，可打开系部管理员菜单。系部管理管理员只可以管理本系受助学生（包括获奖学金学生）的信息。

输入 1—4 来选择某项功能时将调用相应的函数对受助学生信息进行操作，选择"0"将退出本模块，返回系统登录界面。

11.3 功能实现设计

11.3.1 系统菜单设计

系统按功能分为如下 12 个模块：主菜单模块、院级管理员菜单模块、系部管理员菜单模块、添加系部管理员模块、删除系部管理员模块、修改系部管理员信息模块、查询系部管理员信息模块、添加资助生信息模块、查询资助生信息模块、修改资助生信息模块、查询获奖学金学生信息模块、删除资助生信息模块。这些模块都是由对应功能的函数实现的。

其中实现主要功能的函数如下：

```
void schoolmanager_menu();        //院级管理员菜单
void depmanager_menu();           //系部管理员菜单
int read_mgfile();                //读管理员信息文本文件
int read_stufile();               //读学生信息文本文件
void add_manager();               //添加管理员
void del_manager();               //删除管理员
void alt_manager();               //更新管理员
void check_manager();             //查询管理员
void add_stu();                   //添加受助学生信息
void del_stu();                   //删除受助学生信息
void alt_stu();                    //修改受助学生信息
void check_stu();                 //查询受助学生信息
void check_scholarship_mg();      //查询获奖学金学生信息（学院）
void check_scholarship();         //查询获奖学金学生信息（系部）
```

为存放系统管理员信息，定义一个结构类型 struct managers，并以此来定义结构体数组 mg[10]用于存放系统管理员信息数据，定义结构体变量 mg_add 用于存放添加的系统管理员信息数据。

为存放受助学生信息，定义一个结构类型 struct students，并以此来定义结构体数组 stu[1000]用于存放受助学生信息数据，定义结构体变量 stu_add 用于存放添加的受助学生信息数据。

1. 校级管理员菜单

以菜单形式显示各项功能供用户选择，流程图如图 11-2 所示。

本模块的源程序代码如下：

/*校级管理员登录菜单*/

```
void schoolmanager_menu()
{
    int h;
    system("CLS");
    printf("        ---------院级管理员菜单----------\n");
    printf(" \n");
    printf("        **************************************\n");
    printf("        *      请输入您要操作的功能       *\n");
    printf("        **************************************\n");
    printf("        *        1:添加系部管理员        *\n");
```

```
    printf("                    *       2:删除系部管理员            *\n");
    printf("                    *       3:修改系部管理员            *\n");
    printf("                    *       4:查询系部管理员信息         *\n");
    printf("                    *       -----------------------    *\n");
    printf("                    *       5:添加资助生信息            *\n");
    printf("                    *       6:删除资助生信息            *\n");
    printf("                    *       7:修改资助生信息            *\n");
    printf("                    *       8:查询资助生信息            *\n");
    printf("                    *       9:查询获奖学金学生信息      *\n");
    printf("                    *       0:返回主菜单               *\n");
    printf("                    *************************************\n");
    printf(" \n");
    printf("您的选择: ");
    scanf("%d",&h);
    getchar();
    if (h<0||h>9)

    {
        printf("您未选中任意项, 请重新输入! \n");
        schoolmanager_menu();
    }
    else
    {
        switch(h)
        {
            case 1:  add_manager();break;
            case 2:  del_manager();break;
            case 3:  alt_manager();break;
            case 4:  check_manager();break;
            case 5:  add_stu();break;
            case 6:  del_stu();break;
            case 7:  alt_stu();break;
            case 8:  check_stu();break;
            case 9:  check_scholarship_mg();break;
            case 0:  menu();break;
        }
    }
}
```

运行结果:

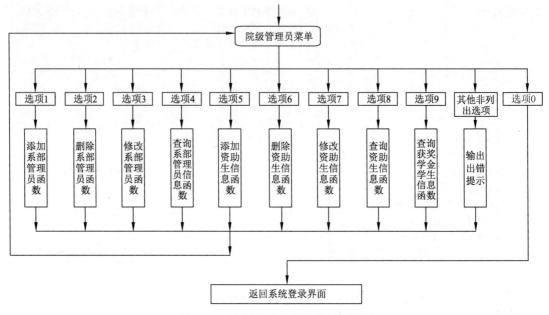

图 11-2　校级管理员菜单模块流程图

2．系部管理员菜单

以菜单形式显示各项功能供用户选择，流程图如图 11-3 所示。

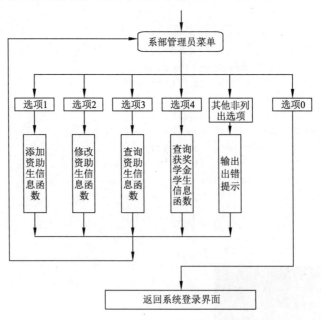

图 11-3　系部管理员菜单模块流程图

本模块的源程序代码如下：

```
/* 系部管理员登录菜单*/
void depmanager_menu()
{
```

```
        int h;
        system("CLS");
        printf("                    --------------系部管理员菜单----------\n");
        printf("\n");
        printf("            ***************************************\n");
        printf("            *      请输入您要操作的功能       *\n");
        printf("            ***************************************\n");
        printf("            *        1:添加资助生信息         *\n");
        printf("            *        2:修改资助生信息         *\n");
        printf("            *        3:查询资助生信息         *\n");
        printf("            *        4:查询获奖学金学生信息   *\n");
        printf("            *        0:返回主菜单             *\n");
        printf("            ***************************************\n");
        printf("\n");
        printf("您的选择: ");
        scanf("%d",&h);
        getchar();
        if (h<0||h>4)
        {
            printf("您未选中任意项, 请重新输入! \n");
            system("pause");
            depmanager_menu();
        }
        else
        {
            switch(h)
            {
                case 1: add_stu();break;
                case 2: alt_stu();break;
                case 3: check_stu();break;
                case 4: check_scholarship();break;
                case 0: menu();break;
            }
        }
}
```

运行结果:

11.3.2　管理员信息管理模块

系统管理员信息管理子模块实现对系统管理员信息增、删、改、查的管理, 涉及的函数有 add_manager()、del_manager()、alt_manager()、check_manager()和 read_mgfile(); 具体流程图如图 11-4 所示。

由于代码较长，这里仅列出管理员信息删除及查询的操作，其余代码以二维码方式附后。

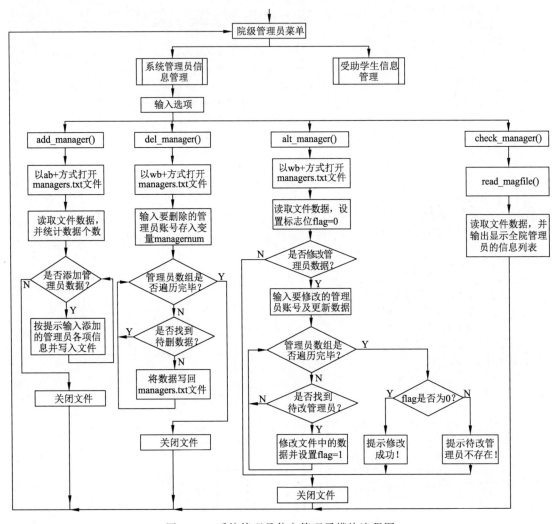

图 11-4　系统管理员信息管理子模块流程图

```
/*删除管理员信息*/
void del_manager()
{
    int i,flag1=0,flag2=0;
    char managernum[10],mgnum1[10],grade1[2];
    FILE *fp;
    system("CLS");
    read_mgfile();
    printf("请输入您要删除的管理员账号: ");
    gets(managernum);

    if((fp=fopen("managers.txt","wb+"))!=NULL)
    {
```

```
    for(i=0;i<mg_num;i++)
    {
        trim(mg[i].mgnum ,mgnum1);
        trim(mg[i].grade,grade1);
        if(strcmp(mgnum1,managernum)==0 && strcmp(grade1,"b")==0)
        { flag1=1; continue;}
        if(strcmp(mgnum1,managernum)==0 && strcmp(grade1,"a")==0)
        { flag2=1;
            fwrite(&mg[i],sizeof(struct managers),1,fp);
        }
        if(strcmp(mgnum1,managernum)!=0)
            fwrite(&mg[i],sizeof(struct managers),1,fp);
    }
    if(flag1==1) printf("删除成功，按任意键返回！\n");
    if(flag2==1) printf("该账号为学院管理员账号,您无权删除,请按任意键返回!\n");
    if(flag1==0 && flag2==0) printf("该账户并不存在,请按任意键返回！\n");
}
    fclose(fp);
    mg_num--;
    schoolmanager_menu();
}


/*查询管理员信息*/
    void check_manager()
    {
    int i,t;
    char dep_mg[10];
    system("CLS");
    read_mgfile();
    printf("序号     账号      姓名              密码    等级 系 别\n");
    printf("----------------------------------------------------\n");
    for(i=0;i<mg_num;i++)
    {
        switch(t=translate(mg[i].dep))
        {
            case 0:strcpy(dep_mg,"学院");break;
            case 1:strcpy(dep_mg,"机电系");break;
            case 2:strcpy(dep_mg,"医学系");break;
            case 3:strcpy(dep_mg,"护理系");break;
            case 4:strcpy(dep_mg,"经管系");break;
            case 5:strcpy(dep_mg,"管理系");break;
            case 6:strcpy(dep_mg,"信息系");break;
            case 7:strcpy(dep_mg,"传媒系");break;
        }
        printf("%-10d%-10s%-20s%-10s%-6s%s\n",i+1,&mg[i].mgnum,&mg[i].mgname,&mg[i].pass,
            &mg[i].grade,dep_mg);
```

```
            }
            printf("-------------------------------------------------\n");
            printf("显示完毕，按任意键返回！\n");
            schoolmanager_menu();
        }


/*读管理员信息文本文件函数*/
    int read_mgfile()
    {
        FILE *fp=NULL;
        int i,m,n;
        fp=fopen("managers.txt","rb");    //rb 表示以只读方式打开一个二进制文件
        if(fp==NULL)                      //打开文件失败，返回错误信息
        { printf("open file for read error\n");
            return -1;
        }
        else
        { fseek(fp,0L,2);                 //定位 fp 至文件尾
            m=ftell(fp);                  //求出文件长度
            n=m/sizeof(struct managers);
            mg_num=n;
            fseek(fp,0L,0);
            for(i=0;i<n;i++)
            {   fread( &mg[i],sizeof(struct managers),1,fp );  //读文件中数据到结构体
                mg[i].mgnum[strlen(mg[i].mgnum)]='\0';
                mg[i].mgname[strlen(mg[i].mgname)]='\0';
                mg[i].pass[strlen(mg[i].pass)]='\0';
                mg[i].grade[strlen(mg[i].grade)]='\0';
                mg[i].dep [strlen(mg[i].dep )]='\0';
            }
        }
        fclose(fp);//关闭文件
        return 0;
    }
```

11.3.3　资助生信息管理模块

资助生信息管理子模块实现对受助学生（含获奖学金学生）信息增删改查的管理，涉及的函数有 add_stu()、del_stu()、alt_stu()、check_stu()、check_scholarship_mg()和 read_stufile()；院级管理员资助生信息管理子模块具体流程图如图 11-5 所示。

由于代码较长，这里仅列出资助生信息删除及查询的操作，其余代码以二维码方式附后。

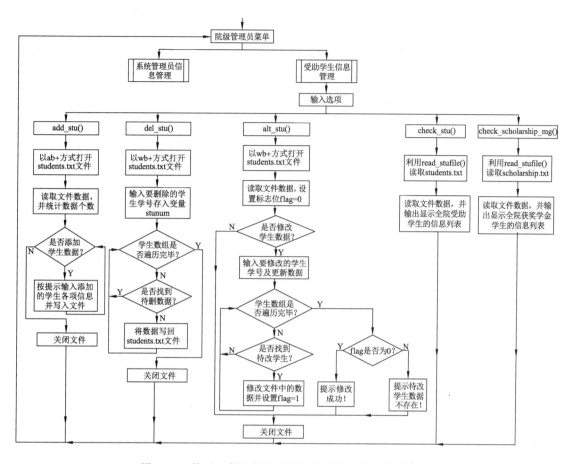

图 11-5　资助生信息管理子模块流程图（院级管理员）

```
/*删除受助学生信息*/
    void del_stu()
    {
        int i;
        char flag='f';
        char stunum[10],stunum1[10];
        FILE *fp;
        system("CLS");
        read_stufile("students.txt");
        printf("请输入您要删除的学生学号: ");
        gets(stunum);
        if((fp=fopen("students.txt","wb+"))!=NULL)
        {
            for(i=0;i<stu_num;i++)
            {
                trim(stu[i].stunum ,stunum1);
                if(strcmp(stunum1,stunum)==0)    { flag='t'; continue;}
                else    fwrite(&stu[i],sizeof(struct students),1,fp);
```

```
        }
        if(flag=='t') printf("删除成功! 按任意键返回! \n");
        else printf("您要删除的学生信息并不存在，按任意键返回! \n");
    }
    fclose(fp);
    schoolmanager_menu();
}


/*查询受助学生信息*/
void check_stu()
{
    int i,t,count=0;
    float sum_xb=0,sum_xy=0,max=0;
    char dep_stu[10];
    system("CLS");
    system("mode con cols=150 lines=20");
    read_stufile("students.txt");
    printf("序号 学号    系 部 专业 姓名    成绩总分 课程门数 平均分 家庭住址
年收入    人口数 人均年收入    资助金额   \n");
    printf("--------------------------------------------------------\n");
    for(i=0;i<stu_num;i++)
    {
        t=translate(stu[i].dep);
        switch(t)
        {
            case 0:strcpy(dep_stu,"学院");break;
            case 1:strcpy(dep_stu,"机电系");break;
            case 2:strcpy(dep_stu,"医学系");break;
            case 3:strcpy(dep_stu,"护理系");break;
            case 4:strcpy(dep_stu,"经贸系");break;
            case 5:strcpy(dep_stu,"管理系");break;
            case 6:strcpy(dep_stu,"信息系");break;
            case 7:strcpy(dep_stu,"传媒系");break;
        }
        if(strcmp(mg_grade,"a")==0)
        {
            printf("%-5d%-10s%-8s-5s%-10s%-9.2f%-9d%-7.2f%-30s￥%-10.2f%-8d￥%-14.2f
￥%-10.2f\n",i+1,&stu[i].stunum ,dep_stu ,&stu[i].major ,&stu[i].stuname ,stu[i].score ,
stu[i].score_num ,stu[i].aver ,&stu[i].address ,stu[i].income ,stu[i].person ,stu[i].inper
,stu[i].zzhje );
            sum_xy+=stu[i].zzhje;
        }
        else if(strcmp(mg_dep,stu[i].dep)==0 )
        { count++;
            printf("%-5d%-10s%-8s-5s%-10s%-9.2f%-9d%-7.2f%-30s ￥ %-10.2f%-8d ￥ %-14.2f
￥%-10.2f\n",count,&stu[i].stunum ,dep_stu ,&stu[i].major ,&stu[i].stuname ,stu[i].score
```

```
,stu[i].score_num ,stu[i].aver ,&stu[i].address ,stu[i].income ,stu[i].person ,stu[i].inp
er,stu[i].zzhje );
                sum_xb+=stu[i].zzhje;
            }
        }
        printf("-----------------------------------------------------------\n");
        if(count>0)printf("系部助学金支出合计: ￥%10.2f\n",sum_xb);
        else printf("学院助学金支出合计: ￥%10.2f\n",sum_xy);
        printf("\n 显示完毕, 按任意键返回! \n");
        if(strcmp(mg_grade,"a")==0)   schoolmanager_menu();
        else        depmanager_menu();
    }

/*查询获得奖学金的学生信息 (学院管理员模块) */
    void check_scholarship_mg()
    {
        int i,t;
        float sum=0;
        char dep_stu[10];
        system("CLS");
        system("mode con cols=150 lines=20");
        read_stufile("scholarship.txt");
        printf("序号 学号      系 部 专业 姓名      成绩总分 课程门数 平均分 家庭住址
            年收入      人口数  人均年收入      资助金额   \n");
        printf("-----------------------------------------------------------\n");
        for(i=0;i<stu_num;i++)
        {
            switch(t=translate(stu[i].dep))
            {
                case 0:strcpy(dep_stu,"学院");break;
                case 1:strcpy(dep_stu,"机电系");break;
                case 2:strcpy(dep_stu,"医学系");break;
                case 3:strcpy(dep_stu,"护理系");break;
                case 4:strcpy(dep_stu,"经贸系");break;
                case 5:strcpy(dep_stu,"管理系");break;
                case 6:strcpy(dep_stu,"信息系");break;
                case 7:strcpy(dep_stu,"传媒系");break;
            }
                printf("%-5d%-10s%-8s%-5s%-10s%-9.2f%-9d%-7.2f%-30s￥%-10.2f%-8d￥%-14.2f
￥%-10.2f\n",i+1,&stu[i].stunum ,dep_stu ,&stu[i].major ,&stu[i].stuname ,stu[i].score ,
stu[i].score_num ,stu[i].aver ,&stu[i].address ,stu[i].income ,stu[i].person ,
stu[i].inper,stu[i].zzhje );
                sum=sum+stu[i].zzhje;
        }
        printf("-----------------------------------------------------------\n");
        printf("学院奖学金支出总计: ￥%10.2f\n",sum);
```

```
        printf("\n 显示完毕，按任意键返回！\n");
        schoolmanager_menu();
    }
/*读学生信息文本文件函数*/
    int read_stufile(char *filename)
    {
        FILE *fp=NULL;
        int i,m,n;
        fp=fopen(filename,"rb");//b 表示以二进制方式打开文件
        if(fp == NULL) //打开文件失败，返回错误信息
        {
            printf("open file for read error\n");
            return -1;
        }
        else
        {
            fseek(fp,0L,2);  //定位 fp 至文件尾
            m=ftell(fp);     //求出文件长度
            n=m/sizeof(struct students);
            stu_num=n;
            fseek(fp,0L,0);
            for(i=0;i<n;i++)
            {
                fread( &stu[i],sizeof(struct  students),1,fp ); //读文件中数据
到结构体
                stu[i].stunum [strlen(stu[i].stunum)]='\0';
                stu[i].dep[2]='\0';
                stu[i].major [2]='\0';
                stu[i].stuname[strlen(stu[i].stuname)]='\0';
                stu[i].address[strlen(stu[i].address )]='\0';
            }
        }
        fclose(fp);//关闭文件
        return 0;
    }
```

　　系部管理员受助生信息管理子模块实现对系部受助学生（包含获奖学金学生）信息增改查的管理，具体流程图如图 11-6 所示。该子模块涉及的函数跟院级管理员菜单（资助生信息管理子模块）基本类似，相关程序代码见对应的二维码，这里不再赘述。

　　读学生信息程序代码见二维码：read_stufile；

　　添加受助学生信息程序代码见二维码：add_stu；

　　修改受助学生信息程序代码见二维码：alt_stu；

　　查询受助学生信息程序代码见二维码：check_stu；

　　查询获奖学金学生信息程序代码见二维码：check_scholarship。

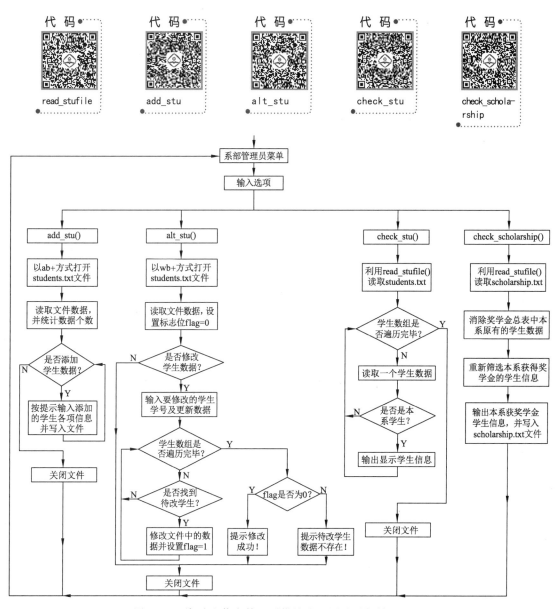

图 11-6　资助生信息管理子模块流程图（系部管理员）

11.4　系统可执行文件的生成

系统调试完成后，单击 VC++ 2010 菜单"调试"，选择"生成解决方案"命令，如图 11-7 所示（也可直接按【F7】快捷键），系统会在设定的文件夹（一般在项目文件夹下的 debug 文件夹）中自动生成主文件名与项目名称相同的.exe 可执行文件，此后该系统可脱离 VC++ 2010 环境独立运行（运行时系统相应的数据文件一定要包含进来）。

图 11-7　生成可执行文件

小　　结

本模块主要介绍了学生资助信息管理系统的功能框图和各功能模块的详细设计与实现，介绍了该应用系统的登录、菜单及院级、系部两级管理员管理和各功能模块的函数代码，并呈现了部分功能的运行结果，最后调试整个应用系统并生成了可执行文件。

实　　训

 实训要求

1. 调试学生资助信息管理系统完整代码，生成可执行的应用程序文件并运行。
2. 进行应用系统的数据操作。

 实训任务

● 验证性实训

实训 1　以系部管理员身份账号登录学生资助信息管理系统，添加、修改、查询受助学生信息。
实训 2　完成学生资助信息管理系统调试、编译，生成可执行的应用程序文件并将运行结果记录下来。

● 设计性实训

设计一个同学信息管理的简单程序，要求实现同学姓名、性别和年龄信息的存储和查询。

习　题

一、填空题

1. 本教材使用的学生资助信息管理系统管理的管理员及学生信息两大类数据在教材代码中是采用_____数据类型进行存储和处理的。

2. 在学生资助信息管理系统读入文件信息时，为确定读入的原有数据信息长度，该系统中可采用函数来完成测试，该函数名为_____。

3. 学生资助信息管理系统生成可执行文件，需要依次进行_____、_____和_____三步操作才能完成生成可执行（.exe）文件。

二、简答题

本学生资助信息管理系统只是用于教学示例，若从商业应用开发角度考虑，系统还有哪些需要完善和优化的地方？

附录 A ASCII 码表

Char	Dec	Oct	Hex	Char	Dec	Oct	Hex
(nul)	0	0000	0x00	(em)	25	0031	0x19
(soh)	1	0001	0x01	(sub)	26	0032	0x1a
(stx)	2	0002	0x02	(esc)	27	0033	0x1b
(etx)	3	0003	0x03	(fs)	28	0034	0x1c
(eot)	4	0004	0x04	(gs)	29	0035	0x1d
(enq)	5	0005	0x05	(rs)	30	0036	0x1e
(ack)	6	0006	0x06	(us)	31	0037	0x1f
(bel)	7	0007	0x07	(sp)	32	0040	0x20
(bs)	8	0010	0x08	!	33	0041	0x21
(ht)	9	0011	0x09	"	34	0042	0x22
(nl)	10	0012	0x0a	#	35	0043	0x23
(vt)	11	0013	0x0b	$	36	0044	0x24
(np)	12	0014	0x0c	%	37	0045	0x25
(cr)	13	0015	0x0d	&	38	0046	0x26
(so)	14	0016	0x0e	'	39	0047	0x27
(si)	15	0017	0x0f	(	40	0050	0x28
(dle)	16	0020	0x10	)	41	0051	0x29
(dc1)	17	0021	0x11	*	42	0052	0x2a
(dc2)	18	0022	0x12	+	43	0053	0x2b
(dc3)	19	0023	0x13	,	44	0054	0x2c
(dc4)	20	0024	0x14	−	45	0055	0x2d
(nak)	21	0025	0x15	.	46	0056	0x2e
(syn)	22	0026	0x16	/	47	0057	0x2f
(etb)	23	0027	0x17	0	48	0060	0x30
(can)	24	0030	0x18	1	49	0061	0x31

Char	Dec	Oct	Hex	Char	Dec	Oct	Hex
2	50	0062	0x32	U	85	0125	0x55
3	51	0063	0x33	V	86	0126	0x56
4	52	0064	0x34	W	87	0127	0x57
5	53	0065	0x35	X	88	0130	0x58
6	54	0066	0x36	Y	89	0131	0x59
7	55	0067	0x37	Z	90	0132	0x5a
8	56	0070	0x38	[	91	0133	0x5b
9	57	0071	0x39	\	92	0134	0x5c
:	58	0072	0x3a	]	93	0135	0x5d
;	59	0073	0x3b	^	94	0136	0x5e
<	60	0074	0x3c	_	95	0137	0x5f
=	61	0075	0x3d	`	96	0140	0x60
>	62	0076	0x3e	a	97	0141	0x61
?	63	0077	0x3f	b	98	0142	0x62
@	64	0100	0x40	c	99	0143	0x63
A	65	0101	0x41	d	100	0144	0x64
B	66	0102	0x42	e	101	0145	0x65
C	67	0103	0x43	f	102	0146	0x66
D	68	0104	0x44	g	103	0147	0x67
E	69	0105	0x45	h	104	0150	0x68
F	70	0106	0x46	i	105	0151	0x69
G	71	0107	0x47	j	106	0152	0x6a
H	72	0110	0x48	k	107	0153	0x6b
I	73	0111	0x49	l	108	0154	0x6c
J	74	0112	0x4a	m	109	0155	0x6d
K	75	0113	0x4b	n	110	0156	0x6e
L	76	0114	0x4c	o	111	0157	0x6f
M	77	0115	0x4d	p	112	0160	0x70
N	78	0116	0x4e	q	113	0161	0x71
O	79	0117	0x4f	r	114	0162	0x72
P	80	0120	0x50	s	115	0163	0x73
Q	81	0121	0x51	t	116	0164	0x74
R	82	0122	0x52	u	117	0165	0x75
S	83	0123	0x53	v	118	0166	0x76
T	84	0124	0x54	w	119	0167	0x77

续表

Char	Dec	Oct	Hex	Char	Dec	Oct	Hex
x	120	0170	0x78	|	124	0174	0x7c
y	121	0171	0x79	}	125	0175	0x7d
z	122	0172	0x7a	~	126	0176	0x7e
{	123	0173	0x7b	(del)	127	0177	0x7f

附录 B C语言的关键字

关键字	关键字	关键字	关键字	关键字
auto	break	case	char	const
continue	default	do	double	else
enum	extern	float	for	goto
if	int	long	register	return
short	signed	sizeof	static	struct
switch	typedef	union	unsigned	void
volatile	while	—	—	—

附录 Ⓒ 运算符优先级和结合性

优 先 级	运 算 符	含 义	要求操作数的个数	结 合 方 向
1	( ) [ ] -> .	圆括号 下标运算符 指向结构体成员运算符 结构体成员运算符	—	自左向右
2	! ~ ++ -- - （类型） * & sizeof	逻辑非运算符 按位取反运算符 自增运算符 自减运算符 负号运算符 类型转换运算符 地址运算符（取内容） 地址运算符（取地址） 字节长度运算符	1（单目运算符）	自右向左
3	* / %	乘法运算符 除法运算符 求余运算符	2（双目运算符）	自左向右
4	+ -	加法运算符 减法运算符	2（双目运算符）	自左向右
5	<< >>	左移位运算符 右移位运算符	2（双目运算符）	自左向右
6	< <= > >=	关系运算符	2（双目运算符）	自左向右
7	== ! =	关系等于运算符 关系不等于运算符	2（双目运算符）	自左向右
8	&	按位与运算符	2（双目运算符）	自左向右
9	∧	按位异或运算符	2（双目运算符）	自左向右
10	|	按位或运算符	2（双目运算符）	自左向右

续表

优 先 级	运 算 符	含　　义	要求操作数的个数	结 合 方 向
11	&&	逻辑与运算符	2（双目运算符）	自左向右
12	||	逻辑或运算符	2（双目运算符）	自左向右
13	?　:	条件运算符	3（三目运算符）	自右向左
14	=　+=　-=　*= /=　%=　>>= <<=　&=　|=	（复合）赋值运算符	2（双目运算符）	自右向左
15	,	逗号运算符	—	自左向右

说明：

（1）表达式中只有一个运算符时，则按该运算符的运算规则及结合方向进行运算；如果表达式中有多个运算符，则必须先分析各个运算符的优先级，从而确定运算次序和运算方向。

（2）处于同一优先级的运算符优先级别相同，运算次序决定于运算符的结合方向。例如+和-是处于同一优先级上的运算符，其结合方向是自左向右，因此6+4-2的运算次序是先加后减；又例如-和++处于同一优先级，结合方向为自右向左，因此-i++等价于-（i++）。

（3）不同的运算符要求有不同的操作数个数。双目运算符要求在运算符两侧各有一个运算对象；单目运算符只能在运算符的一侧出现一个运算对象；条件运算符是 C 语言中唯一的一个三目运算符。

（4）从上述表中可以大致归纳出各类运算符间的优先次序：

初级运算符 （ ）[ ]-> ·　　高
单目运算符（包括!）
算术运算符（先乘除后加减）
关系运算符
逻辑运算符（不包括!）
条件运算符
(复合)赋值运算符
逗号运算符　　　　　　　低

参 考 文 献

[1]   克尼汉，里奇. C 程序设计语言：第 2 版[M]. 徐宝文，李志，译. 北京：机械工业出版社，2004.

[2]   卡内特卡. C 程序设计基础教程：第 8 版[M]. 李丽娟，译. 北京：电子工业出版社，2010.

[3]   谭浩强. C 程序设计[M]. 3 版. 北京：清华大学出版社，2005.

[4]   希尔特. C 语言大全：第 4 版[M]. 王子恢，戴健鹏，译. 北京：电子工业出版社，2001.

[5]   韦特，普拉塔. 新编 C 语言大全[M]. 范植华，樊莹，译. 北京：清华大学出版社，2000.

[6]   方少卿. C 语言程序设计[M]. 2 版. 北京：中国铁道出版社，2015.

[7]   方少卿. C 语言程序设计项目化教程[M]. 北京：中国铁道出版社有限公司，2020.

[8]   方少卿. C 语言程序设计[M]. 北京：中国铁道出版社，2009.

[9]   韦良芬，张继山. C 语言程序设计[M].北京：中国铁道出版社，2017.

[10] 卢社阶，桂学勤，焦翠珍. C 语言程序设计[M]. 北京：电子工业出版社，2016.

[11] 苏小红，赵玲玲，孙志岗，等. C 语言程序设计[M]. 4 版. 北京：高等教育出版社，2019.

[12] 周鸣争. C 语言程序设计教程[M]. 成都：电子科技大学出版社，2005.

[13] 卢素魁，徐建民. C 语言程序设计[M]. 北京：中国铁道出版社，2004.

[14] 杜凌志. C 语言程序设计[M]. 北京：国防工业出版社，2003.

[15] 王声决，罗坚. C 语言程序设计[M]. 2 版. 北京：中国铁道出版社，2005.

[16] 林小茶. C 语言程序设计[M]. 北京：中国铁道出版社，2004.